日仏航空関係史

フォール大佐の航空教育団来日百年

クリスチャン・ポラック＋鈴木真二［編］

The History of Aviation Relations between Japan and France
100th Anniversary of the French Aviation Military Mission Led by Colonel Faure

東京大学出版会

The History of Aviation Relations between Japan and France
100th Anniversary of the French Aviation Military Mission Led by Colonel Faure
Christian Polak and Shinji Suzuki, Editors
University of Tokyo Press, 2019
ISBN 978-4-13-061163-3

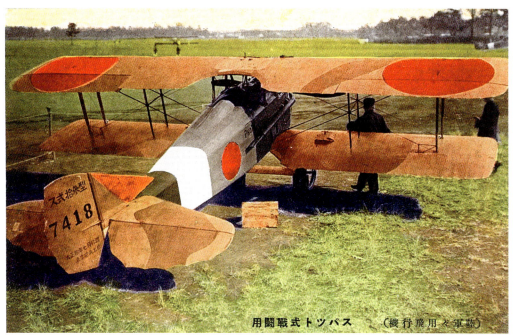

スパッド XIII（SPAD XIII）陸軍制式名称 ス式拾参型戦闘機、1921年末以後 丙式一型戦闘機

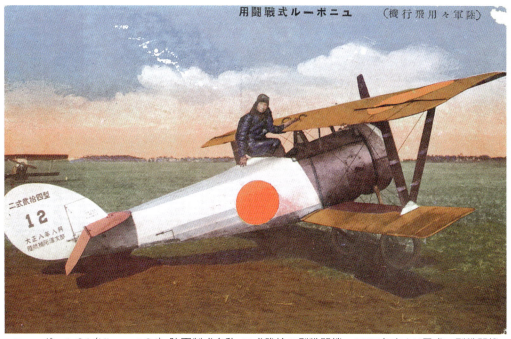

ニューポール 24（Nieuport 24）陸軍制式名称 二式弐拾四型戦闘機、1921年末より甲式三型戦闘機

ニューポール（Nieuport）複座練習機（葉書上の印字は誤り）

スパッド XIII（SPAD XIII）、陸軍制式名称 ス式拾参型戦闘機、1921年末以後 丙式一型戦闘機

日仏航空関係史
フォール大佐の航空教育団来日百年

「フランス航空教育団」来日 100 周年に寄せて

　日本とフランスとの関係は 1858 年の日仏修好通商条約に始まりますが、航空に目を向けますと、1910 年に徳川好敏大尉がフランス製アンリ・ファルマン機で日本初の動力飛行を成し遂げたことがその始まりと言えます。そして、1919 年に日本政府の要請を受け、ジャック・ポール・フォール陸軍大佐を団長とする 63 名の「フランス航空教育団」が来日しました。

　日本政府が教育団の派遣を要請した当時は、飛行機が初めてその能力を発揮した第一次世界大戦の最中でした。したがって、フランスとしても、貴重な戦力を割いて教育団を派遣することには困難を伴う状況でしたが、ジョルジュ・クレマンソー首相は連合国の一員であった日本に対して、航空機の提供及び無償での教育団の派遣を約束し、フォール大佐を団長とした教育団を派遣しました。彼らは 1 年 3 ヶ月の間、日本各地で、操縦法や機体等の製造・整備など広範囲にわたって教育を行いました。なお、教育用機体の中にはフランス製のサルムソン機がありましたが、漫画家の松本零士先生から「かつて父がサルムソン機で操縦教育を受けた」と伺いました。日仏航空史の草創期と今日をつなぐエピソードとして、この機会にご紹介させていただく次第です。

　先の大戦の後に、わが国の航空界は一定の期間その活動を停止せざるを得ませんでしたが、その後復活・再生を果しました。2017 年には国産の P-1（対潜哨戒機）がかつて師としたフランスに飛来し、この「航空教育団」の果した功績の大きさに思いを致しているところです。

P-1 を視察するマクロン大統領
Légende de la photographie: le Président Macron devant le P-1.

　2019 年は、日仏 2 + 2 を皮切りに、日本が G20、フランスが G7 各サミットのホスト国として、ともに国際的に重要な役割を果たす年であるとともに、「フランス航空教育団」の来日 100 周年にあたります。その記念事業を立ち上げ、彼らの活動を顕彰し広く一般の方に知っていただく活動を進めている、記念事業実行委員会　鈴木真二会長をはじめ関係者の皆様に敬意を表したいと思います。

　そして、その活動の一環として、日仏航空専門家による記念誌が東京大学出版会より刊行されます。これにより、あまり知られていない 100 年前の日仏両国の航空協力の歴史と、今日まで続く日仏の航空工業分野での協力関係を多くの皆様に知っていただき、日仏の友好親善が今後ますます深化・発展することを心から願うものであります。

駐フランス日本国特命全権大使
木寺　昌人

À l'occasion des célébrations du Centenaire de l'arrivée au Japon de la Mission Française d'Instruction Aéronautique

Les relations entre le Japon et la France débutent en 1858 par la signature du Traité Nippo-Français de paix, d'amitié et de commerce. Dans le domaine aéronautique, leurs origines remontent à l'année 1910 avec le premier vol effectué au Japon par le capitaine Yoshitoshi Tokugawa sur l'avion français Henri-Farman. Puis, en 1919, à la demande du gouvernement japonais, la Mission Française d'Instruction Aéronautique composée de 63 membres et commandée par le colonel Jacques-Paul Faure de l'Armée de terre arrive au Japon.

Lorsque le gouvernement japonais demanda l'envoi d'une mission d'instruction, la Première Guerre Mondiale qui a démontré pour la première fois les capacités de l'aviation n'était pas encore terminée. Bien que la situation ne permît pas à la France d'envisager alors l'envoi d'une mission qui aurait affaibli son indispensable puissance militaire, Georges Clemenceau, Président du Conseil, souhaitant remercier le Japon de s'être rangé aux côtés des Forces Alliées, s'engagea à l'envoi, aux frais de la nation française, de cette Mission d'Instruction Aéronautique dirigée par le colonel Faure. Pendant quinze mois, sur plusieurs bases aériennes de l'Archipel, les membres de la Mission se consacrèrent à la formation dans de nombreux domaines: le pilotage des avions, leur construction et leur maintenance. Parmi les chasseurs qui servirent à cette instruction se trouvait le Salmson, fabriqué en France; Leiji Matsumoto, un des maîtres du manga, se souvient: «*Autrefois mon père a appris à piloter sur le Salmson.*». Si je saisis l'occasion de rappeler cet épisode, c'est qu'il permet de relier au présent les origines de l'histoire des relations aéronautiques nippo-françaises.

Après la fin de la dernière guerre, notre pays a été contraint d'interrompre pendant un certain temps toutes ses activités dans le domaine aéronautique, puis ce fut la renaissance et la reprise. L'avion de patrouille maritime P-1, de fabrication japonaise, a été présenté en France en 2017, rappelant la contribution de cette Mission Française d'Instruction Aéronautique.

L'année 2019 a débuté par la 5ème session des consultations politico-militaires ministérielles, le «2+2», et verra les présidences successives du G20 par le Japon et du G7 par la France, pays hôtes, qui vont jouer un rôle important sur la scène internationale. Cette année marque également le centenaire de l'arrivée de la Mission Française d'Instruction Aéronautique. Je tiens à rendre un hommage particulier au Président du Comité d'organisation des célébrations de cet anniversaire, le professeur Shinji Suzuki, ainsi qu'à tous ceux qui participent à cette organisation et qui déploient tant d'efforts pour faire connaître à un large public l'oeuvre accomplie par les membres de cette Mission.

Parmi les activités de ce Comité, la publication par les Presses de l'Université de Tokyo d'un livre commémoratif, écrit par des spécialistes des relations nippo-françaises dans le domaine de l'aviation, va apporter au grand public un éclairage inédit sur cette histoire méconnue et pourtant centenaire de la coopération aéronautique entre le Japon et la France et sur les relations jusqu'à nos jours dans le domaine de la coopération industrielle aéronautique. Je forme le vœu que cette publication participe au resserrement et au développement des liens d'amitié qui unissent le Japon et la France.

Masato Kitera
Ambassadeur Extraordinaire et Plénipotentiaire du Japon en France

「フランス航空教育団」来日 100 周年に寄せて

　日本政府が、時の首相であったジョルジュ・クレマンソーに航空教育団の日本への派遣を依頼した時、第一次世界大戦はまだ終結していなかった。だが、フランスは近代日本を特別なパートナーと認識していた。1918 年 11 月 24 日、ジャック＝ポール・フォール大佐を団長とする軍人、技師、操縦士、機関士で構成された一行がマルセイユ港を出立したのは、フランスのそうした意思の表れであった。そして一行は 1919 年 1 月に熱烈な歓迎を受けるのである。

　1918 年、フランスは、航空機の製造から操縦法までのあらゆる面で、時代の先端を行っていた。日本がこの分野でフランスに支援を求めた理由はまさしくそこにある。過去にも同様のことが他の分野で起こっていた。1865 年から 1876 年にかけて行われた横須賀造船所の建設工事、その現場で働く技師、職工長、および職工らのための教育機関、帝国海軍の軍艦建造を可能にしたドライドックの建設、1870 年から観音崎と野島崎で東京湾への進入を照らし、日本の本格的な海洋貿易時代を開いた国内初の近代式灯台。1920 年 4 月 12 日の離日までに、フォール教育団は日本における軍用機と航空の基礎を築いたのだ。

　両国間交流の誉れ高い歴史や人と人との往交はほとんど周知されておらず、この度、フランス航空教育団来日 100 周年記念事業実行委員会の鈴木真二会長と臼井実事務局長によって一冊の本にまとめられる運びとなった。これは貴重な証言であり、若い世代に両国の歴史的な文化遺産を伝えるのに有益である。

　本書が 2019 年の日本語版に続き、おそらくフランス語、英語版で刊行されることにより、日本の民間機や軍用機が複数展示される次回パリ・エアショー（ル・ブルジェ）の場で当 100 周年が話題と反響を呼ぶことであろう。また、ル・ブルジェ航空宇宙博物館では政治、経済、技術、産業、軍事の全ての分野の日仏関係の中で最も先進的であった教育団の歩みを紹介する写真展が開催される。

　これからも、先人達が成し遂げたことを我々は引き継いで行かなければならない。彼らの情熱、成功、困難を乗り越える能力を手本にして、両国を結びつけている特別なパートナーシップに奉じるべく、常に高い志と、進取の気性と、意欲を持ち続けなければない。今年の 1 月 11 日にブレストで行われた、第 5 回日仏外務・防衛閣僚会議での熱心な意見交換からも窺えるように、政治的な意志は確かに存在する。具体的かつ持続的な事業を遂行し、100 年前と同様に意義あるものにするのは我ら仏日両国の役目だ。

駐日フランス大使
ローラン・ピック

Livre de commémoration
du centenaire de la mission militaire française d'aéronautique au Japon

Préface de Son Excellence Monsieur Laurent Pic Ambassadeur de France au Japon

"Lorsque le gouvernement japonais sollicite le président du Conseil, Georges Clémenceau, pour l'envoi d'une mission française d'instruction aéronautique au Japon, la première guerre mondiale n'est pas encore achevée. L'embarquement à Marseille, le 24 novembre 1918, d'une soixantaine de militaires, ingénieurs, pilotes et mécaniciens commandés par le Colonel Jacques-Paul Faure, accueillie triomphalement en janvier 1919, traduit la volonté de la France de reconnaitre dans le Japon moderne un partenaire privilégié.

En 1918, la France est à l'avant garde dans l'aéronautique, qu'il s'agisse de la construction des appareils ou de leur maitrise en vol. C'est la raison pour laquelle le Japon choisit de faire appel à elle, dans ce domaine comme dans d'autres auparavant: construction de l'arsenal de Yokosuka, entre 1865 et 1890; ouverture d'écoles d'ingénieurs, de cadres et d'ouvriers des chantiers navals; creusement des bassins de carénage ayant permis la modernisation de la flotte impériale; édification des premiers phares de navigation modernes, à Kannonzaki et Nojimazaki, qui éclairent l'entrée de la baie de Tokyo à partir de 1870, contribuant à l'ouverture du Japon au commerce maritime. La mission Faure aura permis, avant son départ le 12 avril 1920, de poser les fondements de l'aviation militaire et de l'aéronautique japonaises.

Cette histoire glorieuse de la relation entre nos deux pays et ces aventures humaines trop souvent méconnues font l'objet de cet ouvrage préparé par le Comité d'organisation de la célébration du centenaire de la mission française d'instruction aéronautique, placé sous la direction de son président, le Pr Shinji SUZUKI, et de son secrétaire général, M. Minoru USUI. Il constitue un témoignage précieux, utile à la transmission du patrimoine historique de nos deux pays aux plus jeunes générations.

Sa publication en japonais en 2019, et sans doute ultérieurement en français et en anglais, permettra d'évoquer avec retentissement ce centenaire à l'occasion du prochain salon international de l'aéronautique et de l'espace du Bourget, qui devrait être marqué par la présentation de plusieurs avions civils et militaires japonais. A cette occasion, une exposition de photos au musée de l'air et de l'espace devrait proposer une rétrospective des activités de cette mission pionnière de la relation franco-japonaise dans les domaines politique, économique, technologique, industriel et militaire.

Il nous revient de savoir poursuivre aujourd'hui ce qu'ont accompli hier nos prédécesseurs. Leur enthousiasme, leurs succès et leurs capacités à surmonter les difficultés doivent nous inspirer et nous encourager à demeurer ambitieux, innovants et volontaires au service du partenariat d'exception qui unit nos deux pays. Comme l'a montré la chaleur des échanges lors de la 5ème réunion de nos ministres des Affaires étrangères et de la Défense, le 11 janvier dernier à Brest, la volonté politique existe. À nos deux pays de la mettre à profit pour mener à leur terme des projets concrets et durables, aussi significatifs qu'il y a cent ans."

「フランス航空教育団」来日100周年に寄せて

　1865年から1876年にかけて、フランス人海軍技師や職人もが建造し、1886年から1890年にルイ＝エミール・ベルタン技師によって近代化された横須賀造船所、1867年から1890年まで3回に渡り派遣されたフランス軍事顧問団による日本陸軍の編成。これらに続き両国間の最も重要な技術移転の一つに数えられるのが、日本の軍用飛行および航空工学の礎を築いたエコール・ポリテクニック（理工科大学）出身の技師にして将校かつパイロットであったフォール大佐を団長とする教育団の来日である。日仏相互の歴史上で鍵となる重要な時期に派遣されたこの教育団の功績は、両国間の信頼と揺るがぬ友好関係を生み出し、更には今日、益々発展が期待される戦略的パートナーシップへと繋がった。

　2年に満たない滞在で、フランス航空教育団は日本が20世紀初頭の航空時代に参入していく上で決定的な役割を果たした。この影には、もっと早期に日本国内で行われた数々の試みの成果の積み重ねがある。1909年12月、当時の在京フランス大使館付海軍武官、イブ＝ポール・ルプリウール海軍大尉が盟友相原四郎海軍大佐とともに達成した複葉式グライダーの日本初飛行、そして1910年12月19日、代々木練兵場において徳川大尉がフランス製のアンリ・ファルマン機に乗って行った日本初飛行がその例である。

　1919年当時、大使館付武官であったアンリ・ド・ラポマレード少佐によると、フォール大佐の教育団の来日は「活力を呼び覚まし、奮い立たせる」出来事であった。教育分野は、飛行操縦、機上射撃、空爆、観測、機体製作、気球、エンジン製作、検査といった項目が日本国内七つの地に設置された八つの訓練所に分かれて教えられた。その各訓練所とは、各務原（岐阜県）、新居町と三方原（静岡県）、四街道（千葉県）、所沢（埼玉県）、熱田（愛知県）、および東京砲兵工廠である。

　フォール大佐の教育団は、海軍軍人5人を含む合計27人の戦闘機および偵察機のパイロットを養成した。彼らは予めファルマン機に搭乗して操縦士免許を取得済みであった。これらのパイロットは、各務原での上級課程を経て、後に日本人パイロットの養成に従事することになる。加えて、教育団は8人の空爆パイロット、10人の空爆観測手、9人の機関銃手、15人の航空偵察教官、そして37人の無線通信や航空写真を専門とする観測手を養成した。一方、フランス式の近代航空技術の教えを受けた日本人機関士たちは日本の初期の航空機製造会社の創設に貢献することになった。

　こうした共同作業が経済、文化、言語、実務、技術、産業上のあらゆる障害を乗り越えて成功を納めたのは、各人の相当の覚悟と相互信頼、そして共通目標達成のための自己超克の精神があったことに他ならない。

　この本は、このような100年の歴史を語るものである。日仏関係の特別な1ページを書き記した偉大な先人たちに敬意を表する本書が出版されることは、在日フランス大使館付国防武官として嬉しばしい限りである。

在日フランス大使館付　国防武官
クリストフ・ピポロ海軍大佐

Livre de commémoration de la mission FAURE
Préface de l'attaché de Défense

Après la construction de l'Arsenal de Yokosuka entre 1865 et 1876 par des ingénieurs du génie maritime et des marins français, puis sa modernisation par l'Ingénieur Louis-Émile BERTIN de 1886 à 1890, et l'organisation de l'armée de terre par trois missions militaires de France entre 1867 et 1890, la fondation de l'aviation militaire et de l'aéronautique japonaises, opérée par la mission du Colonel Jacques-Paul FAURE, ingénieur-polytechnicien, officier et pilote-pionnier, s'inscrit parmi les transferts de technologie les plus significatifs effectués entre deux États. Opérée entre la France et le Japon à un moment clé de leurs histoires respectives, elle a contribué à forger une relation de confiance et d'amitié fidèle qui a permis de bâtir un partenariat stratégique qui ne demande qu'à s'épanouir davantage aujourd'hui.

En moins de deux ans, la mission française d'instruction aéronautique aura contribué de façon déterminante à faire entrer le Japon dans l'ère de l'aviation, au début du 20ème siècle. Elle aura bénéficié des premiers essais concluants menés dans l'Archipel avec le premier vol du planeur biplan du Lieutenant de vaisseau Yves-Paul LE PRIEUR, attaché naval auprès de l'ambassade de France à Tokyo, et de son ami japonais, le Lieutenant de vaisseau Shiro AIHARA en décembre 1909, qui précèdera le premier vol du Capitaine Yoshitoshi TOKUGAWA à bord d'un avion à moteur Farman, effectué au-dessus du champ de manœuvre de Yoyogi, le 19 décembre 1910.

Selon les mots du Commandant Henri de LAPOMARÈDE, attaché militaire à Tokyo en 1919, l'arrivée de la mission FAURE au Japon constitue un événement qui a « éveillé et stimulé les énergies ». Les sections de formation – pilotage, tir aérien, bombardement, observation, construction des appareils, aérostation, fabrication des moteurs, contrôle - sont réparties en huit sites implantés dans sept localités à Kakamigahara (Gifu), Arai-Machi (Shizuoka), Mitakagahara (Shizuoka), Yotsukaido (Chiba), Tokorozawa (Saitama), arsenal d'Atsuta (Nagoya) et arsenal de Tokyo.

Au total, la mission Faure formera avec succès vingt-sept pilotes de combat et de reconnaissance, préalablement brevetés sur Farman, dont cinq appartenant à la marine. Ces pilotes, passés par l'École de perfectionnement de Kakamigahara, deviendront les instructeurs des futures écoles japonaises de pilotage. La mission formera également huit pilotes de bombardement, dix observateurs-bombardiers, neuf mitrailleurs, quinze instructeurs de reconnaissance aérienne, trente-sept observateurs spécialisés dans les transmissions et la photographie aériennes. De leur côté, les mécaniciens japonais, initiés aux méthodes et techniques françaises de l'aviation moderne, contribueront à la création des premières sociétés japonaises de constructions aéronautiques.

Le succès d'une telle coopération, qui aura surmonté tous les défis – économique, culturel, linguistique, opérationnel, technologique, industriel - n'aurait jamais été possible sans un engagement humain remarquable, de part et d'autre, une confiance réciproque ainsi qu'un sens du dépassement de soi au service d'un objectif commun.

C'est cette histoire centenaire que vous raconte ce livre. En tant que chef de la mission de Défense de l'ambassade de France au Japon, je me réjouis qu'il rende hommage à d'illustres prédécesseurs qui ont contribué à écrire une page exceptionnelle de la relation franco-japonaise.

Capitaine de vaisseau Christophe PIPOLO
Ambassade de France au Japon, attaché de Défense

はじめに

　本書の副題である「フォール大佐の航空教育団」とは、1919（大正8）年に1年数ヵ月の間にわたり日本に滞在し、各地で航空技術・運用の指導にあたったフランス人派遣団のことである。日本での動力飛行機の始まりは1910年12月に、徳川・日野大尉が代々木練兵場で行ったフランスのアンリ・ファルマン機とドイツのグラーデ機の飛行であり、その100年記念イベントが開催されたこともあり、日本の航空がフランスから大きな影響を受けたことは承知しており、フォール大佐の名前も知ってはいたが、フランス航空教育団の参加者が60名を超え、関東、中部、東海の8ヵ所でさまざまな教育活動が前半はフランス側の費用で行われ、しかも派遣の決定が第一次世界大戦中に決まったことがわかったことは驚きを隠せなかった。また、その教育は、機体やエンジンの整備から、製造にまで及び、その後のわが国の航空機産業の本格的な創立に直接的な影響を与えていたのだ。

　本書は、そうしたフランス航空教育団の活動の歴史的背景、内容の詳細、その後の日本の航空機産業に与えた影響を検証し、記録に残すことで、その実態を後世に伝えるのを目的に編纂されたものである。その活動は、フランス航空教育団来日100周年記念事業の一環として2年前から組織された実行委員会によって行われた。実行委員会設置のきっかけは、本書の最後に掲載した「座談会」に詳しいが、航空機エンジン整備会社の社長としてパリ在住であった臼井実氏が、2006年にパリで開催された航空の歴史に関するセミナーでそのことを知ったことにあった。また、その会場で臼井氏は、祖父が教育団に通訳として参加したアルクェット氏とも知己となったという。アルクェット氏の祖父は、日本人女性と結婚されていたという経緯もあり、両氏は協力してアルクェット氏の祖父の活動の記録を調べだすのに時間はかからなかった。臼井氏と私は、氏の帰国後に別のプロジェクトで知り合いになったが、2019年の百年記念のご相談を受けたのが2年前になり、私が実行委員会の会長をお引き受けすることになった。臼井氏が日本側の事務局長、アルクェット氏がフランス側の事務局長を引き受けてくださったのはもちろんである。

　実行委員会には、日仏の多くの関係者の方々に参加いただくことになり、本書の編集委員長には、クリスチャン・ポラック氏が引き受けてくださった。フランス人であるポラック氏は、1970年にパリで日本語専攻修士課程を修了し、その後、一橋大学で博士課程を修了するという政治史の専門家で、現在は、日仏関係の様々な事業を行う株式会社セリクの取締役社長である。ポラック氏は、日仏の航空技術を含む技術交流に関して研究実績をお持ちであり、氏こそ、本書を纏める最適者である。

　本書は3つの部と、対談からなり、第Ⅰ部「日仏の航空関係」では、第1章において「日本の航空機産業の歴史」を私が執筆し、現在に至るまでの日本の航空機産業の変遷をまとめた。第2章においては、ポラック氏が、「第2章　日本とフランスの航空技術─フランス航空教育団（大正7〜9年）」として、フランス航空教育団前後の日仏の航空技術交流を執筆した。

第Ⅱ部「フランス航空教育団と技術移転」においては、当時、フランスは航空機エンジンの最大の供給国であり、日本にも多くが導入されたこともあり、第3章で「第一次大戦終戦と日本における航空のエンジン量産の開始」に関して在日のサフラン社開発部長であるジャン＝ポール・パラン氏が執筆した。第4章では、フランス側の事務局長であるパトリック・アルクェット氏が、フランス側から見た「使節団の諸様相」を執筆した。アルクェット氏自身、フランスのサフランにおいて航空機事業に携わっている。第5章では、航空ジャーナリスト協会常任理事で、明治・大正・昭和初期の航空史の専門家である荒山彰久氏が、「日仏航空関係において日本が受けた影響」を執筆した。

　第Ⅲ部「教育団の影響とその後」では、防衛省技術研究本部で航空機技術研究に携わった杉田親美氏が教育団以降に、フランス人技術者の貢献を「日本企業におけるフランス人技術者——中島のアンドレ・マリーとマキシム・ロバンおよび三菱のアンリ・ヴェルニス」として第6章で執筆した。それに続き、「子孫たち（の証言）」として、教育団団員の孫にあたるパトリック・アルクェット氏、モニック・ゴーティエ・メリック氏、フィリップ・コスト氏、ローラン・コスト氏が、また、フォール大佐の教育団の後、派遣団として来日したジョルジュ・メッツの孫にあたるフィリップ・ヴァンソン氏が執筆した。

　座談会では、執筆者に加え、日本側事務局長の臼井氏、技術史の専門家である国立科学博物館の鈴木一義氏を交えて執筆者同士の意見交換をし将来の展望を語り合った。最後に、編集委員長のポラック氏が、氏とフランス航空教育団との関わりとともに2019年4月に所沢市で開催された記念式典の報告を「おわりに」として纏めた。本書を出す目的は、歴史の記載だけではなく、将来の日仏の科学技術の特に航空分野の交流の発展を願うことである。そのために、本書の冒頭には、駐仏日本大使館　木寺昌人大使、駐日フランス大使館　ローラン・ピック大使、そしてこの記念事業に多大な貢献を頂いた駐日フランス大使館付国防武官のクリストフ・ピポロ大佐からお言葉をそれぞれ頂いた。両大使および大佐に篤くお礼申し上げたい。

フランス航空教育団来日100周年記念実行委員会会長
東京大学未来ビジョン研究センター　特任教授
鈴木真二

目　次

「フランス航空教育団」来日100周年に寄せて［木寺昌人大使／ローラン・ピック大使／クリストフ・
　　ピポロ海軍大佐］
はじめに［鈴木真二］

第I部　日仏の航空関係

第1章　日本の航空機産業の歴史［鈴木真二］……………………………………………3

動力飛行前夜　3／飛行を夢見た若者たち　5／日本での動力機初飛行　5／国産飛行機の誕生　6／航空機産業の誕生　8／海外からの技術導入による航空機開発のレベル向上　9／航空技術自立の時代　10／先端技術への挑戦　13／終戦　13／航空再開　15／国産ジェット機、国産ジェットエンジンの開発　16／国産旅客機の開発　16／小型民間機事業　17／HondaJet　18／ヘリコプター事業　19／自衛隊機の国産開発　20／民間旅客機の国際連携　21／国産ジェット旅客機の開発　22／ジェットエンジンの開発　23／欧州との関連　24／今後の航空機産業　25

第2章　日本とフランスの航空技術――フランス航空教育団（大正7〜9年）
　　　　　　［クリスチャン・ポラック］……………………………………………………27

歴史的背景――日仏相互依存関係の中で培われた技術移転の伝統　27／気球を発明したのはフランス人　28／フランス人設計の複葉グライダー、日本初の公認飛行　30／日本の空を初めて飛んだ飛行機は、フランス製アンリ・ファルマン　31／日本設計第一号、第二号機はフランスの技術をもとに造られた　32／1907年の日仏協約　33／フランス、日本初の航空隊編成に協力　33／陸軍と海軍との対抗意識　35／外交的背景――第一次世界大戦参戦　35／防衛省、外務省の機密資料から明らかになった飛行機供給とシベリア出兵をめぐる駆け引き　36／使節団派遣の決定　38／ジャック・フォール　39／使節団の構成　41／使節団員リスト　42／熱烈な歓迎を受ける使節団　47／教育日程　49／臨時航空術練習概況一覧表　52／八つの練習地　56／使節団の成果とその後（大正9年〜昭和10年）　66／技術移転　67／機材輸入とライセンス生産　68／フランス側から見た使節団の総合評価――いくつかの反省点と希望　73／その後の使節団　74／フランスとの関係の希薄化　78

第II部　フランス航空教育団と技術移転

第3章　第一次世界大戦終戦と日本における航空エンジン量産の開始
　　　　　　［ジャン＝ポール・パラン］…………………………………………………83

フランス航空の力と威信 83／イスパノ・スイザエンジンの台頭 85／日本でライセンス生産されたイスパノ・スイザエンジン 85／サルムソン社について 88／日本でライセンス生産されたサルムソンエンジン 88／日本のエンジン生産におけるフランス航空教育団の成果 90

第4章　使節団の諸様相［パトリック・アルクェット］....................91

戦略的様相 93／戦術的様相 95／文化的様相 103

第5章　日仏航空関係において日本が受けた影響［荒山彰久］....................105

フランス航空教育団の再評価 105／気球・飛行船・飛行機とフランス 106／臨時軍用気球研究会の設立 106／フランス機中心の購入機体 107／徳川好敏陸軍大尉とフランス機 108／戦場でのフランス機（青島攻略戦とシベリア出兵）108／海軍とフランス機 109／滋野清武とフランス航空 110／フランス航空隊に従軍した日本人操縦士 111／井上幾太郎陸軍少将の改善案 112／フランス航空団来日前夜の陸軍航空 113／フランス航空教育団の来日 114／航空部と航空学校の設置 116／中島知久平と機体製造の民間委託 117／フランス機で埋められた機種区分 117／ジョノー少佐の戦略爆撃隊と航空兵科の独立 118／戦略爆撃論と日本の戦略爆撃機 118／航空局を通じての民間航空への影響 119／フランス航空教育団の影響とその後 119

第Ⅲ部　教育団の影響とその後

第6章　日本企業におけるフランス人技術者――中島のアンドレ・マリーとマキシム・ロバンおよび三菱のアンリ・ヴェルニス［杉田親美］....................123

第一次世界大戦後の航空の刷新／新型偵察機の開発競争――八八式偵察機への途 124／新型戦闘機の国内開発競争――九一式戦闘機への途 125／中島NC試作戦闘機 127／軽偵察機の開発――九二式偵察機への途 128／国産開発のなかのフランス人 130

子孫たち（の証言）［パトリック・アルクェット、モニック・ゴーティエ・メリック、フィリップ・コスト、ローラン・コスト、フィリップ・ヴァンソン］....................131

フランス航空教育団の子孫 131／アンリ＝ニコラ・アルクェット 131／ルイ・オーギュスト・ラゴン 133／フランソワ・ベルタン 136／航空教育団に続いた人たちの子孫 140／ジョルジュ・メッツ 140／航空教育 140／その後 142

［座談会］日仏の航空の現状と将来［鈴木真二、クリスチャン・ポラック、ジャン＝ポール・パラン、杉田親美、荒山彰久、鈴木一義、臼井実］....................147

おわりに［クリスチャン・ポラック］ 161
索引 164／執筆者一覧 172／100周年記念事業名簿 174

第Ⅰ部
日仏の航空関係

第1章 日本の航空機産業の歴史

　本章では、日本の航空機産業の歴史を航空工学の研究教育に長年携わる鈴木真二が概観する。20世紀に入り航空機は実用化の時代を迎え、その情報は日本にも伝わり、欧米の航空機を導入することから始まり、国産の航空機も早々に製作された。ただし、その本格的な産業化は、第一次世界大戦に急速に発達した欧米の航空技術がさまざまな形で日本に導入されたことによる。その契機は、1919年に来日したフランス航空教育団による航空技術・運用の指導であった。その後、欧州から技術転移を受けながら本格的な国産航空機開発へとつながった。その流れは、第二次世界大戦の敗戦により完全に切断された。航空再開後、日本の航空機産業は復興し、今日まで発展を遂げている。本書は、日仏の航空技術交流の歴史の解説が主目的であるが、第二次世界大戦期までの航空技術における両国の交流は本書の他で解説されるので、本章では重複を避ける意味で意識的に避けているが、最近の両国交流の動向には触れている。近年、日仏の科学技術の交流は急速に活発となり、航空技術分野も例外ではないからである。

動力飛行前夜

　航空機は日本の法規では、人が乗って航空の用に供することができる機器と定義され、空気よりも軽い軽飛行機、すなわち飛行船と、空気よりも重い重飛行機に分類され、さらに、重飛行機は回転翼航空機（ヘリコプターなど）と、固定翼航空機に分類され、そして、固定翼航空機は動力のない滑空機と動力を利用する飛行機に分類される。世界的には、有人飛行は、フランスのアンリ・ジファールがパリとトラップ（Trappes）の間の27 kmを軟式の気球に3馬力の蒸気エンジンをつけた飛行船により1852年に成功している。

　気球の飛行はもちろんこれよりも古く、世界では、フランスのジョセフ、エティエンヌ・モンゴルフィエ兄弟が1783年に熱気球の飛行に成功している。同年、フランスのジャック・シャルルは、ロベール兄弟とともに水素気球の飛行に成功し、同年のうちに有人水素気球の飛行にも成功した。

図 1.1 日本で初の有人での気球浮揚
(https://www.shimadzu.co.jp/visionary/moment/chapter-01/02.html)

図1.2 ル・プリウールが上野で飛行させたグライダー（村岡正明『航空事始め——不忍池滑空記』より引用）

図1.3 二宮忠八の鳥型飛行機の復元機（八幡浜市役所）

気体の法則で有名なシャルルである。気球の利用は日本にも伝わり日本における有人飛行は、島津源蔵が、1877年に水素ガスを封入した気球に人を乗せて、京都御所で飛ばしたのが最初であった（図1.1）[1]。

滑空機に関しては、固定翼による飛行の原理を導いた英国のジョージ・ケイリーが、1849年に三葉のグライダーにより、1853年には単葉のグライダーにより斜面を落下させ飛行に成功したことが記録されている。より本格的な滑空飛行は、1890年代に、ドイツのリリエンタール兄弟によって種々のグライダーによりなされた[2]。

日本における滑空機の飛行は、1909（明治42）年であった。1909年12月、上野不忍池の沿道で、グライダーが自動車の牽引により離陸した（図1.2）[2]。このグライダーは、フランス大使館付き武官であったル・プリウールが、当時フランスで開発の始まった飛行機を日本滞在中に製作しようと思い立ったことから作られた。その製作、試験には、東京帝国大学理学部の田中舘愛橘教授が協力していた。翼を背に坂を駆け下りていたプリウールを目撃した海軍大尉の相原四郎が田中舘を紹介したという。1909年7月25日にフランスのルイ・ブレリオがドーバー海峡横断に成功したニュースは日本でも大きく報道され、政府に航空機を研究する「臨時軍用気球研究会」が直ちに設置された。相原と田中舘はともにその委員であったことが、相原がプリウールに教授を紹介するきっかけであったようだ。

田中舘は、1907年にパリで開催された国際度量衡総会に出席した際に、飛行船を目撃し、帰国後の1908年に帝大内において日本で初の風洞実験を行った。この実験は、明治の文豪、夏目漱石も見学していたと思われる。漱石が1908年に発表した『三四郎』には、飛行の研究を登場人物の野々宮と美禰子が議論する場面が登場する。野々宮のモデルとなった寺田寅彦は、漱石の熊本高校時代の英語の教え子であり、その頃、田中舘の助手として風洞試験を行っていたと考えられる。

プリウールのグライダーもその風洞で模型試験が行われたのかもしれない。最初の飛行試験は、第一高等学校（今の東京大学農学部）グラウンドで行われた。牽引する予定の車が届かなかったので、学生たちがグライダーを引っ張った。操縦席に大人が乗っては浮かばなかったが、見ていた子供を乗せたところ見事に宙に浮いた。これが非公式ながら日本で最初の固定翼機の飛行だった。不忍池での飛行はその後に行われたものであった[3]。

---

1) チャレンジ精神が揚げた、日本初の気球、https://www.shimadzu.co.jp/visionary/moment/chapter-01/02.html。
2) 鈴木真二『飛行機物語——航空技術の歴史』ちくま学芸文庫、2012。
3) 村岡正明『航空事始め——不忍池滑空記』光人社NF文庫、2003。

図 1.4　初飛行 100 年の記念切手（左の 2 枚がファルマン複葉機とグラーデ単葉機、日本郵政株式会社）

飛行を夢見た若者たち

ライト兄弟が動力飛行に成功する 1903 年より以前に、何人かの日本人が飛行に挑戦していた。なかでも二宮忠八は、戦前は尋常小学校の教科書に載るほど有名だった。忠八は、現在の愛媛県八幡浜市の出身で、陸軍入隊中にカラスの滑空から固定翼による飛行を発案し、1891（明治 24）年にゴム動力の模型飛行機の飛行に成功したとされる（図 1.3）。しかし、ライト兄弟よりも早くに飛行の原理を発見したとする戦前の記述は誇張であり、実際にはゴム動力の模型飛行機も、1871 年にフランスのペノーが公開飛行に成功している。日清戦争に衛生卒として従軍した忠八は、偵察用飛行機のアイデアを上申するが相手にされず、退役後、製薬会社に就職した。支配人にまで出世した忠八は飛行機開発の資金を得て、1908 年頃に、若き日の夢の実現を目指すが、世界では既に飛行機が完成していることを知り、1909 年に計画を断念したとされる[4]。

明治の文豪、森鷗外の『小倉日記』には、飛行機開発を行った別の青年が登場する。1901（明治 34）年 2 月に、手動機械式計算機を開発する矢頭良一が、小倉赴任中の鷗外を訪ね、飛行の原理を鷗外に説いたという。鷗外は矢頭の才能を認め、東京帝大の教授を紹介した。矢頭は東京に出て、機械式計算機の製造・販売を行った。事業は成功したものの、その目的は、飛行機開発の資金を得るためであり、1907 年にはエンジンの開発を開始した。しかしながら、翌年、矢頭は病気のため、夢を果たす前に 31 歳の若さでこの世を去った。矢頭の才能を惜しんだ鷗外は「天馬行空」という 4 文字を彼に捧げた[5]。

日本での動力機初飛行

1909（明治 42）年に発足した政府の「臨時軍用気球研究会」は、こうしたパイオニアたちの活動をほとんど無視し、すでに完成した欧米の飛行機や飛行船の導入を急いだ。プリウールのグライダーは操縦装置など、当時最新の機能を備えていたが、彼が 1910 年に帰国したことでその活動は停止した。政府は、1910 年 4 月に徳川好敏・日野熊蔵両大尉をフランスの操縦学校に派遣し、操縦技術を習得させるとともに、機体の購入を命じた。11 月に帰国した両大尉は、船便で届いたフランス製のファルマン複葉機と、ドイツ製のグラーデ単葉機（図 1.4）により、12 月には代々木練兵場で早くも初飛行に成功した。

機体の整備方法までは学べなかったにもかかわらず、分解して日本に送った機体を組み立て、エンジンを作動させて日本人だけで飛行に成功し

---

4) 鈴木前掲。
5) 鈴木前掲。

図 1.5　山田猪三郎の飛行船
(http://www.nwn.jp/news/20160709isaburou/)

た。これには、飛行機に関する知識がすでに日本にあったからに他ならない。田中舘は、グライダーを飛行させた実績があったし、現在の熊本県人吉市出身の日野大尉は、日野式拳銃を発明するなど、機械に対して明るく、欧州に発つ前の1910年3月には日野式1号機の飛行試験まで行っていた。エンジンまで自作したこの機体は離陸できなかったが、日野大尉が既に飛行機に精通していたことがわかる。もう1人のパイオニアは、東京帝大造兵学科を卒業後、海軍で航空を研究し、「臨時軍用気球研究会」のメンバーでもあった奈良原三次である。奈良原繁男爵の次男であった三次は、1910年11月に新宿区戸山において自費で製作した自作機の飛行試験を行った。竹のフレームからなる機体は、上下の翼を前後にずらし揚力を増すなど工夫があったが、研究会から借りたフランス製エンジンの馬力が小さく、離陸はできなかった[6]。

奈良原三次は軍籍を離れ、グラーデ、ファルマン機の修理を担当した。12月13日から練兵場での飛行練習が始まり、連日、10万人もの見物客が訪れたという。19日には両名とも飛行に成功した。

1910（明治43）年はまた、和歌山県出身の山田猪三郎によって開発された国産の飛行船が飛行した年でもあった。山田は大阪で外国人からゴム製造技術を習得し、1892（明治25）年には、東京芝浦において人命救助用にゴム製の救難式浮輪の製造を開始した。1900年には、係留気球を開発し、陸軍に「日本式係留気球」として採用された。この気球は日露戦争にも使用され、田中舘愛橘も気体注入装置の改良を行っていた。1907年に大崎に飛行船の工場を作った山田は、1909年に不忍池湖畔で行われたアメリカのハミルトンによる飛行船の公開飛行に刺激され、飛行船の研究に着手し、翌年の1910年9月8日には山田式第一号を完成させた[7]。自動車用のエンジンを搭載した、長さ30mの飛行船は大崎から駒場の農科大学の裏まで飛行することに成功した[8]（図1.5）。

飛行機に対する関心は、1911年3月に来日したアメリカ飛行団の観覧飛行によってさらに高まった。目黒競馬場でこの飛行を目撃した作家の志賀直哉は、『暗夜行路』において、「自分はマースという飛行機乗りが初めて日本で飛行機を飛ばした日のことを想い出す。滑走から、機体が何時か地面を離れ、空へ飛んで行く、其瞬間、不思議な感動から泣きさうになつた」と記している。飛行家マースも、「日本人は好奇心が旺盛で、他のアジアの国のように我々を怖がることなく、なんでも知りたがった」とそのときの感想を語っている。自由に飛行するマースの曲技飛行を目にして、奈良原三次も飛行機に対する思いを新たにしたであろう。マースの飛行は、日野・徳川大尉の飛行とは次元の異なるものであった[9]。

国産飛行機の誕生

当時の飛行機は木の骨組みに布張りであったから、日本の職人にとっては、その製作はお手の物ともいえた。しかし、金属加工を主体とするエン

6)　天沼春樹『飛行船ものがたり』NTT出版、1995。
7)　「航空界の先覚者　山田猪三郎　世界殿堂入り～7月16日記念シンポジウム」ニュース和歌山、http://www.nwn.jp/news/20160709isaburou/。
8)　天沼前掲。
9)　村岡正明『初飛行――明治の遅しき個性と民衆の熱き求知心』光人社NF文庫、2010。

図 1.6　初の国産機、奈良原式 2 号機

図 1.7　奈良原式 4 号機「鳳号」（あいち航空ミュージアム）

ジンの製作は難しく、日野大尉は何度となく自作のエンジンで飛ぼうとするがそれは成功しなかった。1910 年 11 月にエンジンの出力不足で離陸できなかった奈良原三次は、日野・徳川機の修理や、マースの本場の飛行をつぶさに観察することで、飛行機の知識をさらに高め、50 馬力のフランス製エンジンを得て、ついに国産機の初飛行に臨んだ（図 1.6）。

初飛行は、所沢に陸軍が 1911 年 4 月 1 日に開設した飛行場で行われた。所沢は田中舘が中心になり、日本初の飛行場に選ばれていたが、その開設を待ちきれなく、代々木練兵場で日野・徳川両大尉の初飛行が行われた経緯があった。奈良原三次は奈良原式 2 号機を完成させ、5 月 5 日に国産機として初飛行に成功した。徳川大尉も、輸入した機体での飛行練習では機体が傷むと判断し、ファルマン機をお手本に国産機の開発に取り組んだ。最大の特長は、田中舘がフランスで入手したエッフェルによる最新の翼型を採用したことにあった。エッフェルとは、エッフェル塔を設計した当人である。

「鉄の男」と呼ばれたエッフェルは鉄橋などの建造物に活躍したフラン人土木技師であった。エッフェル塔の建造後、パナマ運河建造にまつわる賄賂疑惑に関連し、1893 年に事業から引退した。その後は、エッフェル塔に作られた研究室でエッフェル塔を利用した研究に専念した。今でこそパリのランドマークであるエッフェル塔も、当時は欧州にそぐわない無粋な塔として取り壊しが予定されていた。塔を愛したエッフェルは、気象観測やラジオアンテナ塔としての塔の利用価値を主張したのであった。1903 年からは塔から物体を落下させ、空気抵抗の計測を始めた。鉄橋などが風の影響を受けるので、そのための空気抵抗の研究であったが、すぐに飛行機が出現したため、研究の対象は、翼の空力特性に広がった。1909 年には塔の電源を利用した巨大な風洞を塔の前の広場に建造し、翼型の研究を開始した[10]。その成果が利用されたのが、徳川大尉が開発した会式一号機であった（会は臨時軍用気球研究会から取られた）。この国産機も 10 月 13 日に、フランス製の 70 馬力エンジンを搭載して見事に飛行した。

所沢が陸軍の飛行場であったため、奈良原三次は民間の飛行場を 1912（明治 45、大正元年）年 5 月に千葉県の稲毛海岸に開設した。現在では埋め立てのためにその面影はないが、国道 14 号線の通る場所は戦前には砂浜であった。その砂地が滑走路として利用された。三次は、前年の初飛行の後は、自ら操縦することはなく、白戸栄之助、伊藤音次郎らの民間パイロットを育て、奈良原式四号機「鳳号」（図 1.7）により、稲毛の飛行場を拠点として全国で巡回飛行会を催した。ただし、海外の機体の導入に熱心な政府は、民間の飛行家を育てようとする気配はなく、奈良原の事業は困難であったに違いない。日本の民間航空の父ともいえる奈良原三次は 1913 年に突然、航空事業から身を引いてしまった。日本で最初に飛行船を完成させた山田猪三郎も、日本での市場を失い、中国に輸出を検討する間に 1913 年に悪性腫瘍により

10）　鈴木前掲。

51歳で亡くなってしまった[11]。

航空機産業の誕生[12]

奈良原の薫陶を受けた、白戸栄之助、伊藤音次郎は、飛行機製作家としても活躍したが、民間レベルであり、当時の飛行愛好家と同様に航空機産業として大成することはなかった。航空機製造の起業化にいち早く成功したのは、中島知久平と川西清兵衛であった。現在の群馬県太田市出身の中島は、1912年、海軍大学校卒業後、米国、英国、フランスに派遣され欧米の航空事情を研究し、横須賀海軍工廠造兵部において、海外から導入した水上機を参考に、国産水上機の試作に参加した。欧米の事情を見聞した中島は、民間での航空機産業の必要性を説き、1917（大正6）年に、海軍大尉を辞し、「飛行機研究所」を太田市に設立した。

川西清兵衛は、神戸で日本毛織を創業した事業家であり、航空機産業にも関心が強く、中島の「飛行機研究所」に出資し、「合資会社日本飛行機製作所」を1918年に設置するが、意見が合わず、1919年に中島は「中島飛行機製作所」を、川西は、1920年に「川西機械製作所」を独自に設立した。中島は主に軍用機製造を、川西は、航空輸送を意図した水上機製造を目指すことになった。

第一次世界大戦では、航空機の能力が欧州において実証されることになった。日本には陸軍、海軍の航空部隊を併せても20機程度しか存在しなく、航空機利用の有効性は、中国山東半島でのドイツ軍に対する作戦で、モーリス・ファルマン複葉水上機、ニューポールNG単葉機、ルンプラー・タウベ単葉機が使用されたが、そのレベルは、海外には大きく離されていた。その事実は、1917（大正6）年に開催された陸軍の大演習において露呈した。所沢から琵琶湖畔へ14機のモーリス・ファルマン機が飛行したが、数機しか到着せず、演習中にも事故が発生した。陸軍はこの事態を分析し、体制強化とともに、最新の外国機の購入および、人員の海外派遣を推進する方針を打ち出した。日本政府は、その結果を踏まえ、飛行機100機を含む購入を1918年にフランスに打診した。フランス政府は、この打診の回答を7月に行い、大戦中のため、規模は限定されるが、サルムソン機を2回に分け、30機供給可能であることを示した。また、同時に、最新の航空機の使用を指導するために指導員も派遣することを申し出た。日本政府は、招聘費用を懸念したが、フランス政府は指導員の一切の費用を自ら負担することも約束した。これが1919年に来日するフランス航空教育団となる。詳細は本書にて説明されるが、日本の陸軍および、航空産業に大きな影響を与えることになった[13]。

フランス航空教育団の成功に刺激を受けた海軍は、英国空軍に教育団を要請し、ウィリアム・フォーブス＝センピル大佐以下、29名が、1921（大正10）年9月から18ヵ月間日本に滞在した。航空機は、単座戦闘機グロスタースパローホークをはじめ100機に及んだ。

フランス航空教育団の来日と機を同じくし、三菱、川崎など重工メーカーの航空機製造参入が始まった。三菱は長崎・神戸の両造船所における船舶建造の技術をもとに多角化を開始し、蒸気機関主体の舶用機関はディーゼル・エンジンへと発展、さらに自動車用・航空機用のガソリン・エンジンと機体の製造のために神戸造船所から内燃機部門が独立し、1920（大正9）年、名古屋に三菱内燃機株式会社が設立され、1921年に三菱内燃機製造株式会社、22年に三菱航空機株式会社と社名変更。1934（昭和9）年には、三菱造船株式会社と合併して三菱重工業株式会社となる。内燃機時代は、イスパノ・スイザエンジンのライセンス生産から、航空機製造は、ニューポール機のライセンス生産から始まった。

---

11) 天沼前掲。
12) 日本航空協会編『日本航空史〈明治・大正篇〉』日本航空協会、1956。
13) Christian Polak、在日フランス商工会議所編集『筆と刀、日本の中のもうひとつのフランス 1872-1960（Sabre et Pinceau）』在日フランス商工会議所。

図1.8 サルムソン2A-2をライセンス生産した陸軍乙式一型偵察機（岐阜かかみがはら航空宇宙博物館）

図1.9 一〇式艦上戦闘機（あいち航空ミュージアム）

図1.10 八八式偵察機（あいち航空ミュージアム）

川崎は、川崎正蔵の個人経営による川崎造船所が1896（明治29）年に株式会社となり、ロンドンに滞在中の松方幸次郎社長が、航空機に注目し、サルムソン2A-2（図1.8）を1918年に2機購入し、その後、政府の命により同機がライセンス生産により300機以上製造された。このように、航空機の大量生産はフランス機のライセンス生産から開始され、中島は、1920年に中島式五型の発注を陸軍から100機受け、1923年にニューポール機のライセンス生産を行っている。この後、愛知時計電機、東京瓦斯電気工業、石川島飛行機などの航空機産業の参入が起きた。

海外からの技術導入による航空機開発のレベル向上

第一次世界大戦後、航空機は複葉から単葉へ、フレーム構造から、金属セミモノコック構造へと急速な技術的発展を遂げるが、国内各社は、先端技術の習得と、若手技術者の育成のために、海外から多くの航空技術者を招いた。また陸軍、海軍は、試作機を各社で競わせることで技術レベルの向上を目指した。

三菱が招聘したハーバート・スミスは、第一次世界大戦の著名な戦闘機、ソッピース・キャメルの設計者であった。ソッピース社は第一次世界大戦後、オートバイ製造などの経営の多角化につまずき、1920年に解散となり、1921年にソッピース社の他の技師とともに三菱の航空機部門に招聘され、1924年に英国に戻るまでに多くの機体を設計開発した。その中には、一〇式艦上戦闘機（図1.9）も含まれる。日本初の航空母艦「鳳翔」の完成に合わせて、海軍は艦上機の開発を意図し、三菱がイスパノ・スイザ製「HS-8F」エンジンを三菱で国産化した「ヒ式三〇〇馬力発動機」を搭載した複葉機をスミスに設計させた。1921（大正10）年に試作は完成したが、正式採用は空母の完成を待って1923年11月となり、100機以上が製造された。

川崎航空機では、ドイツ人技師リヒャルト・フォークトが大きな影響を与えた。第一次世界大戦中にパイロットの訓練を受けたフォークトは、戦後、ツェッペリンで職を得た後、航空機設計者を目指し、シュトゥットガルト工科大学で博士号を取得し、1923年に、ドルニエ機をライセンス生産していた川崎航空機に派遣された。川崎航空機では主任設計技師の地位を得、1933年まで滞在した。滞在中に数機の設計開発を手がけたが、八八式偵察機はその代表である（図1.10）。この機体は、陸軍が新型偵察機の競争試作を行った際

図 1.11　九一式戦闘機（あいち航空ミュージアム）

に、川崎が応じたもので、主翼や胴体の骨格が金属製の複葉単発機で、エンジンは、川崎がライセンス生産したBMW製の水冷エンジンであり、1928年に正式採用された。同機は川崎の他、石川島でも製造され、生産機数は700機を超えた。川崎の技術者を育てたフォークトは、ドイツに戻り、航空機設計者として活躍した後、戦後は、米国でも航空技術者として活動した。

中島では、1927（昭和2）年にニューポール社の設計者アンドレ・マリーとブレゲー社のロバンを招聘し、陸軍の主力戦闘機に対する競争試作にあたった。中島の機体は、マレーの指導で、胴体がジュラルミン製モノコック構造、主翼桁にはフランス製のニッケル・クロム・モリブデン鋼が使用された。結果的には、川崎、三菱ともに不合格となったが、中島機が、改良の後に1931年に、九一式戦闘機（図1.11）として制式採用され、444機が製造された。エンジンは、中島ジュピター7型星型9気筒空冷レシプロエンジンであった。

こうした外国人技師による指導とともに、先進的な機体の購入も、近代化に貢献した。近代的な金属構造形式、つまり金属外皮によるセミモノコック構造は、ドイツのロールバッハによって確立された。1925（大正14）年に飛行艇ロールバッハ RoⅡ を輸入した日本海軍は、三菱航空機および広海軍工廠（広廠）による RoⅡ の国産化を計画し、来日したロールバッハらの指導の下、RoⅡ を組み立て、続いて1927年、国産化のために組織された「三菱ロールバッハ株式会社」が、RoⅡ のエンジンをイスパノ・スイザ製のものに

図 1.12　東京帝大附属航空研究所創設に貢献した田中舘（田中舘愛橘会提供）

変更した R–2 号飛行艇を試作した。また、広廠は改造した R–3 号飛行艇を試作した。これらの機体は試作に終わったが、金属製航空機の開発に大きな影響を与えた。

航空技術自立の時代 [14]

国内での航空機の整備に、海外の飛行機や飛行船を手っ取り早く導入する政府の方針に、日本の航空科学の父と言える田中舘愛橘東京帝国大学教授は不満を持った。1915（大正4）年、田中舘は貴族院談話会において、寺田寅彦を助手として、「航空機の発達および研究の状況」と題する講演で、海外の航空機を安易に導入する実利的方針を嘆き、欧州の工業技術はガリレオやニュートンらによる純粋な科学的探究が文明の源を養っているから達成しえたものであると主張した。基礎研究の欠如を嘆いた田中舘は、1918年に航空研究所が東京帝国大学附属研究所として設置されるのに貢献した（図1.12）。また、東京帝国大学には1918年に造船学科内に航空の講座が設置され、1920年には工学部に航空学科が新設された。米

14）　日本航空協会編『日本航空史〈昭和前期編〉』日本航空協会、1975。

航空技術自立の時代

図 1.13　1938 年に世界記録を達成した航研機（喜多川秀雄氏撮影、所沢航空発祥記念館所蔵）

国 MIT でも航空学科が学部に設置されたのは 1926 年のことであったから、学部教育に航空学科が設置されたのは世界的にも早かったといえる。航空研究所は、最初、東京深川の越中島にあったが、関東大震災の後、駒場に移転し、日本における航空研究の中心となり、航空学科は日本の航空を支える人材を輩出した[15]。

リンドバーグが大西洋単独無着陸飛行に成功した 1927（昭和 2）年、日本を代表する航空技術者 3 名が東京帝大航空学科 5 回生として卒業した。木村秀政、堀越二郎、土井武夫の 3 名である。卒業後、木村は航空研究所において航研機（「航空研究所試作長距離機」、図 1.13）の開発に参加した。航研機は、ドイツ製エンジンを改造し、国産の機体に搭載して、1938（昭和 13）年 5 月 13 日から 62 時間以上も関東上空を飛び続け、周回航空距離 11,651.011 km の世界記録を樹立した。この距離は東京からニューヨークに到達できる距離であり、現在に至るまで、日本唯一の国際航空連盟公式認定の記録である。航研機は、日本が独自に世界トップレベルの航空機を作ることができるようになった証であった。

この航研機の機体製作には、ロシアとフランスで航空機技術者として腕を磨いた日本人の存在があった。1889（明治 22）年、現在の青森県むつ市大湊で生まれた工藤富治は、代々が船大工の家系であり、小学校卒業後、海軍大湊水雷団の修理工場に就職した。1908 年に海軍退職後、1916（大正 5）年にロシアで航空技術者を募集していることを知り、シベリア鉄道で黒海のほとりオデッサに渡った。そこで、フランス人の航空設計者エミール・ドヴォワティーヌと知り合う。ロシアでは、革命が勃発し、ドヴォワティーヌはフランスにもどり、1920 年に現在のエアバス本社のあるトゥールーズに自分の会社を設立した。ロシアを逃れた工藤はこの会社の工場主任として採用され、機体製造に腕を振るった。1930 年、ドヴォワティーヌ社は長距離飛行機 D33「トレ・デュニオン号」を開発することになり、1931 年に、10372 km の世界記録を樹立した。D33 は、その後、パリ—東京無着陸飛行に挑戦した。2 度の飛行は失敗に終わったが、その機体を迎えるために東京に派遣された工藤は、これを機に日本に帰国し、大森の東京瓦斯電気工業（現在の日野自動車の前身）の工場長に抜擢された。工藤は D33 の経験を活かし、航研機世界記録樹立に貢献した。

木村と同期であった堀越二郎は、1927（昭和 2）年三菱航空機へ入社した。国内は昭和の金融恐慌による混乱期であった。本格的な航空機事業への参入を目指した三菱は、堀越を、1929 年から約 1 年、欧州、米国に研修に送り出した。特に強い影響を受けたのは、米国での研修であった。堀越は三菱航空機が発注したカーチス XP-6 の製作、試験飛行に立ち会い、米国の航空業界の工業力を目の当たりにした。当時の米国では、フォードトライモーターのような全金属性の飛行機が主流となりつつあり、その動向を肌で感じることができた。時間があると、堀越は ASME（米国機械学会）の図書館に通い、航空技術だけではなく、工業規格に関する調査も行っている。米国の工業力の源泉が、そうした標準化による業界基盤の整備にあることを知り、その後の三菱での機体開発にも影響を与えたに違いない。

こうした米国の航空技術や工業規格を学んだ堀越は、帰国した後、入社 5 年目の 1932 年に、七試艦上戦闘機の設計主務者に抜擢された。堀越は

---

[15]　鈴木前掲。

第1章 日本の航空機産業の歴史

図 1.14　零戦（所沢航空発祥記念館）

図 1.15　飛燕（岐阜かかみがはら航空宇宙博物館）

欧米で学んだ新たな設計を適用し、その後、1934年には、九試単座戦闘機、1937年には、十二試艦上戦闘機の設計を担当し、零式艦上戦闘機（零戦、図1.14）を作り上げた。海軍は、国内の非力なエンジンで欧米の機体に勝る性能を要求し、堀越は、徹底した空気抵抗の軽減と軽量化、機敏な飛行が可能な操縦性により、極限ともいえる設計によりそれを達成した。

零戦が当時どのような評価を得たかは、多くの著書に詳しいが、高速性能と巡航距離に関する厳しい設計要求を、非力なエンジンで達成すべく、可能な限りの軽量化を行った。それには住友金属工業株式会社が世界に先駆け開発に成功した「超々ジュラルミン」を採用できたことも貢献した。ジュラルミンは1903年にドイツのアルフレッド・ウィルムが偶然に発見したと言われ、軽量で高強度の金属材料でドイツの飛行船材料として使用された。大戦中に、ドーバー海峡に墜落したツェッペリン飛行船の部品を日本も入手したが、製造法まではわからなかったという。第一次世界大戦後、戦勝国の日本は、ドイツから製造法を戦利品として入手し、住友金属が1919年にジュラルミンの試作に成功し、1936年に「超々ジュラルミン」を完成させた[16]。

堀越と同期の土井武夫は、川崎航空機に入社し、海軍の零戦に対して、陸軍のために飛燕（三式戦闘機、図1.15）を設計し、1941（昭和16）年に初飛行させた。飛燕は、ドイツの液冷航空エンジンDB601を国産化したハ40を搭載した、当時の日本唯一の量産型液冷戦闘機である。細身の液冷エンジンは空気抵抗の低減につながるが、生産、整備が複雑になり、当時まだ工業力の未熟であった日本では故障が多く、三菱の星形空冷エンジンに交換した五式戦闘機も生産された。

エンジンに関しては、三菱は初期には、水冷式のイスパノ・スイザのライセンス生産を行い、さらにユンカース社のディーゼル・エンジンのライセンス生産から、独自の水冷エンジンを開発するが、結果は好ましくなく、1926（大正15、昭和元）年に英国のアームストロング・シドレー社から空冷星形エンジンのライセンスを購入したことを機に、空冷式エンジンに切り替え試作を続けた。1934年 P&W R-1690 ホーネットの製造権を購入し「明星」として生産した経験も生かし、1936年に空冷複列星型14気筒の「金星」3型が正式に採用となった。その後、小型化した「瑞星」、大型化した「火星」のバリエーションを生んだ。

川崎は、三菱とは対照的に一貫して水冷エンジンを開発した。1927（昭和2）年にドイツのBMW V1（液冷V型12気筒）のライセンス生産を開始し、1931年からハ9として国産化し、その後も改良を加えた。その後、1939年にダイムラー・ベンツ DB 601（液冷倒立V12気筒）のライセンスを得、ハ40として1941年から生産し、「飛燕」に採用された。ただし、材料の入手困難、工作精度の不足、工作機械の調達困難などの理由により、十分な性能が発揮できなかった。

中島は、設立当初より機体と同様に航空機エンジンにも力を入れ、1924（大正13）年にフランス、

---

16)　鈴木前掲。

ロレーヌ社から水冷W型12気筒の450馬力エンジンを生産した。中島は、同時に1925年に、英国ブリストル社の空冷星形9気筒ジュピターのライセンスを購入し、1927年から国内ではいち早く空冷星形エンジンを生産した。その後、米国のP&W、ライト社の技術導入も積極的に行い、零戦に採用された空冷星形14気筒「栄」、18気筒「誉」などを生み出した。

先端技術への挑戦 [17]

第二次世界大戦中、日本ではジェットエンジンが開発され、双発ジェット戦闘機「橘花」（図1.16）として初飛行にも成功していた。ジェットエンジンは英国のホイットルが1937年にベンチ試験に成功し、ドイツのオハインは独自に1936年からジェットエンジンを研究し、1939年にHe178に搭載し、世界初のジェット機の飛行に成功した。これに遅れ、英国ではホイットルも参加し、1941年にグロスターE.28/39をジェット機として飛行させた。米国は、ジェットエンジンに注目し、ホイットルのエンジンをGEに空輸し、これを参考に製造し、1942年には、ベルXP-59Aエアロコメットに搭載して初飛行させた。こうした情報に刺激され、海軍航空技術廠（空技廠）は、1942年頃から、ジェットエンジンの研究を開始し、ドイツから送られた設計図をもとにジェットエンジン、ネ20（図1.17）が開発された。この図面は、1944年4月、ドイツを出港した潜水艦にBMW003型エンジンの資料が搭載されていたものであったが、潜水艦はインド洋を経てシンガポールに到着し、日本を目指したが途中で消息が途絶えた。貴重な資料は日本に届かなかったが、1枚の断面図のみは、シンガポールから空輸されていた。これがネ20の設計に活用された。

44年の暮れからスタートしたプロジェクトにより、早くも45年3月には地上試験が行われた。ネ20を搭載した中島製の機体「橘花」が木更津飛行場で約12分の初飛行に成功した。終戦寸前

図1.16 橘花（あいち航空ミュージアム）

図1.17 ネ20（IHI博物館）

の1945（昭和20）年8月7日のことであり、燃料は、松根油が使用された。

終戦

第二次世界大戦の終了によって、日本における航空に関する活動は全面的にGHQによって禁止されることになった。1945年11月18日、「SCAPIN-301: COMMERCIAL AND CIVIL AVIATION 1945/11/18」とする指令がそれで、「航空禁止令」と呼ばれている。その中でGHQは、1945年12月31日以降、日本における航空機、航空部品、エンジンの購入、所有、運用、さらには、航空研究や実験モデルに関連する研究、実験、整備を禁止し、航空機や気球に関連する航空科学、空気力学その他の分野の教育、研究、実

---

17) 日本航空協会前掲。

第1章 日本の航空機産業の歴史

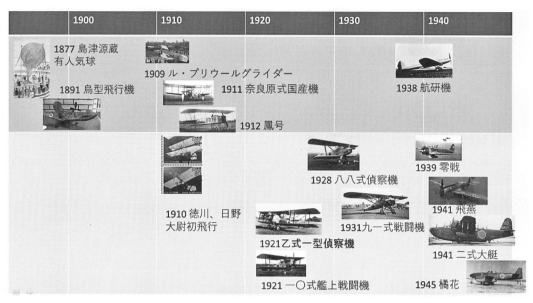

図 1.18　第二次世界大戦までの日本の航空機産業（筆者作成）

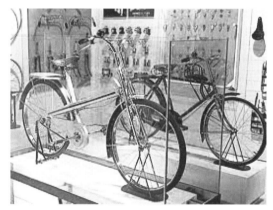

図 1.19　三菱製の自転車十字号（トヨタ博物館）

図 1.20　零戦の空中分解（寄贈：碇義朗、提供：所沢航空発祥記念館）

験を禁じた[18]。

こうしたなか、重工メーカーでは仕事の確保のために、さまざまな製造が行われたが、その頃製造された、三菱製の自転車十字号（図 1.19）は、製造のあてのなくなった軽合金材を利用してリベット止めで作られていた。その設計は、航空機設計者として著名な本庄季郎だったという。

航空技術者の多くが、戦後、航空業界を去ることになり、その経験や技能を他の産業で開花させた。ここでは、新幹線の開発に貢献した、松平精と、自動車業界で活躍した長谷川龍雄を紹介したい。

松平精は、東京帝国大学船舶工学科を卒業後、海軍航空技術廠において零戦の墜落事故の原因がフラッタであることを解明した。零戦は 1939 年 4 月に初飛行後、1940 年 3 月に試作 2 号機が飛行試験中に空中分解を起こし墜落した（図 1.20）。その原因は、水平尾翼の昇降舵に取り付けられたマスバランスの支柱が金属疲労で破損し、機体がフラッタを起こしたものであった。フラッタは航空機が高速で飛行すると、機体振動が発散して破

18）国立国会図書館デジタルコレクション、http://dl.ndl.go.jp/info:ndljp/pid/9885365。

壊にも至る現象である。マスバランスは舵面振動によるフラッタ対策のために、舵面の前方に支柱を出して錘をつけるが、その支柱がジュラルミン製であったため、金属疲労で破壊した。対策は単純で、支柱の強度を上げれば解決できたが、さらに複雑なフラッタが零戦を襲った。1940 年 7 月に制式採用された零戦は、1941 年 4 月に再び空中分解で墜落した。松平はその原因を探るために、実機のように変形する精密な模型を製作し、風洞内でフラッタを再現させ、主翼のフラッタが事故を招いたことを突き止めた。ドイツから伝わった経験式でフラッタが発生する速度を見積もっていたが、その精度が不十分であることを突き止めた。このフラッタ風洞試験技術は、戦後、世界で利用されることになった。

松平は戦後、鉄道技術研究所において鉄道事故の原因究明に携わった。1947 年 7 月に山陽線光・下松間で多くの死傷者を出した列車脱線事故の調査において、列車の蛇行動が飛行機のフラッタのような不安定現象で発生することを解明し、松平は再現実験のために、支持輪の上に車両模型を乗せ、連結車両の走行を模擬した。ある速度になると蛇行動が見事に再現でき、以後、詳細な研究が行われるようになった。こうした研究が新幹線の高速運転を支えた。松平は、「零戦での苦労は、実に二十数年後になって、新幹線で報いられた」と記している[19]。

長谷川龍雄は、東京帝国大学航空学科を 1939 年に卒業し、立川飛行機に入社し、東大の講師として研究も行い、層流翼型（TH 翼）を設計していた。大戦末期の 1945 年に、B–29 を迎撃するために陸軍は「キ 94II」の開発を立川飛行機に命じ、長谷川の設計主務の下で開発が行われた。そこには TH 翼が採用されたが、完成前に終戦となった。長谷川は 1946 年にトヨタ自動車工業に入社し、設計主査制度を自動車開発にも取り入れ、「パブリカ」、「カローラ」などの主査として活躍し、日本の自動車産業における中心的役割を果たした。長谷川の設計した TH 翼は、戦後になっ

図 1.21　スーパークリティカル翼型（資料：NASA）

て日本の航空機業界に思わぬ貢献を果たした。

層流翼は、翼面上の流れを層流状態に長く維持することで空気抵抗を削減させる翼型（翼の断面形状）で、第二次世界大戦中に高速飛行を目指した航空機に採用され始め、戦後になって普及した。さらに飛行速度が音速に近づくとさらに新しい翼型が研究され、米国の NASA は 1960 年代に「スーパークリティカル翼型」（図 1.21）の研究を進め、1971 年に米国で、翌年世界 10 ヵ国に特許が出願された。1971 年にその特許が、日本に出願されたとき、戦時中に長谷川が研究した「TH 翼型」に形の近いものがあるという理由で、主要国において成立したこの特許も、日本においては大幅な後退を余儀なくされた[20]。

航空再開[21]

1950 年 6 月 25 日勃発した朝鮮戦争を契機に、GHQ は 1952 年 4 月の対日講和条約の発効を控え、4 月 9 日に「兵器、航空機の生産禁止令」を解除し、許可制に変更した。同年 7 月には「航空機製造法」が制定・公布、8 月に同施行令、1953 年 1 月には同施行規則が制定・施行され、航空機産業が再開された。

こうした状況のなか、米軍機の修理、オーバーホールが開始され、航空機産業への参入も相次いだが、政府は過剰投資を排除し、産業界の秩序を維持することを目的に、1954 年 9 月に「航空機製造事業法」を施行した。それと前後する 1954

---

19)　松平精「零戦から新幹線まで」日本機械学会誌 Vol. 77、No. 667、pp. 624–627、1974。
20)　長谷川龍雄「TH 翼（後縁半径をもつ翼型）について」日本航空宇宙学会誌 Vol. 30、No. 347、1982。
21)　日本航空宇宙工業会「日本の航空宇宙工業 50 年の歩み」日本航空宇宙工業会、2003。

図1.22 KAL-1（岐阜かかみがはら航空宇宙博物館）

年7月1日に自衛隊法が施行され、米軍機のノックダウン、そしてライセンス生産から、米国の航空機製造技術を習得し、国産機開発の基礎を築き上げていった。

一方、民間機の開発もいち早く再開し、最初の国産機は新立川飛行機の単発練習機R-52であった。同機は戦前の練習機R-38をベースに東京工業大学に残されていた日立製空冷星形7気筒エンジンを搭載し、羽布張パラソル翼として開発され、飛行解禁後早々の1952年9月に初飛行した。まだ、航空局の耐空性基準も未整備であったため、戦前の基準が流用されての飛行であった。本格的な機体も、バスなどの製造でしのいでいた川崎航空機によって設計制作された。「KAL-1」（図1.22）と命名された機体は、全金属製の低翼機で脚も引き込み式の本格的な機体で、設計には、「飛燕」の土井武夫も参加し、1953年7月に初飛行した。このように、戦前の技術の蓄積により戦後の国産機開発も立ち上がった。

国産ジェット機、国産ジェットエンジンの開発[22]

日本の航空が禁止された1945年から1952年は、世界ではジェットエンジンの本格的な開発期であり、日本でも戦前の航空技術者が、鉄道技術研究所においてガスタービンエンジンの開発を1949年から51年にかけて実施した。1952年に航空が再開されると、富士重工（現在のSUBARU）において、通産省の助成でJO-1の試作が始まり、1953年に同じく通産省の補助金により日本ジェットエンジン株式会社（NJE）が石川島、三菱重工、富士重工、富士精密および川崎航空機（1956年参加）の5社の出資によって設立され、JO-1の開発が移管された。1955年に、航空自衛

図1.23 T-1B中間練習機（岐阜かかみがはら航空宇宙博物館）

隊の中間ジェット練習機T-1の開発が始まると、機体は、富士重工、川崎重工、新明和工業の提案から後退翼を採用した富士重案が採用され、エンジンはNJEが開発し、石川島播磨重工が生産するJ3を採用することになった。

結局、エンジンの開発は予定より遅れたため、T-1には英国ブリストル社のジェットエンジンが搭載され、T1F2として1958年に初飛行し、T-1Aとして翌年に納入された。国産エンジンJ3を搭載するT1F1は、1960年5月に初飛行し、T-1Bとして機体、エンジンともに国産のジェット機が完成した。2006年に退役するまで66機が製造され、国産ジェットエンジン搭載機は22機であった。

国産旅客機の開発[23]

米軍機のライセンス生産、自衛隊機の開発で再開した日本の航空機産業であるが、防衛のみの需要に頼るのではなく、民間機開発の必要を訴えた通産省は、1957年に財団法人輸送機設計研究協会の設立に補助金を出し、三菱重工、川崎重工、富士重工、新明和工業、日本飛行機、昭和飛行機が集結し、航空研究所のあった東京大学駒場に協会の設計事務所を設置し、国産民間旅客機の基礎設計が始まった（図1.23）。そこには、東京帝国大学航空学科5回生の同期であった、木村、堀越、

---

22) 日本航空宇宙工業会前掲。
23) 日本航空宇宙工業会前掲。

図1.24 YS-11（あいち航空ミュージアム）

図1.25 FA-200（あいち航空ミュージアム）

土井とともに、川西（現在の新明和工業）の菊原静男、富士重工の太田稔という戦前の各社を代表する航空機設計者が参加した。

そして、1959年には、官民で設立された特殊法人、日本航空機製造によりYS-11として本格的な開発が行われ、1962年8月30日に小牧空港で初飛行した（図1.24）。1964年8月末には、型式証明を取得し、その秋に開催された東京オリンピックの聖火空輸にも利用された。1965年3月30日に量産1号機が運輸省航空局に納入され、4月からは航空各社へ納入された。同年9月には米国連邦航空局FAAの型式証明を取得した。YS-11は182機が製造され、世界12ヵ国に輸出されたが、ビジネスとしては赤字が累積し1973年に製造が打ち切られ、日本航空機製造は1983年に解散となった。初期には、水漏れなどトラブルを抱えていたが日本のエアライン整備技術者らの協力で改善された。60席ターボプロップというサイズは当時のライバル機（フォッカーF27、ホーカーシドレーHS.748）よりも大きく、海外に輸出した機体を買い戻してまで国内線で使われた。2006年に国内路線から引退したが、その理由は衝突防止装置の機能向上への対応が困難なためであった。ライバル機のように400機以上製造すれば赤字を解消できたはずであるが、海外への販売、部品供給体制の構築などは予想以上の困難があり、その後の国内の航空機開発は、海外メーカーとの共同事業を目指すこととなった。

小型民間機事業[24]

戦後の航空再開により各種の小型民間機が試作されたが事業化には到達できないなか、富士重工（現SUBARU）は、T-34A練習機のライセンス生産、またその改良型を開発した経験から本格的な小型機FA-200（図1.25）を開発した。FA-200はライカミング・エンジンズ製水平対向4気筒レシプロエンジンによる単発、低翼、固定脚のプロペラ機で、耐空類別3種（普通N、実用U、曲技A）の資格を有し、曲技飛行にも利用できる万能機として開発された。1965年に初飛行し、1986年に生産終了するまでに、試作機3機を含めて299機が製作され、170機は海外にも輸出された。主な用途は練習機で、航空大学校でパイロット養成訓練用機として使用され、使用後に売却された機体は、日本各地の航空専門学校で整備訓練用機として使用されている。富士重工は、FA-200の次に、アメリカのロックウェル・インターナショナル社と6～8人乗りレシプロ双発ビジネス機を共同開発した。このFA-300は、1977年5月に航空局、同年9月に米国連邦航空局（FAA）の型式証明を取得し、開発は順調に進んだが、その後、ロックウェル社が軽飛行機部門からの撤退を決め、同事業は中断となった。

三菱重工は、1959年頃から双発ターボプロッ

---

24) 日本航空宇宙工業会前掲。

図 1.26　MU-2（あいち航空ミュージアム）

図 1.27　MU-300（あいち航空ミュージアム）

図 1.28　HondaJet（筆者撮影）

プ・ビジネス機の開発計画に着手し、翌年末から設計を開始した。初号機は 1963 年 9 月 14 日に初飛行した。1965 年 2 月に航空局の型式証明を取得した。当初はフランス製のエンジンを採用したが、米国市場に向けて、途中からギャレット・エアリサーチ TPE331 エンジンを採用した。米国連邦航空局（FAA）の型式証明は 1965 年 11 月に取得した。米国への輸出は当初、ムーニー社で最終装備を装着し、ムーニー社が販売したが、ムーニー社の経営悪化により、三菱重工は、現地法人（米国三菱航空機：MAI）を設置し独自に販売も行った。MU-2（図 1.26）は、自衛隊機も含め累計 760 機が販売されて好調であったが、1985 年 12 月、これまで子会社の MAI で行ってきた海外における組立、販売、サービスについて米国の大手民間機メーカーのビーチ・クラフト社（現在はレイセオンエアクラフト社）と提携、その後、MU-300 ダイアモンド II の事業ともども譲渡した。

三菱重工は、MU-2 で開拓したビジネス機市場をさらに拡大すべく、国産初のビジネスジェット機 MU-300（図 1.27）のための調査を 1969 年頃から開始し、1977 年 8 月、試作 1 号機を初飛行させ、1981 年に FAA 型式証明を取得した。FAA からの取得が遅れたのは、安全基準が厳しくなったためであった。市場に出た際には、タイミングが悪く景気の悪化のあおりを受け、販売にも苦戦した。その後長引いたビジネス機市場の不況から三菱重工はビジネスジェット製造事業を断念し、1988 年 1 月に生産とサービスのすべてについてビーチ・エアクラフト社へ全面譲渡し、ビジネス機部門から撤退した。その後、ビーチジェット 400 と改名された機体は米空軍に T400 練習機として大量に採用され、航空自衛隊もこれを訓練機として逆輸入し採用した。

HondaJet [25]

ホンダは、1986 年から社内で航空機開発を独自に立ち上げ、ジェットエンジンとビジネス機の両者の研究開発を開始した。そうした研究成果は、2003 年のホンダジェット（HondaJet、図 1.28）試作機の初飛行をもたらし、主翼上面配置のエンジン、層流境界層設計、炭素繊維複合材料胴体などユニークな設計の実証を重ね、2006 年に米国にホンダ・エアクラフトカンパニーを設立し、正式に市場投入を表明した。ジェットエンジンに関しては 2004 年に、GE・ホンダ・エアロ・エンジンを設立し、エンジンに関しても型式証明取得を目指した。エンジンの型式証明を 2013 年に FAA から取得した後、2014 年に量産 1 号機初飛行、そして機体の型式証明を 2015 年に同じく

25）HondaJet 開発の歩み、https://www.honda.co.jp/jet/history/。

FAAから取得し、顧客引き渡しを開始した。

ヘリコプター事業[26]

ヘリコプターの歴史は飛行機と同じ程度古いが、安定した飛行が可能になったのは、1937年に開発されたフォッケウルフFw61あたりからであり、本格的な開発は第二次世界大戦後である。日本では、1903年に発明家の丸岡桂が制作した人力式のヘリコプターの記録があり、1944年には横浜高等工業学校で「試作レ号1号機」の開発も行われた。戦後、航空再開後も、1952年に国産ヘリコプターの試作が行われたが飛行には至らなかった。

こうしたなか、川崎重工（当時、川崎航空機）、三菱重工（当時、新三菱重工）、富士重工（現SUBARU）は、それぞれヘリコプターに着目し、川崎重工はベル47D-1のノックダウン第1号機を1953年10月に初飛行させ、その後、ライセンス機が1955年に日本ヘリコプター（現在のANA）へ引き渡され、さらに改造機を開発し、ヘリコプター用エンジンの国内開発にも成功した。同エンジンは戦後初に型式証明を取得した国産航空機エンジンとなった。川崎重工は、さらにバートルV-107のライセンス契約を結び、1966年にはKV-107を陸上自衛隊に納入し、KV-107民間型を海外にも輸出した。川崎重工は1968年からヒューズ369HSのライセンス生産（OH-6J）を開始し、同機には三菱重工のアリソンT63のライセンス生産エンジンも搭載された。こうしたライセンス生産だけでなく、川崎重工はヘリコプターの国産開発も指向した。ただし、単独開発では困難と判断し、ドイツのMBBとの国際共同開発契約を1977年に締結し、BK117（図1.29）を開発し、1979年に初飛行、1982年にドイツと日本でそれぞれ型式証明を取得した。BK117は現在でも生産が続き、日本では消防、防災、ドクターヘリなどで活躍している。

三菱重工はオーバーホールを請け負ったシコル

図1.29　BK117（あいち航空ミュージアム）

図1.30　MH2000（あいち航空ミュージアム）

スキーS-55のノックダウン機を1954年に救難機として海上保安庁に納め、その後、国産化を開始し、S-61のライセンス生産も行った。シコルスキー機のライセンス生産で経験を積んだ三菱重工は、民間用ヘリコプターの開発を目指し、1992年から実験機RP1を開発し、1995年に正式に国産ヘリコプター開発を公表した。搭載エンジンは三菱自社製のMG5-110で、機体、エンジンともに国産のヘリコプターMH2000（図1.30）となった。試作1号機は1996年7月29日に初飛行、1997年6月に型式証明を取得した。ただし、正式な販売は3機に留まった。

SUBARUは、ヘリコプターに関しては、米国ベル社の多用途ヘリUH-1Bを1983年3月からAH-1S（図1.31）として自衛隊向けにライセンス生産を開始し、現在ではベル412の発展型機の共同開発を行い2018年7月に型式証明を取得している。このように国内では川重重工、三菱重工、SUBARU 3社がヘリコプター製造事業を行っている。

---

26)　日本航空宇宙工業会前掲。

図 1.31　AH-1S モックアップ（岐阜かかみがはら航空宇宙博物館）

図 1.32　F-1（あいち航空ミュージアム）

図 1.33　F-2（航空自衛隊ホームページより）

自衛隊機の国産開発[13]

　ヘリコプターも含め、ライセンス生産から始まった自衛隊機の開発は、国産機の開発へと舵を切るようになる。多くの場合は、主契約メーカーが選定され、各社が協力する護送船団方式で産業育成に配慮した開発、生産が特徴であった。固定翼機に関しては、三菱重工は戦闘機、川重重工は輸送機、対潜哨戒機、新明和工業は飛行艇にと、各社特色を持つことになった。

　戦闘機に関しては、自衛隊はライセンス導入する超音速ジェット戦闘機のパイロット訓練のために超音速練習機を要求し、1967（昭和42）年、三菱重工が主契約社となり、T-2 の開発が始まり、ロールスロイス／チェルボメカのアドアがエンジンに選定された。初飛行は 1971 年 7 月であった。さらに T-2 をベースとした支援戦闘機 F-1（図 1.32）が計画され、1 号機は昭和 1977 年 6 月に初飛行した。F-1 の後継機を開発する準備という位置づけで、T-2 を改造した CCV という高度な飛行制御実験機が 1978 年に防衛庁から三菱重工に主契約社として発注された。ここでは最新のディジタル飛行制御技術が国産化され、次期支援戦闘機 FS-X の国産開発の機運が高まるなか、1989 年から開始された FS-X 計画では、米国の F-16 を日米共同で改造する案が採用された。これには、日米の政治的な、特に米国経済への影響が強く反映されることになった。F-16 をベースにするものの、炭素繊維複合材料による一体形成主翼など、実際には日米の技術を持ち寄った新たな開発に近く、1995 年に初飛行に成功し、F-2（図 1.33）として 2000 年に量産初号機が納入された。三菱重工は次期戦闘機のステルス技術の獲得を目指して、2009 年に先進技術実証機（ATD-X）の開発を開始し、2016 年に初飛行させ防衛省に納入している。

　周囲を海に囲まれた日本では、防衛上、対潜哨戒機への要望は強く、海上自衛隊は米軍から供与されていた旧式の対潜哨戒機の近代化を進め、1957 年政府はロッキード社のロッキード P2V-7 ネプチューンのライセンス生産に対して川崎重工を主契約社に指定し、新明和が協力することになった。その後、P2V-7 はエンジンをターボプロップに交換した P-2J（試作機の初飛行は 1966 年）となり、国産化も検討されたが、ロッキード社 P-3C の川崎重工を主契約社とするライセンス生産となり、1982 年に海上自衛隊に納入された。P-3C の後継機選定に際しては念願の国産化が認

図1.34　P-1（海上自衛隊ホームページより）

図1.35　C-2（航空自衛隊ホームページより）

図1.36　PS-1（岐阜かかみがはら航空宇宙博物館）

められ、エンジンも国産のF7を採用するP-1は、輸送機C-2との同時開発が川崎重工を主契約社として2001年から開発が始まった。P-1（図1.34）は2007年に初飛行し、2013年に防衛省より開発完了が発表された。

自衛隊輸送機に関しては日本の国土にあった機体の構想が1955年から検討され、昭和1967年から開発が始まった。YS-11との共用によりコストを下げることから、開発は日本航空機製造で行い、量産機の製造は川崎航空機が主契約社となり、各社が分担した。三菱重工でライセンス生産されるJT8Dを搭載する双発ジェット輸送機で、1970年、初飛行に成功し、1971年納入された。その後、後継のC-2（図1.35）は、P-1との共同開発となり、2010年に初飛行、2016年に防衛省に納入された。

対潜哨戒機と同様、飛行艇に関しても、日本では要望が高く、戦前にもレベルの高い開発が行われた。戦前に海軍二式大型飛行艇を開発・生産した川西航空機は戦後、新明和工業に代わり、新しい飛行艇の開発に積極的であった。海上自衛隊は、米軍から供与されたグラマンHU-16（UF-1）アルバトロス飛行艇を改造したUF-XS実験機を新明和工業に試作させ、その後、独自の波消機構や、境界層制御などを組み込んだPS-1（図1.36）を開発した。1967年に初飛行したPS-1は、救難装備を搭載したUS-1に改造され、1974年に初飛行した。1981年製造機からはエンジンを転換して出力が増強されたUS-1Aとなり、さらに1996年から、与圧胴体、操縦系の電子化など近代化が図られ、US-2として2003年に初飛行し、2004年に防衛庁に納入された。

民間旅客機の国際連携[27]

日本航空機製造（NAMC）はYS-11の後継機として150席まで拡張可能なYS-33開発を計画するが、国内のエアラインは国内旅客輸送の増加もあり、200席以上の機体を求めた。YS-11の経験から、大型機の国内単独開発は困難と判断したNAMCは、次期国産機計画YXを海外企業との共同開発として指向した。YS-11の製造が終了した1973年、日本は重工3社（三菱、川崎、富士）からなる民間輸送機開発協会がボーイング社との共同開発に関する覚書を締結した。ボーイング社は、次期開発の3発機7X7に、日本とイタリアを参加させる方針であった。しかし、1973

---

27)　航空機開発協会「30年のあゆみ」2003。

図 1.37　ボーイング 787（筆者撮影）

年秋に発生したオイルショックにより情勢は大きく変化した。燃費の悪い 7X7 機はキャンセルとなりボーイング社は双発の B767 の開発へ計画を変更した。日本の主張した共同開発計画はこの時点で頓挫したが、B767 の生産に日本、イタリアともに 15％ ずつ参加することになり、1978 年にユナイテッドの発注を受け正式に開発が始まり、1981 年初飛行、82 年運航開始となった。

　YX（7X7）機がキャンセルとなった日本は、130 席クラスの YXX の計画を企画し、再び、ボーイング社との共同開発を模索する。新明和工業と日本飛行機が新たに参加した日本航空機開発協会（JADC）は 1984 年に YXX（ボーイング社の開発コードは 7J7）の共同開発の覚書を締結した。YXX（7J7）は最終的に 150 席クラスとなり、原油価格の高騰を受け、ターボファンがエンジンナセルを飛び出した新タイプのエンジンや、炭素繊維複合材料の利用など先進的な設計であったが、石油価格の下落が始まり、1993 年に正式に計画はキャンセルされた。ボーイング社は 7J7 の代わりに古い 737 を改造する B737NG に計画を変更し、日本は B777 や B787 への設計製造協力（777 では 21％、787 では 35％）へ方針を転換した[28]。2010 年就航を開始した 787（図 1.37）では、ボーイング社と同等の 35％ を製造するまでになった。特に、787 ではボーイング社が国外に出したことがなかった旅客機の主翼製造も含まれている。そこには、日本発の新素材「炭素繊維強化複合材料 CFRP」が重要な役割を担っている。

　CFRP は、1950 年代後半から、アメリカや日本などで研究が進むが、航空機への採用に長い時間を要した。ボーイング 787 の CFRP は日本の東レ株式会社が独占的に提供する状況にあるが、そこへの道も容易ではなかった。東レは、1971 年に PAN 系高強度炭素繊維トレカの製造・販売を開始するが、当時は、「何に使えるかわからない状態」だったという。釣竿や、ゴルフシャフト、テニスラケットへの適用で生産を増すなか、1973 年に発生したオイルショックは東レに追い風となり、ボーイング社での適用も、1981 年初飛行の 767 では補助的な部材に 3％、1994 年初飛行の 777 では 10％、そして 2009 年初飛行の 787 では 50％ と増やしている。日本がこうした多くのシェアを獲得できたのは、CFRP の製造技術が、C-1 を改造した短距離離着陸 STOL 実験機「飛鳥」での研究開発や、防衛庁での基礎研究、FS-X の主翼開発に生かされ実績があったことが大きい[29]。

国産ジェット旅客機の開発

　1990 年代、100 席以下のジェット旅客機、いわゆるリージョナルジェットの市場が新たに活気づき、日本も、YSX により、海外企業との共同開発を模索するが不調に終わり[30]、30 から 50 席の小型ジェット機の研究開発を同クラスのエンジン研究開発と同時に NEDO（新エネルギー・産業技術総合開発機構）の公募として 2003 年に 5 年の計画で開始し、これに三菱重工業らが採択された。その後の市場動向の変化により 90 席クラスをターゲットに計画は変更され、2007 年のパリエアショーで MRJ の名称で客室モックアップが展示され、2008 年、ANA の正式発注により、MRJ（図 1.38）の設計開発を行うために三菱航空機株式会社が設立され、開発が始まった。P&W 社の新型エンジン、炭素繊維強化複合材料主翼、最新の空力設計などで燃費を従来機より 20％ 改善する革新性をセールスポイントとし

28）　航空機開発協会前掲。
29）　「航空機材料としての炭素繊維適用　航空機国際共同開発基金」2009、http://www.iadf.or.jp/8361/LIBRARY/MEDIA/H19_dokojyoho/H19-2.pdf。
30）　航空機開発協会前掲。

図1.38 MRJ（資料：杉山勝彦）

図1.39 V2500（IHI博物館）

た[17]。途中で、主翼を金属製に変更し、また海外サプライヤーとの調整などで計画延長が発表されるが、2015年11月11日に初飛行に成功した。その後、型式承認を得るために、電気配線の再設計等が必要となり、現在では納入は2020年半ばとされている。現時点での受注はオプションも含めて427機と発表されている[31]。

ジェットエンジンの開発[32]

第二次世界大戦中にジェット機をエンジン（ネ20）とも開発した日本であったが、戦後の航空禁止令によってジェットエンジンや装備品の開発では世界に大きな後れを取ることになった。戦後のジェットエンジン開発は、いち早く開発されたT-1B用のジェットエンジンJ3からスタートし、自衛隊用の国産ジェットエンジン開発として、段階的に進む流れと、民間用ジェットエンジンの国際共同開発という流れに大別される。

1977年、防衛庁において次期中等練習機XT-4の構想があり、1981年に機体は川重工が選定され、エンジンはIHI開発のXF3-30二軸式ターボファンエンジンが選定された。初飛行は1981年となり、機体はT-4、エンジンはF3として正式採用され、T-4はブルーインパルスにも採用された。防衛庁はさらに「ハイバイパス比エンジン技術の研究」を1998年開始し、XF7-10として開発が進み、2004年、川崎重工が主契約社として次期対潜哨戒機P-X（4発）にIHIによる高バイパスターボファンエンジンとして採用された。P-Xは2007年に初飛行し、2013年の開発完了の正式発表後、機体はP-1、エンジンはF7として採用された。

民間用エンジンの歴史は、NAL（航空宇宙技術研究所）の垂直離着陸実験用のエンジンとして、J3を軽量化させたJR100、さらに推力を向上させたJR200/220として1960年代に国で開発が進み、さらに1971年には、民間用の5t級ターボファンエンジンの開発がFJR710としてスタートした。このエンジンは、IHI、川崎重工、三菱重工からなる航空機用エンジン技術協同組合とNALの協力でなされ、同時期にNALで開発され1985年に初飛行した短距離離着陸実験機「飛鳥」のエンジンに採用された。「飛鳥」はC-1輸送機を改造する形で開発された。「飛鳥」は実用化には至らなかったがUSB（Upper Surface Blowing）技術を支えるFRJ710は海外でも評価され、ロールスロイス社との共同開発、さらには、本格的な国際共同開発V2500へと発展した。

V2500は日本とロールス・ロイスの開発に、P&Wが150席用のファンエンジンとしてドイツ、イタリアも含む5ヵ国共同開発を提案し、V2500（図1.39）として本格的な開発がスタートし、1998年に型式証明を取得し、エアバス機に正式

---

31) http://www.flythemrj.com/j/index.php。
32) 日本航空宇宙工業会前掲。

第1章　日本の航空機産業の歴史

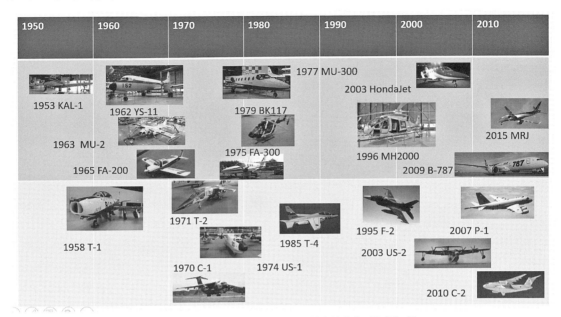

図 1.40　第二次世界大戦後の日本の航空機産業（筆者作成）

採用された。日本は、日本航空機エンジン協会（JAEC）が窓口となり国内メーカーにより、ファン・モジュール、低圧圧縮機を中心に全体の 23％ を担当している。

JAEC は V2500 に続き、CF34 エンジンシリーズの国際共同開発が、1995 年に米 GE 社との間の共同開発締結により開始され、このエンジンはエンブラエル社のリージョナルジェットに採用された。日本の分担シェアは 30％ で、IHI、川崎重工が参加する。

国際共同開発は、GE、P&W、ロールス・ロイス社とさまざまな関係でエンジン各社が展開し、研究開発としては、超音速エンジンの国際共同開発 HYPER、ESPER 計画も実施された。

欧州との関連

第二次世界大戦後は、米国と密接な関係にある日本の航空機産業であるが、欧州との関係も活発になりつつある。将来の超音速機の開発に関して、日本航空宇宙工業会（SJAC）と、フランス航空宇宙工業会（GIFAS）は、2005 年に超音速機技術に関する日仏の共同研究の枠組み合意に調印し、2014 年 3 月まで研究は行われた。その後、共同研究の枠組みを超音速機技術以外にも広げるため日仏民間航空機産業協力の覚書が交わされた。

こうした協力関係は日欧の共同研究プログラムとしても具体化し、欧州委員会による大規模な研究プロジェクト FP7 の一環として、2013 年から 2015 年にかけて、HIKARI（将来航空機のための高速主要技術）プロジェクト、熱交換器に関する SHEFAE プロジェクト、航空機の防除氷コーティング技術の JEDI-ACE プロジェクト、日欧の産学官の研究プロジェクトによって実施された[33]。

FP7 に続く、研究プロジェクト H2020 においては、日欧の共同研究として 2016 年から、2025 年以降のアジア市場で運航する中短距離旅客機の概念客室設計を手がける FUCAM プロジェクト、ジェット機のターボファンエンジン用のより軽い一体型熱交換器を実証する SHEFAE2 プロジェクト、航空機用の複合材製品の生産に関する価格の減少と増産に向けた研究活動の提案を目的とする EFFICOMP プロジェクト、安全性向上に関

---

[33] https://eeas.europa.eu/sites/eeas/files/ss_jp_2015_edition-deljp.pdf。

わる航空制御技術、なかでも、特に緊急時における耐故障制御および画像を用いた着陸誘導システムの開発を研究するVISIONプロジェクトが開始されている[34]。

産業界においても、エアバスA380の生産には日本企業が21社参加するなど欧州との関係が強化されている。BK117を共同開発する川崎重工、ジェットエンジンの国際共同開発に参加するエンジン関係企業はもちろんであるが、横河電機は、フランスのタレス・アビオニクス社と共同で「フライトデッキ液晶ディスプレイ」の開発を行い、2002年より納入を開始し、エアバスA350 XWBにも採用されている。エアバスA380に、2階客席床の炭素繊維複合材料製クロスビームを納入していたジャムコは、2015年にエアバスから機内のギャレー（厨房設備）とラバトリー（化粧室）を初めて受注し、さらに、エアバスA350XWB向けにプレミアム・シートを出荷している。こうした傾向は今後さらに盛んになると考えられる。

今後の航空機産業

日本の航空機産業は、第二次世界大戦前には、海外からの技術導入を経て、独自の開発を遂げ、欧米に次ぐ地位を得たが、敗戦後、すべての航空に関する活動が禁止され、大きく停滞を強いられた。航空再開後は、米軍機の修理、ライセンス生産により産業を復活させ、一時はYS-11をはじめ国産航空機開発も活発になるが、事業的には苦戦し、民間航空機は海外との共同開発、製造分担が主体となった。自衛隊機に関しては、練習機を中心に国産化が進み、本格的な国産開発へと発展している。エンジンに関して、自衛隊機用には国産ジェットエンジンの開発が行われているが、民間用に関しては国際共同開発が軌道に乗っている。こうしたなか、初の国産ジェット旅客機MRJの開発がスタートし、またHondaJetによるビジネスジェットの開発に成功するなど、新たな国産機開発への動きが始動している。

今後の動向としては、国内クラスターの育成、国際連携の強化、新たな航空機産業の胎動を指摘することができる。国内の製造業は、自動車産業の現地生産の増大、円高による海外への工場移転などのあおりを受け、特に2008年のリーマンショック以降、定常的な低迷状態にあり、自動車主体の事業から多様化を目指し、医療機器とともに航空宇宙分野への参入への動きを強めている。経済産業省の報告では、全国に40以上の航空宇宙産業クラスターが形成されており、その育成が大きな課題となっている。航空機産業は自動車のような大量生産とは異質な少品種、少量生産であるが、付加価値が高く、長期生産が可能という利点があるものの、品質管理が厳しく、製造資格や検査資格が要求され、企業間の連携や産学官の連携を強化する必要がある。また市場は、国内というよりも海外となるため、国際化が急務であり、国際連携も重要となる。民間航空機分野では、すでに国際連携は進んでいるが、自衛隊関連部門でも国際連携が求められ、また民間ともに従来の米国主体の連携だけでなく、全世界的な連携が必要である。新たな航空機産業としては、これまでの有人機だけではなく、無人機の市場が広がり、無人航空機も大型化し、人が乗れる機体の開発も特に海外で活発である。「空飛ぶ車」と称されるこうした機体は、電気推進によりコスト低減、整備の簡略化を狙っている。そうした電動化技術は、通常の航空機の新たな技術動向ともなっている。また、コンコルド以来途絶えていた超音速旅客機に関しても、超音速ビジネスジェットの開発が欧米のスタートアップ企業において活発に検討されている。有人宇宙飛行の民間事業とともに航空の新たな産業が切り開かれようとしている。また情報技術、特に人工知能の急速な発展など、ライト兄弟の初飛行によって現実となった航空機産業は115年を経て新たな展開を迎えている。

---

34) http://eumag.jp/news/h042216/。

第2章 日本とフランスの航空技術

フランス航空教育団（大正7〜9年）

　フランスは気球の発明、動力飛行船の開発、初期の航空機開発など、航空に関する最先端国であり、日本との関係ももちろん密接なものであった。そのフランスから、60名をこえる航空教育団（本章ではフランス側での記録から使節団と記載している）が、第一世界大戦中にもかかわらずなぜ日本に派遣されることになったのか、その歴史的背景を、日仏技術交流の源からひも解き、その活動の実態および日本の航空機産業に与えた影響に関して、日仏技術交流史研究の第一人者であるセリク社長のクリスチャン・ポラックが執筆する。

歴史的背景──日仏相互依存関係の中で培われた技術移転の伝統

　日本とフランスは1858（安政5）年に日仏修好通商条約を締結以来、両国の基幹産業である絹が取り持つ縁で、幕末から第一次世界大戦に至るまでの約60年間にわたり相互依存関係を結ぶ。ナポレオン三世（Napoléon III/Charles Louis-Napoléon Bonaparte, 1808–1873）率いるフランスは蚕の病気の蔓延によって壊滅的打撃を受けた絹産業救援のため、日本から生糸の大量安定供給を望み、明治10年までフランスは日本の生糸総生産の80％を輸入する最大の外貨供給元となる。一方、第十四代将軍徳川家茂（1846–1866）は、近代産業の技術革新の波が本格的に到来した第二帝政フランスからあらゆる先端技術の供与を望み、横須賀造船所建設（1865–1876）[1]、第一次軍事顧問団（1867–1868）[2] を通じて理工科学校（École polytechnique）出身のポリテクニシャン（polytechnicien）をはじめとするエリート専門家を招請し、技術移転を受ける基本路線を敷いた。イギリスとの社会・産業構造の違いから産業革命を経ても「世界の工場」と化さなかったフランスにとって、技術移転によって歳入を得る「技術立国」化政策は理にかなった選択肢であった。明治新政府は徳川家茂の敷いた路線を引き継ぎ、第二次軍事顧問団（1872–1880, 1884–1889）[3]、第三次軍事顧問団[4]、海軍技師エミール・ベルタン（Louis-Émile Bertin, 1840–1924; 日本滞在 1886–1890）[5] らを招請し、帝国陸海軍はフランスから制度、戦術、戦略も含めた各種技術の移転を受ける。

　技術移転といえば、毎年多くの日本人士官がフランスに留学したことも忘れてはならない。フ

---

1) 明治4年4月7日、「横須賀製鉄所」から「横須賀造船所」に改称。クリスチャン・ポラック『絹と光 Soie et Lumières, l'âge d'or des relations franco-japonaises, des origines aux années 1950』アシェット婦人画報社、2002、p. 106–121。
2) 同上、p. 52–91。
3) クリスチャン・ポラック『筆と刀 Sabre et Pinceau par d'autres Français au Japon, 1872–1960』2005、p. 10–47。
4) 同上、p. 48–61。
5) 同上、p. 62–75。

図2.1 長崎梅香崎における気球の初飛揚、ホルナーによるスケッチ

ランスはまた、海軍に戦艦を、陸軍に各種武器を定期的に供給もしている。そして1910年代以降は航空機とその関連機材を供給するとともに技術、ノウハウの供与と人材育成をすることとなる。そして遂に1919（大正8）年1月、フランスの航空教育使節団が日本に到着するのである。50名を超えるフランス人技師がいかにして日本に航空術と航空産業の基礎を築いたかを以下に検証する。

気球を発明したのはフランス人

フランス、アノネー（Annonay）の製紙業者の息子、ジョゼフ、エティエンヌ・モンゴルフィエ兄弟（Joseph et Étienne Montgolfier, 1740–1810, 1745–1799）は1783年、空気より軽い飛行体にして後に「モンゴルフィエール（Montgolfière）」と呼ばれることとなる熱気球を発明する。これは同年9月19日、ヴェルサイユ宮殿でルイ十六世（Louis XVI）に披露され、王の心を虜にする。王は2人の父、ピエール（Pierre）に貴族の称号を与え、以後一族はド・モンゴルフィエ（de Montgolfier）姓を名乗ることとなる。

この「モンフゴルフィエール」が日本に出現したのは、それから22年後の1805（文化2）年2月6日のことである。ロシア皇帝アレクサンドル一世（Alexandre Premier, 1777–1825）の命で編成され、探検家アダム・ヨハン・クルーゼンシュテルン（Adam Johann von Kruzenshtern, 1777–1846）率いる世界周航艦隊が長崎の錨地に停泊し、外交官ニコライ・レザーノフ（Nicolai Petrovitch Rezanov, 1764–1807）が携えた日本に国交を求める皇帝の親書が長崎奉行に託される。これの江戸からの返答を梅香崎の仮館に半幽閉状態で待つ間、ドイツ人医師、博物学者ゲオルク・ハインリッヒ・フォン・ラングスドルフ（Georg Heinrich von Langsdorff, 1774–1852）が日本人役人を驚かせようと和紙で熱気球を作り飛揚させる。気球はかなりの高さまで上がったが、長崎の町の中に落下してしまう。掲載（図2.1）のスケッチは2004年にスイスのチューリッヒ大学図書館で発見されたもので、世界就航艦隊の隊員の1人でスイス人天文学者ヨハン・カスパール・ホルナー（Johann Caspar Horner, 1774–1834）の手によって描かれた。彼はかのヴェルサイユ宮殿での気球飛揚を目撃していて、彼もまた3月5日に気球を飛揚させている。これはレザノフが長崎奉行に謁見した日に当

たる。結局、国交の求めは拒絶され、遠征隊は長崎を後にする[6]。

1872（明治5）年1月2日、明治天皇睦仁（むつひと）（1852-1912）は横須賀造船所への初行幸の折（1873年、1875年にも行幸）、フランス国王と同じ喜びを味わうこととなる。天皇が公衆の前に初めて姿を現したこの行幸を手配したレオンス・ヴェルニー（Léonce Verny, 1837-1908）は報告書にこう書き残している。

「…（行幸第二日）…12時過ぎであった。昼食が我々の執務室の一つに用意された。2時、陛下は随行のフランス人従業員と謁見され、ご覧になった全ての物に対する満足の意を表された。それから日本人潜水士の演習が行われ、彼らは我々の機材をきわめて器用に取り扱った。一行は哨戒艇『スゴン』号（Le Segond）が停泊しているドックを一周し、排水機を視察後、建設中の新ドック[7]に第一礎石を据えるため赴いた。横須賀の工事以前にモルタルが建設に使われたことのなかった日本において、この儀式は全く新しいものであった。式典は木の枝でしつらえた天蓋の下に座したミカドの親臨のもと、サンジョオダイジン[8]により執り行われた。

図2.2　横須賀造船所ドックで明治天皇にモンゴルフィエール熱気球飛揚を披露する伝習生たち

伝習生たちはこの折、自分たちが作った気球一基を飛揚させる光栄を賜った[9]」。

---

6) 筆者はこの場を借りてチューリッヒ大学民族学博物館視覚民俗学部学芸員フィリップ・ダレ氏に謝辞を捧げる。氏は2004年、チューリッヒ出身の科学者でクルーゼンシュテルンの世界周航に随行したヨハン・カスパール・ホルナーに関する資料を視覚民俗学部の倉庫で発見した。数多くの古文書、地図、素描、水彩画の中から、日本の和紙で作られた小型モンゴルフィエールが約30人の日本人役人の目の前で揚げられる様を再現した1枚のインクによるデッサンが見つかった。二つの建物の間には従者たちが身を潜め、気球飛揚の様子を盗み見している。この建物はロシア皇帝アレクサンドル一世の使者、ニコライ・ペトロヴィッチ・レザノフ（1764-1807）の仮住まいである。彼の使節団もまたクルーゼンシュテルンの世界周航に加わり日本にやって来たのである。和紙の丈夫さに感心したハインリッヒ・フォン・ラングスドルフは「暇つぶし」と日本人役人を驚かせるためにモンゴルフィエールを作ることを思いつく。なぜなら使者レザノフは日本とロシアの間に通商条約を結ぶという、叶うべくもない野望に固執し日本の役人と掛け合っていたが、役人たちは交渉を5ヵ月も引き延ばしていたからである。

この日露関係にまつわるエピソードをさらに詳しく知りたい方々は以下を参照されたい：

Kruzenshtern, Ivan Fedorovich (Adam Johann von Kruzenshtern)：*Voyage round the world in the years 1803, 1804, 1805 and 1806, on orders of His Imperial Majesty Alexander The First, on the vessels Nadezhda and Neva.* 二巻本、サンクト・ペテルスブルグ、1809-1813年、Atlas（地図帳）1814年。（うち日本部分は幕府天文方がシーボルトから入手したオランダ語版からの抄訳『奉使日本紀行』青地芳滸（林宗）訳・高橋景保校訂がある。現代語訳は『クルウゼンシュテルン日本紀行　上下』羽仁五郎訳、雄松堂書店、2005）

Langsdorff, Georg Heinrich von: *Voyages and Travels in Various Parts of the World, During Years 1803, 1804, 1805, 1806 and 1807*, ロンドン、1817年。邦訳本：『ラングスドルフ日本紀行──クルーゼンシュテルン世界周航・レザーノフ遣日使節随行記』p. 146 参照、ゲオルク・ハインリヒ・フォン・ラングスドルフ著、山本秀峰訳、露蘭堂、2016。

ニコライ・レザーノフ著『日本滞在日記──1804-1805』大島幹雄訳、岩波文庫（2000）

Lensen, George Alexander: *The Russian Push Toward Japan, Russo-Japanese Relations* (1697-1875), Princeton University Press, 1959（邦訳本未刊）。

7) 現在アメリカ海軍が使用中の第3号ドック。
8) 太政大臣三條實美（さんじょうさねとみ）（1837-1891）。
9) 図2.2および1872年1月18日付「*Relation de la visite de l'Empereur du Japon à l'arsenal de Yokosuka*（日本の天皇横須賀造船所訪問に関する報告）」と題された外交書簡参照。フランス外務省史料館の政治書簡集・

偶然というものは存在しない。実はこの趣向は、かの有名なモンゴルフィエ兄弟の子孫で、横須賀造船所の経理課長を務めていたルイ・エミール・ド・モンゴルフィエ（Louis Émile de Montgolfier, 1842–1896）によって提案されたものである（図2.2）。この技術を熟知していた彼は、横須賀造船所内に設けられた技術者教育機関「黌舎」の日本人生徒たちに小型モンゴルフィエールの製造方法を教え、これが日本への気球導入の第一歩となったわけである。筆者の調べによると、竹内正虎は自著『日本航空発達史』[10]で航空に関する出来事ならすべてを余すところなく網羅したとする年表[11]でも上記の出来事には触れていない。一方、長崎での気球飛揚には確かに、だがごく手短かに触れている[12]。

モンゴルフィエールの技術は1877（明治10）年、海軍に採用され、1890（明治23）年、複数の気球がフランスから輸入される[13]。

1903（明治36）年、山田猪三郎（1864–1913）は繋留式気球を作り、これは翌年の日露戦争で日本軍により使用される。山田は1909（明治42）年に14馬力エンジン付き飛行船を、その翌年には50馬力エンジン付き飛行船をそれぞれ1機完成させた。

フランス人設計の複葉グライダー、日本初の公認飛行

「日本語研究」のため2年間の予定で明治41 (1908) 年6月に来日し[14]、在東京フランス大使館[15]付海軍武官となったイヴ・ポール・ガストン・ル・プリウール中尉（Yves Paul Gaston Le Prieur, 1885–1963）(図2.3) は航空技術に熱中し、1909年、日本人の友、相原四郎海軍大尉（1879–1911）と田中舘愛橘東京帝国大学教授（1856–1952）の協力を得て竹製の胴体をキャラコ布で覆ったグライダーを自費で作成する。彼らが参考にしたのは、航空産業のパイオニアとして有名なフランス人、ヴォワザン兄弟（Gabriel et Charles Voisin, 1880–1973, 1882–1912）の設計図である。第一回の

図2.3　ル・プリウール中尉

図2.4　上野公園不忍池におけるグライダー初飛行

試験飛行は青山のル・プリウール宅そばの急な坂道で行われたが、これは失敗[16]。第二回は青山学院の校庭で行われるが、これも失敗。第三回は複葉第二号機で行われ、今度は成功する。12月9日、上野公園にて第二号グライダーは自動車に牽引され数メートル浮揚する。だがこれは公認飛行

　日本の部第21巻、第246〜249丁に収蔵。
10)　竹内正虎『日本航空発達史』相模書房、1930。
11)　同上、p. 488。
12)　同上、p. 443。
13)　同上、p. 321–322、および注3参照。
14)　日本外務省所蔵資料。
15)　日本とフランスは1906年、相互の公使館を大使館に格上げした。
16)　松本純一『日仏航空郵便史1870–1986』日本郵趣出版、2000、p. 43–45。

には十分ではなかった。そしてついに1909年12月26日、再び上野公園不忍池の広場にて、ル・プリウールは自動車に牽引された複葉グライダー第二号機に乗り、高度10m浮揚、そのまま130m滑空を続ける（図2.4）。これは「空気より重い」物体の日本における初飛行として公認されるに十分であった[17]。相原も飛行し、日本の空を飛んだ最初の日本人となるが、不忍池の真ん中に墜落してしまうのであった！

日本の空を初めて飛んだ飛行機は、フランス製アンリ・ファルマン

海外での航空技術の発展を目の当たりにした日本政府は腰を上げる。1909（明治42）年8月28日、政府は陸海軍両省の監督の下、相原四郎をはじめとする14名の専門家で構成される「臨時軍用気球研究会」を創設し、東京の北、埼玉県所沢を日本初の飛行場用地に選定する。会長には長岡外史中将（1857-1933）が就任、研究会の使命は海外の航空に関するありとあらゆる技術を研究することであった。そこで研究会は1910年4月、徳川好敏大尉（1883-1963）をフランスに、日野熊蔵大尉（1878-1946）をドイツに派遣する[18]。両名は可能な限りの知識を吸収し、飛行術を習得し、最高の飛行機を購入し日本に持ち帰らねばならなかった。

フランスに6月に到着した徳川大尉は、エタンプ（Étampes）のアンリ・ファルマン飛行学校（École Henri Farman）に入学し、1910年8月末、シャロン・シュル・マルヌ基地（Camp de Châlons-sur-Marne）の飛行場にて飛行機操縦試験に合格する。11月8日、フランス・アエロ・クラブ（L'Aéro-Club de France）より飛行機操縦士免許（図2.5）が交付されるや、大尉は直ちに日本に帰国する。荷物の中には単座式複葉機アンリ・ファルマン1機[19]（図2.6）が含まれており、これ以外にブレリオ12型（Blériot-12）[20]複座式単葉機1機も注文済みであった。一方、日野熊蔵

図2.5　徳川好敏大尉の飛行ライセンス

図2.6　1910年型アンリ・ファルマンを操縦する徳川大尉

はドイツからグラーデ（Grade）1機を持ち帰った。

1910年12月19日、徳川大尉は東京の代々木練兵場で自ら持ち帰ったアンリ・ファルマン

---

[17]　ピエール・ランディ『日仏の出会い　1970年大阪万国博覧会フランス館』、17-20世紀における日仏関係について集められた歴史コレクションのカタログ、1970、p.85。

　　村岡正明『航空事始』光人社、2003。特にイヴ・ル・プリウールについて書かれた第1章を参照。

　　『別冊航空情報・航空秘話復刻版シリーズ（3）生きている航空日本史外伝（上）日本の航空ルネサンス』酣燈社、2000、p.153。

[18]　徳川好敏『日本航空事始』出版協同社、1964、p.49-73、および奥田鑛一郎『徳川好敏』芙蓉書房、1986。

[19]　ノーム・オメガ（Gnome Oméga）空冷回転式50馬力エンジン搭載、重量600kg、時速65km。

[20]　正確にはBlériot 11-2bis、これを日本ではブレリオ12型と呼んでいた。

図 2.7　日本初飛行 50 周年記念切手

1910 型（Henri Farman-1910）に乗り、飛行機による日本初飛行を行う。30 m ほど滑走した後、午前 7 時 50 分、高度 70 m に上昇し、3 分間で 3,000 m の距離を飛行し着陸する。その 5 日前、日野大尉はドイツ製グラーデ機で幾度か「ジャンプ」したが本格的な飛行には至らなかった。徳川大尉に遅れること数時間後の 12 時 30 分ちょうど、日野大尉のグラーデ機は高度 20 m で 1 分 20 秒間、1,000 m の距離を飛行する。厳密主義者であれば、5 日前のものではなくこちらこそが日野大尉の真の初離陸と言うであろう。代々木公園の「日本航空発始之地」の石碑と 2 人の飛行士の銅像はこの出来事を記念して建てられたものである。

この初飛行から 50 周年に当たる 1960（昭和 35）年 9 月 20 日、日本の郵政省は図案化されたジェット機の下にアンリ・ファルマン複葉機を配し、半世紀の航空技術の発展を表現した 10 円記念切手を発行する（図 2.7）。

1911（明治 44）年 4 月 6 日、徳川大尉はフランスに注文していたブレリオ 12 型で日本発の同乗飛行を行う。岩本周平（いわもとしゅうへい）（1881-1966）技師を同乗させ、所沢飛行場を離陸する。4 月 13 日には高度 250 m、距離 80 km、飛行時間 1 時間 9 分 30 秒を記録[21]。さらに 6 月 9 日午前 5 時 16 分、やはり所沢発で、今度はアンリ・ファルマンにより新飛行記録を樹立する。所沢・川越間 142 km の往復野外飛行を高度 450 m、35 分で達成したのである[22]。1 時間後、徳川大尉はブレリオ 12 型に伊藤工兵中尉を同乗させ同じ飛行を試みる。だが川越上空を通過してからほどなく故障によりやむなく麦畑に緊急着陸[23]。パイロットと同乗者はわずかのかすり傷で生還した。

日本設計第一号、第二号機はフランスの技術をもとに造られた

臨時軍用気球研究会の許可を得て、徳川大尉は 1911（明治 44）年 4 月、初の国産軍用飛行機「会式第一号」の製造に取りかかる。参考としたのは彼がその機体の隅々まで知り尽くしていたアンリ・ファルマンで、これにいくつかの技術的改良を加えた。エンジンにはフランス製ノーム（Gnome）式 50 馬力が選ばれた[24]。重量 550 kg の機体は所沢飛行場の小さな格納庫で組み立てられ、1911 年 10 月 13 日、第一回のテスト飛行が実施される。飛行機はまず幾度かジャンプした後、20 m、次は 50 m 浮揚。そして 10 月 25 日、飛行場の周囲を高度 85 m、距離にして 1,600 m の旋回に成功する。これは日本で設計された軍用飛行機の初飛行である[25]。しかし機体の不安定さは否めなかった。徳川大尉はテスト飛行を取り止め、フランス製アンザニ（Anzani）式 90 馬力エンジンを使い、新たな試作機「会式第二号」を製造することにした。

1910 年 10 月 24 日、すなわち「会式第一号」初飛行の前年、横須賀造船所付海軍造兵中技師（中尉待遇）奈良原三次（ならはらさんじ）（1877-1944）は戸山ヶ原演習場で、世界各国から取り寄せた資料をもとに自費で設計、製造した第一号機を離陸させようと試みる。だがこの複葉機を浮揚させるには、フランス製のアンザニ式 25 馬力エンジンでは力不足だった。海軍と臨時軍用気球研究会を辞した奈良

21）徳川好敏『日本航空事始』出版協同社、1964、p. 79。
22）同上、p. 81。
23）同上、p. 83。
24）同上、p. 96。
25）同上、p. 99。

原はより強力なノーム式50馬力エンジン1機とプロペラ1本をフランスに発注する。これらを使い組み立てられた第二号複葉機を1911年5月5日、奈良原自らが操縦し、高度4m、距離60mの離陸に成功する。これが日本で設計された最初の飛行機の初飛行である。

1907年の日仏協約

1904-1905（明治37-38）年の日露戦争での勝利により日本が列強の仲間入りを果たすと、国際舞台における極東の様相は一変する。1891年の露仏同盟により事実上ロシアを支援したフランスは、仏領インドシナや1900年夏に起こった「義和団の乱」の際に非難の的となった中国各地のフランス租界に対し、日本が多少なりとも長期にわたり脅威を与えるのをもはや無視できなくなる。ヨーロッパではロシアと同盟を、次にイギリスと英仏協商（1904）を結んだフランスであったが、今度はもうひとつの差し迫った脅威と対峙せざるをえなくなる。それはイタリア、オーストリア・ハンガリー帝国と同盟を結んだドイツの存在である。そこで1902年に英国と同盟を結んだ日本との歩み寄りが必要となる。

その日本との交渉の機会が1906年10月にめぐってくる。日本政府は日露戦争の軍資金として1904年5月と11月にロンドン、ニューヨークでそれぞれ貸付契約を結んだ2,200万ポンドの短期債務を返済せねばならず、このための公債発行を目指した交渉をパリで開始する。フランスは日本に財政支援を与える前に、政治・経済に関する合意1件、および英露協商成立を容易にすることを目的とした全般的合意1件をロシアとの間で結ぶよう日本に要請する。三つの当事国はこの働きかけを歓迎し、フランス政府は1907（明治40）年3月12日パリ市場で、3億フランの日本債（金5％、1922年より25年間で返済）発行を認める。この貸付により日本経済は再び「離陸」が可能となるのである。

1907年6月10日、フランスと日本は日仏協約を調印する。日露協商は同年7月28日に、英露協商は8月31日にそれぞれ締結される。フランスと日本は中国においていわゆる「門戸開放」政策に署名し、双方のアジア領土を尊重する約束を交わす。さらに両国は中国の独立と無欠性を尊重しつつ、そこに隣接する両国領土の「平和と安全」維持のため相互に支援し合うべく努力することを約束する。複数の付帯条項および1通の秘密の覚書において、フランスは日本の勢力圏が大陸の南満州、内モンゴルの一部と福建省に存在することを認めている。一方、日本はインドシナに脅威を与えないことを約束し、フランスが1898（明治31）年に中国南部三省（広東、広西、雲南）、中でも特に雲南省で獲得した「特別な地位」を認めている。

1907年の日仏協約は同盟・協約網を広げ、かつ補完し、ヨーロッパとアジアにおいてフランス、ロシア、英国、日本のそれぞれの間で二国間同盟あるいは協商を結ばせる役割を果たした。事実、日仏協約はこれら四強間に全般的協約を成立させた。これの戦略的重要性は第一次世界大戦において明らかになった[26]。

フランス、日本初の航空隊編成に協力[27]

1912（明治45、大正元）年は、日本にとって転

---

26) クリスチャン・ポラック著：*L'Entente Franco-Japonaise de 1907*（1907年の日仏協約）一橋大学大学院修士論文、1975年、およびアルフレッド・ジェラール（Alfred Gérard）著：*Ma Mission au Japon*（私の日本での使命）。

27) 筆者はこの場を借りてSNECMA社東京事務所のジャン＝ポール・パラン（Jean-Paul Parent）氏に謝辞を捧げる。氏は余暇に飛行技術史、なかでも得意分野である飛行機エンジン史の研究を手がけておられる。貴重な時間を割いて拙稿を専門家の厳しい目で精査、訂正いただき、言葉の足りない部分には本質的かつ適切な補足をしていただき、また内容のみならず形式にまで多くの助言をいただき、おかげで拙稿の信憑性を確保することができた。航空技術協会会員であるジャン＝ポール・パラン氏は藤野満氏とともに「日仏の航空技術交流史」と題された日本語の連載記事を雑誌『航空技術』（社団

機の年となる。日本領土および台湾、朝鮮半島といった植民地の保全の観点から航空技術は戦略上大いに魅力的であり、政界、軍部の指導者たちはその重要性を意識し始める。航空隊の編成にあたり、日本は主に同分野で先進国のフランスに機材、実技の両面で支援を要請する。フランスはアジアにおける自国の利益を考え、新興国日本をアジア地域での特権的パートナーと捉え、この求めに応じることにする。この決定に至った理由は上述の外交的文脈から説明がつく[28]。

フランスはこうした同盟精神に基づき、まず徳川好敏に続く新たな日本人パイロットの養成を、次に初期の航空隊編成に必要な機材の提供を承諾する。これを契機にフランスから日本への長期にわたる軍事・戦略的産業分野でのノウハウ、技術供与が始まるのである。

1912年、陸軍は所沢基地でパイロットを養成すべく志願制にて人員の選抜を行う。海軍もこれに続き、横須賀軍港に近い追浜[29]に開設されたばかりの日本初の海軍航空基地に配属するための水上飛行機パイロットを養成する。同年7月、陸軍は臨時軍用気球研究会御用掛陸軍工兵中尉の長澤賢二郎(1885–1965)と沢田秀(?–1917)の2名を同研究会の費用でフランスに派遣する。彼らを「飛行機操縦術練習及ビ同構造研究ノ為約六箇月ノ予定ヲ以ッテ出張」させることへの裁可を求める1912年6月18日付上奏書が上原勇作陸軍大臣(1856–1933)の名で西園寺公望内閣総理大臣(1849–1940)宛に出されている[30]。この2名の士官は1912年11月、フランスのアエロ・クラブで飛行操縦士免許第1112号と第1113号を取得する。さらに彼らは複葉機モーリス・ファルマン1912年型［Maurice Farman-1912, 複座式、ルノー(Renault)70馬力エンジン］1機と単葉機2機、すなわちニューポール1912年IV-G型とIV-M型[31]［前者は三座式、ノーム100馬力エンジン、後者は複座式、ノーム・オメガ(Gnome Oméga)50馬力エンジン、重量650 kg、最大時速110 km］を発注する[32]。彼らは1913年3月に日本に帰国し、飛行機は同年5月と7月にそれぞれ納入される[33]。日本で初めて時速100 kmを超えたのはこの50馬力エンジン搭載のニューポールである。

アンリ・ファルマン1910年型と性能を比較の結果、モーリス・ファルマン(Maurice Farman) 1912年型がはるかに優れていることが判明する。そこで臨時軍用気球研究会は最新機種、モーリス・ファルマン式四号機を複数機装備することを決定する。日本で「ちょんまげ」の異名をとったこの型は長澤、沢田両技師により改良され、モーリス・ファルマン式六号機（モ式六型）の名で呼ばれることとなる[34]。1913年から1921年までの

法人日本航空技術協会）に2003年3月より発表しておられる。既に第7部を数え今後も続くはずであるこの連載記事を筆者はたびたび参考とさせていただいた。

ジャン＝ポール・パラン氏からは他にも資料を多数提供していただき、おかげで拙稿を充実させることができた：

— エタンプのアンリ・ファルマン飛行学校、飛行教官モーリス・エルブステール(Maurice Herbster)、徳川大尉の飛行演習、日本が購入したアンリ・ファルマン式飛行機の試験飛行、徳川大尉の飛行士免許に関して1910年に発行された専門紙 *L'Aviation illustrée*（ラヴィアシオン・イリュストレ）、*L'Aérophile*（ラエロフィル）、*Le Bulletin officiel de l'Aéro-Club de France*（ビュルタン・オフィシエル・ド・ラエロ・クラブ・ド・フランス）

— 2003年1月発行の雑誌 *L'Avion*（アヴィオン）第118号掲載記事 *La mission Faure au Japon*（フォール遣日使節団）クリストフ・コニー (Christophe Cony) 著、p. 21–27。

28) ティエリー・ルルー (Thierry Leroux) 著 *Les relations aéronautiques franco-japonaises des origines à la deuxième guerre mondiale*（日仏航空関係、その始まりから第二次世界大戦まで）、フランス空軍史料館[Service Historique de l'Armée de l'Air (SHAA)]、整理番号G-1666, 1984年、同部図書館に1989年4月5日収蔵、p. 1–8 参照。

29) 「おいはま」、後に「おっぱま」と呼ばれるようになる。

30) 国立公文書館所蔵資料。

31) しばしば日本で「N-G」、「N-M」と誤って表記されるが、これはIVをNと混同したことから生じたものと推測される。

32) 徳川好敏『日本航空事始』出版協同社、1964、p. 122–126。

33) 同上、p. 120–121。

間に、東京の陸軍小石川砲兵工廠でフランスのライセンスの下、ルノー 70 馬力エンジン搭載の飛行機が 200 機製造されることとなる[35]。

陸軍と海軍との対抗意識

日本帝国海軍はライバルの陸軍に後れをとるわけにはいかない。そこで 1911 年夏、英国王ジョージ五世（George V）の戴冠式に列席する島村速雄海軍中将（1858-1923）と同伴将校をフランスに立ち寄らせることにする。著名な飛行機製造家、モーリス・ファルマン（1877-1964）[36]は一行をヴェルサイユ宮殿そばのビュック（Buc）の、自らが経営する飛行学校に案内し、自身が操縦桿を握る最新型飛行機に島村中将を乗せ、初飛行へと誘った。翌年、日本帝国海軍は金子養三大尉をフランスのアストラ（Astra）飛行学校[36]に派遣し、飛行船と飛行機の操縦技術を学ばせる。同年 7 月 25 日、彼はフランス・アエロ・クラブで飛行操縦士免許[37]を取得する。さらに彼は海軍のために日本で初めてルノー（Renault）70 馬力エンジン搭載のモーリス・ファルマン複葉水上機（モーリス・ファルマンの機体とアンリ・ファルマンのフロートを合わせたもの）4 機を発注する。ちなみにアンリ・ファルマン（1874-1958）はモーリスの兄である。これらの水上機は追浜の基地にて披露され、1912 年 10 月 6 日、金子大尉は日本で初の水上機飛行を成功させる（高度 35 m、飛行時間 15 分）。海軍は翌年梅北、小浜両大尉を、1914 年には井上二三男大尉をフランスに派遣する。3 人の将校が練習機に使用したのはドゥペルデュッサン（Deperdussin、図 2.8）である。数ヵ月後、海軍は単葉機ドゥペルデュッサン 1 機をフランスに発注している[38]。

1912 年 11 月、2 機の飛行機が所沢・川越周辺で行われた陸軍の大演習に初参加する。1 機は徳川大尉の操縦するブレリオ 12 型、もう 1 機は木村鈴四郎中尉の操縦する会式第一号である。1912 年 11 月 17 日の大正天皇所沢飛行場初行幸の際、フランス製の飛行機が徳川大尉より紹介され、天皇に感銘を与える。

外交的背景――第一次大戦参戦

第一次世界大戦が 1914 年 7 月 28 日に勃発すると同盟関係[39]のよしみで、日本は 1914（大正 3）年 8 月 23 日、ドイツに宣戦を布告することになる。翌日、モーリス・ファルマン 4 機、ニューポール 1 機で仮編成された陸軍の飛行隊が所沢を飛び立ち中国に向かう。フランス製水上機モーリス・ファルマン 4 機で編成された海軍の飛行隊もこれに続く。9 月 4 日、日本軍は青島のドイツ租界を攻撃する。11 月 6 日までに陸軍飛行隊は 86 回出動、44 個の爆弾を投下。海軍飛行隊は 49 回出動、190 個の爆弾を投下[40]。ドイツ租界は 11 月 7 日に陥落する[41]。フランス製飛行機による

図 2.8　海軍追浜飛行場でのドゥペルデュッサン

---

34)　徳川前掲、p. 124-125。
35)　ルルー前掲（注 28）、p. 10。
36)　ブーローニュ・シュル・セーヌ（Boulogne-sur-Seine）のアトリエ・ド・コンストリュクシオン・アエロノティック・アストラ（Les Ateliers de construction aéronautique Astra, アストラ航空機製作所）は気球、次いで飛行機の製造を手がける。同社の飛行学校の場所は未だ特定に至っていない。
37)　免許番号第 957 号。
38)　ジャン＝ポール・パラン「日仏の航空技術交流史」、『航空技術』第 578 号 p. 28、注 27 で言及。
39)　本文「1907 年の日仏協約」参照。
40)　ルルー前掲、p. 11。『別冊 1 億人の昭和史　日本航空史』毎日新聞社、1979 も参照。
41)　徳川好敏『日本航空事始』によれば、モーリス・ファルマン 1 機が試験飛行中に破損したため（p. 136）、

図 2.9 ビュックのモーリス・ファルマン飛行学校を訪問する島村速雄中将と日本海軍将校

図 2.10 海軍追浜飛行場のモーリス・ファルマン水上機

この初空襲が日本軍の勝利に貢献した。軍の指導者たちはついに航空技術の重要性をはっきりと認識する。陸軍の初期の飛行機を管理してきた「臨時軍用気球研究会」は 1915 年 12 月に解散し、陸軍航空大隊がこれに取って代わる。基地はこれまで通り所沢とし、航空大隊は飛行一中隊と気球一中隊により構成される。徳川好敏は陸軍航空大隊中隊長に 3 年間任官される。1917（大正 6）年末、陸軍はフランスに初めて追撃機を発注し、これは翌年 4 月に納入され、岐阜市に近い各務原に新設された基地に配備される。その内訳は単座式複葉機ニューポール 17 型（Nieuport 17）と単座式複葉機スパッド（Spad）[42] 各 1 機で、後者は 1918 年 4 月、高度 5,200 m 突破の記録を樹立している。

防衛省、外務省の機密資料から明らかになった飛行機供給とシベリア出兵をめぐる駆け引き

1917 年、10 月革命によるロシア帝政の破綻に乗じたドイツ勢力の東漸を警戒する連合諸国の間に、日本と米国に支援を求める気運が高まる。1917 年 12 月 2 日、パリで連合国最高軍事会議が開かれたその翌日に、ジョルジュ・クレマンソー（Georges Benjamin Clemenceau, 1841–1929）首相（図 2.11）とフェルディナン・フォッシュ（Ferdinand Jean-Marie Foch, 1851–1929）参謀総長の要請により、ステファン・ピション（Stéphen Pichon, 1857–1933）外相は、シベリア鉄道問題に関する秘密の小会議をフランス外務省にて開催し、英、米、仏、伊、日本各代表出席のもと 1917 年 12 月 2 日付のフォッシュ将軍の秘密の覚書を読み上げる。それは、ドイツがロシア全域に勢力を拡大すれば日本と米国にとっても由々しき事態に及ぶため、日本または米国の兵によってウラジオストックからモスクワまでのシベリア横断鉄道を占領せしめ、ロシア全域とルーマニアへの物資補給の確保を図り、ドイツがロシアを管理下に置くのを阻止する必要があるというものであった。国情が不安定なロシアで全長 7,000 km 超にも及ぶ鉄道を掌握するという壮大な計画に対して松井慶四郎（1868–1946）駐仏大使は 1917（大正 6）年 12 月 4 日付の本野一郎（1862–1918）外務大臣宛の極秘電文第二六二号にて「各代表者ハフォッシュ将軍ノ面目モアリ露骨ノ批評ヲ遠慮セルモ何レモ案其物ニ就イ

実戦には同型 3 機とニューポール 1 機が使用された。防衛省防衛研究所所蔵『大正三、八、一八～四、一、五 青島戦ニ於ケル航空隊参加概史』（徳川好敏中将保管）には、戦術上の要求によりこれら 4 機が飛行した回数および時間は以下の通り：M 式第三号 15 回、21 時間 37 分、M 式第四号 18 回、23 時間 56 分、M 式第八号 20 回、23 時間 13 分、N 式 15 回、13 時間 13 分。これら 4 機は青島陥落後の入城式（1914 年 11 月 16 日）の際、市街上を凱旋飛行した。

42) Spad とは Société Pour l'Aviation et ses Dérivés（飛行機およびその派生品会社）の略号である。ル・ローヌ（Le Rhône）9J・110 馬力空冷ロータリー式エンジン搭載、時速 175 km、航続時間 2 時間。

図2.11　ジョルジュ・クレマンソー

テハ到底実行不可能ノモノトシテ之ヲ重視シ居ラザル模様ニ有之ピションモ閉会後本委員等ト対話中（中略）本案ノ計画スル事態ハ何分実行不可能ト自分モ考エ居タリト云ヒ又ハウス大佐（Edward Mandell House, 1858-1938）モ途方モナキ計画ナリト評シ居タリ」と報告している。しかし、ロシアが単独でドイツと講和を図る動きが見られるなか、日本政府はいずれこの種の要請が再び出されることを想定し、専門家に戦費の見積と可能性調査を行わせ、早くも同年12月22日には「西比利亜鐵道ハ日本独力ヲ以テ其大部分ヲ管理シ得ザルニアラザルモ貝加爾以東ノ鉄道（烏蘇里及黒龍鉄道ヲ除ク）ニ限定スルトキハ確実ニコレヲ管理スルヲ得ベシ」との結論に達していたが、これは秘密に付された。対外的には米国と同じくロシアへの内政干渉を避け、あくまでも連合諸国すべてが足並みを揃えた「対露根本方針」を打ち出すのを確かめるまでは決定的回答を保留した。

1918（大正7）年が明けて間もなく、パリ日本大使館付武官、永井来(ながいきたる)大佐（1877-1934）はフランス航空局連合課長に各種仕様の戦闘機16機と繋留式気球1機を納入してほしいと要請する。日本陸軍は大正10年5月20日付で作成した「佛國航空団ニ関スル業務詳報」[43]で以下のように振り返っている。「各種飛行機同発動機製作原料及同機械等ノ佛國ヨリ供給ヲ受ケ、且飛行機発動機製作ノ為熟練ナル技術職工ヲ帝国政府ニ傭聘ノ希望ヲ佛國大使館付武官永井大佐ヘ電報シ交渉セシメタルニ佛國政府ハ好意ヲ表シ内諾ヲ与エタルモ帝国陸軍ニ於テ新ナル軍事行動ヲ決行セザル限リ（交渉の）成功覚束ナキ旨返電ニ接セリ」（下線は筆者による）。これに対して日本陸軍は「我ガ国ガ新ナル軍事行動ヲ取ルヤ否ヤハ未定ノ問題ナルモ之ヲ決行セントスル場合ニハ陸八七号機器ハ是非必要トスルニ付予メ是等機器ノ準備ヲ要シ既ニ予算ヲ要求シ通過セル次第ニ付キ極力尽力アリタシ、尚本件ハ外務省ヨリモ在佛帝国大使ヘ訓電セラルル筈」と返電している。

さらに同年4月6日には、大島健一陸軍大臣（1858-1947）が本野一郎外務大臣を介して松井駐仏大使に訓電を送る。その趣旨はフランス政府に対して飛行機およびその予備品100機分、移動式無線7台、飛行機用無線40台、係留気球7基、野戦電燈15個、飛行機射撃用測遠機40台の供給を打診すべしというものである。すると同年5月、戦時下のフランスは自らも軍備増強の必要に差し迫られているにもかかわらず、複座式スパッド6機とイスパノ・スイザ（Hispano-Suiza）200馬力エンジン13台[44]、ニューポール23 M2型機体3体とル・ローヌ（Le Rhône）80馬力エンジン6台、さらに気球1機の納入に応じる。ただしフランスはこの機材納入に応じる条件として、日本が「連合軍側に付いて、戦線に加わる決心をすること」を要求する。さらに5月30日には英国のバルフォア外相（Arthur Balfour, 1848-1930）からも珍田捨巳駐英大使（1857-1929）に「日本軍を主力とするシベリア出兵を英米仏より招請するとき日本は承諾するか」との申し出が寄せられるのである。

1918年6月、フランス西部戦線にドイツ軍が

43）「佛國航空団ニ関スル業務詳報」防衛庁防衛研究所所蔵資料。
44）イスパノ・スイザ（Hispano-Suiza）140馬力水冷式エンジン搭載、時速180 km、航続時間2時間。注32, p. 151–153。

大攻勢をかけると、フランスは「本格的な東洋戦線を張り、かつ、戦後の日本においてフランスの強い影響力を保証することが政策上必要である」と強調する[45]。

この東洋戦線形成のため、英国は7月10日、フランスは7月13日にそれぞれ、ウラジオストックに一大隊を派兵すると日本に通告し、これの主役を日本に担わせようとする。そのため英国は、浦塩派兵は「ロシア内政干渉とは無関係」と但し書きを入れる慎重さを示す。一方、チェック軍捕虜救出を目指す浦塩派兵と内政干渉が無関係ではなく「その実同一」と考えるフランス（ピション）は2日後の7月15日の戦争委員会で、戦局の悪化によって立ち消えになった5月の飛行機供給案の代わりに、繋留気球と巻上げ機各7基とサルムソン（Salmson）30機を2回に分けて納入に応じることを決定する。ただし、日本がフランス製飛行機の操縦、および機材の取り扱いのためフランス人専門家を受け入れ、飛行機のライセンス生産を行うことが条件であった。1913年より駐日フランス大使を務めるウジェーヌ・ルイ・ジョルジュ・ルニョー（Eugène Louis Georges Regneau, 1857-?）は後に外電の一つでこう述べている。「この方法により、我が国が日本の軍事関係者の間に揮っていた昔日の影響力を取り戻すことができるかもしれず、また、この地位をみすみす他に奪われるようなことはあってはならない[46]」。しかし、この供給の決定は直ちに日本には伝えられなかった。ここでルニョー大使は一芝居を打つ。7月18日午前、彼は外務省の幣原次官を訪ね、フランスは時局柄甚だ遺憾ながら、原料、人員の不足から飛行機の融通は不可能である、と口頭で伝える。数機でもいいからともかく融通してほしい、と食い下がる幣原次官に対しルニョー大使は、1台たりとも融通の余裕はない、と言い残して退出したのである！ 7月15日の戦争委員会の決定が日本政府に正式に伝えられたのはその同じルニョー大使の7月31日付の以下の覚書である。「日本政府ハ曩ニ佛國政府ニ飛行機若干ヲ購入シタキ希望ヲ申シ出タリ、然レドモ現下ノ需要ニ迫ラレ此希望ニ応ズル事不可能ナルガ如キ感アリキ、然ルニ軍需委員会ハ七月十五日、日本政府ニ好意ヲ表スル為其ノ決心ヲ翻シ後藤男爵閣下ノ仲介ニヨリナサレタル要求ニ対シ成シ得ル限リノ範囲ニ於テ満足ヲ与フルコトニ決セリ」。この約2週間の空白の間にフランスは日本の連合国支援の意思を確認していた。一つは1917年6月に寺内内閣が連合国の戦費調達のために締結した公債の残りの部分を履行し財政面で支援すること、もう一つは浦塩派兵による東洋戦線形成のための支援である。日本は遂に浦塩派兵に応じる。1918年7月22日、二重封筒に入れられた極秘文書が供覧に付され、これにより日本帝国政府および陸海軍の指導者らはこれまでの交渉の経緯、並びに浦塩派兵決定の情報を共有するのである。日本は連合諸国の浦塩派遣軍の指揮権を日本が握ることを確認した上で、7月24日、その司令官に大谷喜久蔵陸軍大将を任命する。日本は1918年8月2日、シベリア出兵を宣言し、1922年までにロシア極東3地方に73,000人の兵を配備することになる。モーリス・ファルマン24機から成る航空隊もこれら日本兵を支援した。

使節団派遣の決定

日本陸軍は1918年7月31日付ルニョー大使の覚書によって伝えられたフランス政府の厚意に対し感謝し、サルムソン取扱指導のための操縦将校1名、観測将校1名を3ヵ月間（往復旅行期間を除く）、および製造の心得のある機械技術者を状況に応じ若干長期間、日本側の負担でフランスより傭聘することを希望する旨を8月20日に伝える。するとフランス政府は1918（大正7）年8月21日、外務省を通じ「航空教育使節団を日本政府の役に立ててほしい」と、フランスの負担で人員を派遣することを日本に提案する[47]。交渉は

---

45) ルルー前掲、p. 12。
46) ルルー前掲、p. 13。

パリで日本大使館付武官・永井来大佐とフランス陸海軍航空次官との間で行われた。総理大臣兼陸軍大臣ジョルジュ・クレマンソーはこの案件を日本とアジアにおけるフランスの国益にとって最重要事項とみなし、陸軍参謀長とともに交渉を自ら監督した。

ジョルジュ・クレマンソーは1918年8月21日付外交書簡[48]で次のように述べている。

> 「フランス政府は使節団団員の俸給、生活費、旅費の一切を負担する。(中略) フォール中佐を長とするこの使節団は必ずや良好な条件で任務を遂行するであろう。」

この使節団責任者の人選は、専門知識、権威を考慮の上、ジョルジュ・クレマンソーが直々に行ったものである。

使節団を自費で派遣するにあたり、フランス政府はイタリア人、イギリス人、アメリカ人を除外した。また見返りとして日本がフランスに軍用飛行機を多数発注することを希望した。

1918年8月24日付電信で、永井大佐はフランス将校招聘に関し「(前略) 本日先方ヨリ砲兵中佐Faureヲ長トシ操縦教官一名、偵察及ビ写真専門一名、射撃観測及ビ無線電信専任教官一名、空中射撃専任教官一名、計将校五名、並ビニ操縦教官三名、機械下士一名、無線電信下士一名、計五名ヲ派遣スベク其費用ハ一切佛國政府ニテ支弁スベシト提議スベク、又人選ニ関シテハFaure中佐ト小官ト協議決定スベシ」と本国に報告する[49]。

フランス陸軍参謀長が航空次官に宛てた1918年8月26日付覚書[50]にはこう記されている。

> 「日本の駐在武官が我々の提案を受け入れると知らせてきた(中略)。使節団の指揮はフォール中佐が執り(中略)同将校が航空次官および日本の駐在武官とともに部下の人選を行う(中略)。次官におかれては人選リストが決まり次第、これを陸軍参謀長に提出されたし(中略)。

また、日本政府は上記軍人以外に航空機製造技師または専門家も使節団に加えてほしいとの意向を表明している。」

フォール中佐は1918年8月25日付で「フランス遣日航空教育軍事使節団団長」に正式に任命され[51]、同年9月初めに陸海軍航空次官の臨時執務室に着任し、使節団の準備に専念することとなる。

ジャック・フォール

ジャック (アンヌ・マリー・ヴァンサン・ポール)・フォール (Jacques Anne-Marie Vincent Paul Faure) は1869年11月14日、ピュイ・ド・ドーム (Puy de Dôme) 県クレルモン・フェラン (Clermont-Ferrand) に生まれる。1887年9月、陸軍に志願し3年間の期限で入隊する。1889年10月21日、エコール・ポリテクニック (理工科

---

47) SHAA、整理番号A 193、ファイル3、*Relations avec le Japon, la Perse, le Siam, le Brésil et Cuba; - Japon: mission française au Japon, organisation et personnel (21 août 1918 – 28 janvier 1919)* [日本、ペルシャ、シャム、ブラジル、キューバ関係―日本：フランス遣日使節団、編成および人員 (1918年8月21日〜1919年1月28日)]。
　ここでは、陸軍参謀総長署名入り1918年8月26日付 *Note pour le Sous-secrétariat d'État de l'Aéronautique Militaire et Maritime* (陸海軍航空次官宛て覚書)、および1918年8月21日付ジョルジュ・クレマンソーの大臣外交書簡10.475-BS-1が引用されている「Mission au Japon (遣日使節団)」。

48) 同上。SHAA、軍事航空次官から送られた1918年11月11日付 *Note pour l'État-major de l'Armée, 2e Bureau I, Missions à l'Étranger* (陸軍参謀第二執務室I、遣外使節担当宛て覚書)。

49) 「佛國航空団ニ関スル業務詳報」(注43)。

50) 注47と同じ。

51) SHAA、フォール大佐に関する個人ファイル、1792-GB-第2、第3シリーズ、「任務の状況」。ここでは「Mission Militaire de l'Aéronautique (航空教育軍事使節団)」と記されているが、以後、他のすべての公式文書では「Mission Militaire Française d'Aéronautique au Japon (フランス遣日航空教育軍事使節団)」とされている。

図 2.12　ジャック・フォール団長

学校）に合格し、1890 年 10 月 5 日、砲工兵技術応用学校の士官生徒となる。1891 年 9 月 30 日、少尉に任官され、1 年後、第 13 砲兵連隊の砲兵科見習士官として軍人のキャリアを歩み始める。1893 年 9 月 30 日、中尉に昇進し、1894 年 10 月 1 日、第 12 砲兵連隊に入隊、1903 年 3 月まで同任にあたる。同年 4 月 9 日には第 9 砲兵連隊長に昇進している。4 年後、陸軍第 1 大隊参謀本部に転属となり、第 15 砲兵連隊に配属される。航空技術に熱中し、1912 年 9 月 24 日、軍事航空局に入り、1914 年 3 月 23 日、飛行中隊長となり、1914 年 8 月、シャロン・シュル・マルヌ陸軍参謀本部にて第一次世界大戦の開戦を迎える。1915 年 10 月 2 日、航空補佐官房に入り、1917 年 6 月 6 日、第 207 砲兵連隊にて中佐に昇進、同年 9 月からは第 4 軍第 60 師団野戦砲兵部隊の指揮を執る。1918 年 8 月 25 日、フランス遣日航空教育軍事使節団団長に任命される。日本滞在中の 1919 年 9 月 13 日に大佐に昇進。フランス帰国後の 1920 年 9 月、航空特別参謀付属の航空技術検査局長に任命される。1922 年 11 月 9 日、メス日中爆撃旅団（航空師団第 2 旅団）の臨時司令官となり、翌年、准将に昇進し第 11 メス爆撃旅団を指揮する。

1922 年、日本陸軍がニューポール 29 型戦闘機 40 台、1923 年、アンリオ（Hanriot）14 型練習機 30 台、自動車式繋留気球、最新式爆弾の購入にあたり、これらはいずれもフランス陸軍の機密に属し購入不能の状態にあったが、彼の斡旋尽力によりその目的を達成したのみならず、これらのライセンス生産権の獲得にも導いた。1923 年 9 月 1 日の関東大震災により横浜税関にあったローヌ式 80 馬力および 120 馬力エンジン 40 台が焼失した際は、フランス陸軍において使用中のものを日本に発送するよう手配し、日本の航空教育の中断、停滞を防ぐ。また、日本人将校の各種航空技術研究のため、フランス航空連隊等への入隊、同陸軍発動機学校への入校、航空中央試験所への入所、航空技術部学校、カゾウ（Cazaux）、イーストル（Istres）両飛行学校ならびにファルマン、ニューポール、ブレゲー、イスパノ各社の視察を斡旋する[52]。しかしパリのヴァル・ド・グラス病院（Hôpital d'instruction des armées du Val-de-Grâce）に急遽入院し、1924 年 8 月 24 日に死亡する。

1915 年には軍功勲章と武勲によるレジオン・ドヌール 4 等勲章を、1924 年 7 月 24 日には同 3 等勲章を叙せられ、フォール准将は「その職能と技能、一般知識および軍事知識により、常に時節の要求に応える効率性を航空業務にもたらす術を心得ていた」と評される[53]。外国の軍隊への功労によりスペイン、英国、ロシア、イタリア、ベルギー、セルビアより叙勲され、日本は彼に勲三等旭日章と瑞宝章を授けた[54]。日本陸軍はその人柄を、先出の「佛國航空団ニ関スル業務詳報」の中でこう評している。

「中佐ハ温厚篤実思慮綿密、陸軍大学出身ノ秀才ニシテ且佛國航空将校ノ元老ナリ。戦地ノ航空部長、陸軍省航空課長等ノ経歴ヲ有シ、空中

---

52) 国立公文書館所蔵「仏国陸軍少将ジャック、ポール、フォール叙勲ノ件」大正 13 年 8 月 11 日〜同月 17 日。
53) 注 51 と同じ。
54) 同上。

戦術航空技術ニ通暁シ佛國航空部内ニ声望頗ル高ク我ガ航空界指導者トシテ此人ヲ得タルハ欣ブベキコトナリ」。

彼の重態の報に接した日本陸軍は、1924年8月11日、外務相幣原喜重郎男爵を通じ、「大至急」勲二等瑞宝章の叙勲を上奏し、これは8月17日に裁可される[55]。葬儀は8月27日、ヴァル・ド・グラス礼拝堂で大勢の軍および航空関係者列席のもと執り行われた。参列者の中には新任のパリ駐在武官大平善市陸軍中将（当時少将、1877-1928）、1919年4月から1921年12月まで在東京フランス大使の任にあったエドモン・バプスト（Edmond Bapst, 1858-1934）らがいた。亡骸はクレルモン・フェランの墓地に葬られた。

使節団の構成

フォール中佐は有能なパイロットおよび技師士官・下士官、航空機製造の指導・監督予備役のなか（50人）から最も優れた人員を探し出す。このなかには第一次世界大戦中、空中戦で敵機を規定数以上撃墜したエース（As）パイロットも含まれた。1918年9月3日、上述の人員では不十分として団長以下29名に変更することを希望する。彼は「適任者ノ選定、諸器材ノ整備等ニ関シ陸軍当局ト交渉シ任務達成上遺漏ナキヲ期シ努力ノ結果、発動機模範、空中写真術、無線電信、爆弾投下、空中射撃術等ノ教育用器材及ビ教育設備ニ要スル材料ハ勿論、最新式爆弾投下用Breguet飛行機二台及ビ気球一中隊ノ編成ヲ要スル諸材料ヲモ派遣団ノ教育用具トシテ携行スルコトトナレリ[56]」。彼の組んだ日程は1918年11月20日にマルセイユを発ち、1919年10月1日に帰仏、ただし製造監督の人員だけは最低でも1920（大正9）年1月1日までは任務を続行する可能性あり、というものである[57]。

彼は副団長にルイ・オーギュスト・ラゴン少佐（Louis Auguste Ragon）を抜擢し、砲兵、工兵、騎兵、歩兵、航空兵の各科より23名の将校を、准士官以下から26名の技師および軍曹を最終的に選び出す。軍事航空技術の全分野を網羅したため、出発時の使節団員は後出の人名表にその顔ぶれが示すように総勢50名の大所帯となった[58]。団長は持参、あるいは別途送らせる機材の膨大なリストを作成させる。このリストはいまだに空軍史料館で見つかっていない。しかし、2003年1月発行の「アヴィヨン（Avion）」第118号に掲載された「フランス人飛行士が日本で販売代理人を演じていたころ」と題された記事のp.22で、クリストフ・コニー（Christophe Cony）はこう述べている。

「フランス人は手ぶらで旅立ったわけではない。なぜならサルムソン2A-2型、ニューポール複数型、スパッドXIII型数機、400馬力リバティー（Liberty）式エンジン搭載の実演飛行用ブレゲーXIV型2機、およびカコ（Caquot）式気球複数機を持参したからである。」

---

55) 国立公文書館所蔵「仏国陸軍少将ジャック、ポール、フォール叙勲ノ件」。
56) 「佛國航空団ニ関スル業務詳報」。
57) SHAA、フォール大佐の1918年11月8日付ジョルジュ・クレマンソー宛て書簡。
58) 大正10年5月20日陸軍作成の「佛國航空団に関する業務詳報」に添付された「佛國陸軍航空団人名表」に掲載された全63名団員のうち、1919年1月15日および1月23日に東京に到着した50名。

使節団員リスト[59]

	仏国陸軍航空団人名表				
	将校 准士官以下	叙勲種類	東京到着日	東京出発日	主な任地及勤務地
1	砲兵大佐ジャック・ポール・フォール Jacques Paul FAURE, colonel d'artillerie	旭三	大正八年一月十五日	大正九年四月十二日	団長、東京
2	砲兵少佐ルイ・オーギュスト・ラゴン Louis Auguste RAGON, commandant d'artillerie	旭四	大正八年一月十五日	大正八年八月一日	航空団副官、東京
3	工兵少佐ガブリエル・ジャック・ヴェルヌ Gabriel Jacques VERNES, commandant du génie	旭四	大正八年一月十五日	大正八年七月二十五日	気球、所澤
4	砲兵少佐グザヴィエ・フリューリー Xavier FLURY, commandant d'artillerie	旭四	大正八年一月十五日	大正八年九月二十六日	偵察観測、四街道
5	騎兵少佐シャルル・ルフェーヴル Charles LEFÈVRE, Commandant de cavalerie	旭四	大正八年一月十五日	大正八年十月二十日	操縦、岐阜
6	砲兵中尉ジャン・ルイ・ポアダッツ Jean-Louis POIDATZ, lieutenant d'artillerie	旭六	大正八年一月十五日	大正八年二月二十日	気球、所澤
7	歩兵中尉アルベール・ブリッソー Albert BRISSAUD, lieutenant d'infanterie	旭六	大正八年一月十五日	大正八年十月十四日	偵察観測、四街道
8	砲兵中尉ジョルジュ・リシャルツォン Georges, RICHARDSON, lieutenant d'artillerie	旭六	大正八年一月十五日	大正八年九月二十六日	航空団副官、東京
9	工兵中尉ウジェーヌ・ヴァネルゼーク Eugène, VANHERZEEKE, lieutenant du génie	旭六	大正八年一月十五日	大正八年十二月十二日	空中無線電信、四街道
10	騎兵中尉アルベール・ド・ケルゴルレー Albert DE KERGORLAY, lieutenant de cavalerie	旭六	大正八年一月十五日	大正八年十月二十日	操縦、岐阜
11	航空兵中尉エドゥアール・デッケール Édouard DECKERT, lieutenant d'aéronautique	旭六	大正八年一月十五日	大正九年四月十二日	操縦、岐阜

59) 本リストは大正10年5月20日陸軍作成の「佛國航空団に関する業務詳報」に添付された「佛國陸軍航空団人名表」に掲載の全63名の姓、東京到着日・出発日、主な任地および勤務地に、外務省より叙勲の裁可を求める書類に掲載された各人のローマ字氏名、軍事階級を組み合わせたものである。氏名のカタカナ表記はフランス語読みの音に最も近いものにした。また、旧仮名遣いは原則的に新仮名遣いに改めて表記している。

使節団員リスト

図 2.13　東京砲兵工廠の庭にて、フランス遣日航空教育使節団と日本人将校。最前列中央にフォール団長

12	騎兵少尉ピエール・クレマン Pierre CLÉMENT, sous-lieutenant de cavalerie	旭六	大正八年一月十五日	大正八年十月十四日	操縦、岐阜
13	航空兵少尉エティエンヌ・セゲラ Étienne, SÉGUÉLA, sous-lieutenant d'aéronautique	旭六	大正八年一月十五日	大正九年四月十二日	機関術、岐阜
14	航空兵少尉ジョゼフ・アンリ・ルストー Joseph Henri LOUSTAU, sous-lieutenant d'aéronautique	旭六	大正八年一月十五日	大正九年弐月八日（大正九年十月より更に傭聘）	機械製作、所澤
15	騎兵少尉アルフレッド・ガラン Alfred GALAND, sous-lieutenant de cavalerie	旭六	大正八年一月十五日	大正八年十月二十日	偵察観測、四街道
16	輜重少尉ポール・アルマン Paul HARMAND, sous-lieutenant du trains des équipages	瑞六	大正八年一月十五日	大正八年三月二十三日	
17	歩兵少尉フランソワ・ベルタン François, BERTIN, sous-lieutenant d'infanterie	旭六	大正八年一月十五日	大正八年十月十四日	操縦、岐阜
18	歩兵少尉エドゥアール・ラウール・ド・リッチ Édouard Raould, DE RICCI, sous-lieutenant d'infanterie	旭六	大正八年一月十五日	大正八年五月三十一日	機体製作、所澤
19	歩兵少尉リュシアン・ルコント Lucien LECOMTE, sous-lieutenant d'infanterie	旭六	大正八年一月十五日	大正九年三月七日	機体製作、所澤

20	航空兵少尉レモン・ウィネール Raymond WIENER, sous-lieutenant d'aéronautique	旭六	大正八年一月十五日	大正八年八月三十日	気球、所澤
21	歩兵准士官ラザール・ギシャール Lazare GUICHARD, adjudant d'infanterie	旭七	大正八年一月十五日	大正九年四月十二日	発動機製作、名古屋
22	工兵准士官ジャン・バリオーヅ Jean BARIOZ, adjudant du genie	瑞七	大正八年一月十五日	大正八年四月十日	気球、所澤
23	工兵准士官エリー・アンリ Élie HENRY, adjudant du genie	旭七	大正八年一月十五日	大正八年九月十三日	気球、機体製作、所澤
24	工兵准士官アンリ・ジェラール Henri GÉRARD, adjudant du genie	瑞七	大正八年一月十五日	大正八年四月十日	気球、所澤
25	航空兵准士官ポール・ヴァラット Paul VALAT, adjudant d'aéronautique	旭七	大正八年一月十五日	大正八年九月十三日	航空団書記、東京
26	航空兵准士官アルテュール・コルネ Arthur CORNET, adjudant d'aéronautique	旭七	大正八年一月十五日	大正八年七月九日	機関技工、岐阜
27	工兵准士官アレクシス・デズーシュ Alexis DÉZOUCHES, adjudant du genie	旭七	大正八年一月十五日	大正九年二月八日	機体製作、所澤
28	航空兵准士官ジョルジュ・グエフォン Georges GOUÉFFON, adjudant d'aéronautique	旭七	大正八年一月十五日	大正八年十月四日	機関技工、岐阜
29	工兵准士官ギュスターヴ・アルフォンス・ブーリエ Gustave Alphonse BOULIER, adjudant du genie	旭七	大正八年一月十五日	大正八年十月四日	気球、機体製作、所澤
30	歩兵准士官ルネ・ブロック René BLOC, adjudant d'infanterie	旭七	大正八年一月十五日	大正九年九月十九日	写真、四街道
31	航空兵軍曹モーリス・ヴァラット Maurice, VALAT, sergent d'aéronautique	旭七	大正八年一月十五日	大正九年四月十二日	機関術、岐阜 発動機製作、名古屋
32	歩兵軍曹ポール・ランスロ Paul LANCELOT, sergent d'infanterie	旭七	大正八年一月十五日	大正八年九月以降日本ニ残留	操縦、四街道
33	航空兵軍曹ジョアネス・デュフルネル Joannès DUFOURNEL, sergent d'aéronautique	旭七	大正八年一月十五日	大正八年九月十三日	機関技工、岐阜
34	歩兵軍曹ジョルジュ・アルソ Georges ALSOT, sergent d'infanterie	旭七	大正八年一月十五日	大正八年十月四日	偵察観測、四街道
35	航空兵軍曹エミール・コロンバン Émile COLOMBIN, sergent d'aéronautique	旭七	大正八年一月十五日	大正八年九月十三日	無線電信、四街道
36	歩兵軍曹ルイ・ダゴン Louis DAGON, sergent d'infanterie	旭七	大正八年一月十五日	大正八年七月九日	写真、四街道
37	航空兵軍曹ジャン・リュエ Jean RUET, sergent d'aéronautique	旭七	大正八年一月十五日	大正八年九月以降日本ニ残留	機関技工、岐阜及四街道

使節団員リスト

38	歩兵軍曹ジャック・トリジェ Jacques TRIEGER, sergent d'infanterie	旭七	大正八年一月十五日	大正八年九月以降日本ニ残留	航空団書記、東京
39	航空兵軍曹ピエール・ボノー PIERRE BONNEAU, sergent d'aéronautique	旭七	大正八年一月十五日	大正八年九月以降日本ニ残留	無線電信、四街道
40	航空兵軍曹アンリ・ケリュス Henri CAYLUS, sergent d'aéronautique		大正八年一月十五日	大正八年五月二日	機関技工、浜松
41	工兵軍曹モーリス・マルジュレル Maurice MARGEREL, sergent du génie	旭七	大正八年一月十五日	大正八年十二月十二日	無線電信、四街道
42	工兵少佐ダニエル・ミシェル・ジョセ Daniel Michel JOSSET, commandant du génie	旭四	大正八年一月二十三日	大正九年四月十八日	発動機製作、名古屋
43	歩兵大尉アントワーヌ・ジョアネス・ペラン Antoine Joannès, PERRIN, capitaine d'infanterie	旭五	大正八年一月二十三日	大正八年十月四日	空中射撃、新居
44	歩兵大尉フランス・ジョゼフ・ヴュアラン France Joseph VUARIN, capitaine d'infanterie	瑞五	大正八年一月二十三日	大正八年十月四日	爆撃、浜松
45	砲兵中尉ミシェル・アンリ・マリウス・ヴェルニス Michel Henri Marius VERNISSE, lieutenant d'artillerie	旭六	大正八年一月二十三日	大正九年八月十一日	発動機製作、名古屋
46	歩兵准士官モーリス・ブロック Maurice PLOCQ adjudant d'infanterie	旭七	大正八年一月二十三日	大正九年四月十二日	発動機製作、名古屋
47	航空兵准士官ジョルジュ・ヴァラット Georges VALAT, adjudant d'aéronautoique	旭七	大正八年一月二十三日	大正九年四月十二日	航空団書記、東京
48	歩兵准士官マルセル・フルリー Marcel FLEURY, adjudant d'infanterie	旭七	大正八年一月二十三日	大正九年八月十一日	発動機製作、名古屋
49	航空兵准士官ジャック・コルミエ Jacques CORMIER, adjudant d'aéronautique	旭七	大正八年一月二十三日	大正八年十月四日	発動機製作、名古屋
50	航空兵軍曹ポール・マルタン Paul MARTIN, sergent d'aéronautique	旭七	大正八年一月二十三日	大正八年九月十三日	爆撃、浜松
ここまで将校24名、准士官以下26名、計50名					
51	砲兵中尉ロベール・マルセル・ジャン・バラット Robert Marcel Jean BARAT, lieutenant d'artillerie	瑞六	大正八年三月七日	大正八年六月九日	気球、所澤
52	海軍大尉ピエール・ル・クール・グランメゾン Pierre LE COUR GRANDMAISON, lieutenant de vaisseau	旭五	大正八年四月二十五日	大正八年九月十九日	偵察観測海軍航空、四街道、所澤、横須賀
以下11名補充員					
53	歩兵中尉レジス・エドゥアール・ラフォン Régis Édouard, LAFONT, lieutenant d'infanterie	旭六	大正八年六月三十日	大正八年十月十四日	気球、所澤

54	砲兵中尉ジョゼフ・スレ Joseph SERET, lieutenant d'artillerie	旭六	大正八年六月三十日	大正八年十月十四日（大正九年二月より更に傭聘中）	操縦、所澤
56	工兵中尉ジャン・ブーショ Jean BOUCHOT, lieutenant du genie	旭六	大正八年六月三十日	大正八年十一月九日（シベリアへ）	気球、所澤
56	砲兵小尉ロベール・ルイ・ユゴン Robert Louis HUGON, lieutenant d'artillerie	旭六	大正八年六月三十日	大正八年十月四日	操縦、浜松
57	歩兵少尉アンリ・ニコラ・アルクェット Henri Nicolas ARCOUËT, sous-lieutenant d'infanterie	瑞六	大正八年六月三十日	大正九年八月三十日（在横浜自邸）	通訳、名古屋
58	工兵准士官ポール・ヴィクトール・ルイ・トルッソー Paul Victor Louis TROUSSEAU, adjudant du génie	旭七	大正八年六月三十日	大正八年十月四日	気球、所澤
59	工兵准士官フランソワ・カンタン François QUENTIN, adjudant du génie	旭七	大正八年六月三十日	大正八年十月十九日	気球、所澤
60	航空兵軍曹モーリス・クーデール Maurice COUDERT, sergent d'aéronautique		大正八年七月二日	大正八年九月十三日	機関術、岐阜及浜松
61	航空兵軍曹ジョルジュ・アンジュリー Georges ANGELI, sergent d'aéronautique	瑞七	大正八年七月八日	大正八年十月二十日	機関術、所澤
62	航空兵軍曹レモン・ルジェー Raymond Alfred LEJAY, sergent d'aéronautique	旭七	大正八年八月八日	大正九年八月十一日	機関術、岐阜及所澤
63	航空兵軍曹ジャン・ピラ Jean PIRAT, sergent d'aéronautique	瑞七	大正八年九月三日	大正八年十月二十四日	機関術、所澤
以上将校31名、准士官以下32名、計63名					
陸軍傭聘	砲兵中尉ルネ・クレルカン René CLERQUIN, lieutenant d'artillerie	旭六	大正八年四月一日	大正十一年四月一日	軍用鳩勤務伝習教官傭聘武官、中野

団員は補充員11名を含め総勢63名に登る。うち31名が将校、32名が准士官以下である。なお、海軍からはフォール大佐の要請によりピエール・ル・クール・グランメゾン大尉が1919年4月25日に来日し、主に追浜にて1919年6月30日から約1ヵ月間、テリエ（Tellier）機の操縦、爆弾投下演習と講義を行っている。また、上表最後のルネ・クレルカン中尉は使節団とは別に陸軍が傭聘した鳩術教官で、後に掲載する「臨時航空術練習概況一覧表」にも見られるように、フランスより1,000羽の鳩とともに来日し、東京、中野の元気球隊敷地に設置された軍用鳩調査委員施設にて伝書鳩の孵化、飼育訓練および勤務員の教習を行う。

図2.14　フランス遣日航空教育使節団の団長印とフォール大佐のサイン

陸軍だけではなく、海軍から派遣された鳩講習員にも懇切に指導した[60]。当初は1921年3月31日までの2年契約であったが、1年間延長され、1922年3月31日までの任期を全うした[61]。

熱烈な歓迎を受ける使節団

使節団第一弾41名は1918年11月24日、フランス郵船、メッサジュリーマリチム会社（Messageries Maritimes）のナプル号（le *Naples*）にてマルセイユを出航する。ドイツに対するフランスと連合軍の勝利を確認する休戦協定の調印より13日後のことである。サイゴンで使節団は上海行きのスファンクス号（le *Sphinx*）に乗り換える[62]。東京から発送された団長の1919年1月25日付報告書第141号にはさまざまな出来事が詳しく語られ、我々の心を打つ。

図2.15 大阪朝日新聞大正8年1月14日号（13日夕刊）に掲載された使節団の長崎到着を報じる記事

「11月24日にマルセイユを発った使節団の第一弾は上海に到着した[63]。当地には日本政府から遣わされたスチーマー、山城丸が使節団を待ちかまえていた。スチーマーは翌朝出航し、1月12日に長崎、13日に門司、14日に神戸に寄港する。神戸で団員は下船し、汽車に乗り換えたが、大きな荷物は横浜まで船で運ばれた。1月15日朝、東京に到着。」

「旅の途中に極東のフランス人から収集した情報や、使節団の異例の歓迎ぶりは、この出来事が国際関係の見地から並々ならぬ重要性を帯びていることを物語っている。特に次の点を強調すべきである：使節団が心のこもった熱烈な歓迎を受けたことからも分かるように、この派遣はまことに時宜を得たものであり、今日の情勢はフランスの影響力を日本に広げるに好都合である。アメリカ人、ブリティッシャー（原文ママ）、イタリア人の顔には悔しさがありありと表れ、われわれの立場がいかに羨望の的となっているかが窺われる。

上海で日本の航空佐官（中村祐眞（すけまさ）陸軍少佐）[64]が使節団を待っており、全団員が道中を快適に過ごせるよう気を配ってくれる。

長崎で陸軍大臣から遣わされた佐官1名が合流する。港は祝祭気分に溢れている。街中に旗が飾られ、軍民双方の有力者がうち揃って盛大な歓迎式が執り行われる。スチーマー出航の際は複数の蒸気艇がこれを護衛する。

門司での寄港はきわめて短いため、将官三名と地元の民間有力者複数名が花束と果物の贈り物をたずさえ乗船してくる。満艦飾の蒸気艇20艇が花火を打ち上げ、万歳を唱えながらスチーマーを何マイルも護衛する。

神戸ではホテルで歓迎式典が開かれ、沿道の市民が好奇の目で見つめる中をパレードする。特別に再開させた劇場で祝いの興行と晩餐会が

---

60) 国立公文書館所蔵「佛國後備役陸軍砲兵中尉ルネ、クレルカン叙勲の件」。
61) 防衛省防衛研究所所蔵「佛國武官傭聘契約期間延期の件」。
62) 日本陸軍側の資料によると途中航海に遅延が生じ、サイゴンに到着したのは「ナプル」号ではなく、「ネラ」号とされている。
63) 1919年1月9日。
64) 1919年2月1日発行「極東時報」第84号 p. 26 掲載記事「日本におけるフランスの航空技術」参照。この記事は中村少佐のほかに、遅れて使節団付きとなった子爵、鍋島大尉にもふれている。

催され、演説と両国の国歌斉唱が行われる。
　主要な都市の駅には人々が殺到し、ラ・マルセイエーズが演奏され、演説、記念品の贈呈が執り行われる。
　東京に到着すると臨時航空術練習委員長井上幾太郎少将（1872-1965）とその全参謀および政財界の有力者らが使節団を盛大に出迎える。
　陸軍大臣田中義一（1864-1929）は使節団団長の権限を拡大し、全ての軍事施設への立ち入りを無条件で許可した。これは前例のないことである。」

図2.16　大正天皇謁見の日の使節団。大正8年2月1日発行「極東時報」掲載

1月25日付報告書の終わりに団長はこうつけ加えている。

　「ジョセ少佐率いる使節団第二弾が1月23日、東京に無事到着した。少佐が繰り返し働きかけたのにもかかわらず、この分遣隊が全員揃わずに出発した（気球兵仕官1名、同下士官2名が欠員）のは残念である。」[65]

こうして長崎から東京への道中、日本国民は先の大戦の勝利者たちを熱狂的に出迎えたのである。新聞はこぞって使節団の目的や団員の人柄、フランスの航空技術が大戦で果たした役割について写真入りの記事を掲載した。各紙はフランスがながらく途絶えていた伝統である軍事顧問団を復活させたことを高く評価している。
　使節団を歓迎する一連の行事が帝都の各所で開かれる。1月19日、使節団はフランス大使館の昼食会に招かれる。モーグラ代理大使（Maugras）［ウジェーヌ・ルニョー大使は1918年7月末に帰仏し、後任のエドモン・バプストは1919年4月まで着任しないことになっていた］が食事の最後にスピーチを行い大いに話題を呼ぶ。以下にその一節を紹介しよう[66]。

　「当使節団はある非常に古い伝統を復活させるためこの地にやってまいりました。フランスは日本に早くから軍事顧問団を派遣した国々のひとつであります。50年以上前の明治時代初

図2.17　暁星学校玄関前におけるウジェーヌ・ルニョー駐日フランス大使（中央）

め、フランス人将校たちが当地にやってきて日本陸軍の同士と共に友情とお互いを尊敬し合う関係を築き上げました。この両国の好ましい感情はその後、二つの流れによってますます深まることとなりました。すなわち多くのフランス

---

65) 使節団の第二弾は1919年1月16日、ポルトス号にて上海に到着、日本郵船の八幡丸に乗り換え同18日に上海を出発、途中風波のため遅延し20日夕刻門司港入港、22日朝神戸上陸、翌日東京到着。

66) 1919年2月17日発行『極東時報 L'Information d'Extrême-Orient』第85号 p.10-11掲載記事「La Mission Aéronautique Française au Japon（フランス遣日航空教育使節団）」参照。

人将校を日本に導く流れと、多くの日本人将校を我が国の士官学校に送り出す流れであります[67]。フォール大佐（原文ママ）の使節団は、この良き伝統の担い手として当地にやってくる資格を十分に有するものであります（後略）」

陸軍大臣田中義一中将は代理大使に礼を述べた後、次のような答辞を贈る。

「両国の軍にはまことに因縁めいた関係があり、これがフランス遣日航空教育軍事使節団の到着により今一度確認されるのを見るに、喜びもひとしおでございます。私は、今ここに同席の上原大将に遅れること数年後にフランス人教官より教えを受けた最後の生徒の一人であることを誇りに思う次第であります（後略）」

東京市長田尻稲次郎（たじりいなじろう）（1850-1923）も帝都臣民の名においてフランス軍人を歓迎することを希望し、1月26日帝国劇場にて特別興行が催される。

翌日、団長と士官のみが大正天皇の謁見に招かれる[68]（図2.16）。これはきわめて異例のはからいであり、日本の軍および政界関係者らの間で大きな反響を呼ぶことになる。

マリア会（Société de Marie）会員のフランス人が運営する暁星学校（L'Étoile du Matin）が1月30日に使節団団員を歓迎する（図2.17）。団員はアンリ（Henry）校長と1,000名を超える生徒に迎えられ、生徒らは「ラ・マルセイエーズ」を歌い「フランス万歳」を唱える。

同じ日の夜、使節団全員[69]のために帝国飛行協会の晩餐会がフランス料理店、築地精養軒で開かれる[70]。10名のフランス人を含む130名の招待客の中には陸軍大臣田中義一、外務大臣内田康哉（うちだこうさい）子爵（1865-1936）、文部大臣中橋徳五郎（1861-1934）、後に総理大臣（在任期間1922-23）となる海軍大臣加藤友三郎大将（1861-1923）、有名な親仏家、渋沢栄一男爵（1841-1931）、東京市長田尻稲次郎、井口省吾大将、井上幾太郎少将、伊豆凡（いずぼん）夫、児島八二郎、T. Kuno（人物特定できず）、後に触れる長岡外史、山田隆一（1868-1919）、矢木亮太郎、そして海軍大将島村速雄男爵らの顔ぶれがあった。10名のフランス人の中には、駐日フランス大使館付武官ブリランスキ海軍中佐（Brylinski）、陸軍士官学校教師ガヴァルダ（Gavalda）、暁星学園教師ゴジェ（Goger）、駐日フランス大使館付武官ド・ラポマレード陸軍少佐（de Lapomarède）、モーグラ代理大使らがいた。

日本政府は4人の大臣を臨席させることで、使節団およびフランスとの関係を重視する姿勢を強く打ち出したのである。

教育日程

一連の祝典行事が終了すると、使節団は仕事にとりかかる。フォール中佐とその補佐、ラゴン少佐は陸軍省が提供した東京愛宕山の施設に入居する。彼らの助手としてリシャルツォン中尉と3名の下士官（ジョルジュ・ヴァラット、ポール・ヴァラット各准士官、トリジェ軍曹）が付いた。使節団との交渉のため田中義一陸軍大臣[71]は1918（大正7）年12月12日、井上幾太郎少将を委員長とする「臨時航空術練習委員[72]」を発足させてい

---

67) ポラック『筆と刀 Sabre et Pinceau』の「第二次遣日フランス軍事顧問団」、「第三次遣日フランス軍事顧問団」、および『絹と光 Soie et Lumières』p. 52～91, p. 106～121 参照。

68) ポラック『筆と刀』p. 103 写真参照。

69) 1月15日と同月23日に到着した計50名のうち49名、アルソ軍曹のみ欠席。

70) SHAAで発見されたNoms des personnes présentes au Banquet du 30 janvier 1919 tenu à Tsukiji Seiyo-ken au nom de la Société Impériale d'Aéronautique（1919年1月30日築地精養軒に於ける帝国航空協会主催宴会の出席者氏名）と題されたリスト。欠席したアルソ軍曹を除く団員49名が掲載されている。

71) 田中義一中将は革命ロシアに対抗し日本のシベリア出兵を強力に推進した人物の1人であり、時代遅れのモーリス・ファルマンで編成された日本の航空軍備の弱さを認識していた。フランスに最新式飛行機と航空教育団の要請をするよう後押ししたのも彼である。

72) 委員は草苅思朗工兵少佐、益test済工兵中佐、杉原美代太郎工兵中佐、中村祐眞歩兵少佐、浅田礼三砲兵少佐、

第2章 日本とフランスの航空技術

TABLEAU DU PROGRAMME DE FORMATION AÉRONAUTIQUE

MATIÈRE 科目	SITE 実施場所	MARS 3月	AVRIL 4月
FORMATION AU PILOTAGE COMBAT AÉRIEN 操縦班（戦闘飛行）	KAKAMIGAHARA (Gifu-ken) 各務原（岐阜県）	Vols d'apprentissage 補習飛行	
TIR AÉRIEN 射撃班	ARAI-MACHI près du lac Hamanako (Shizuoka-ken) 浜名湖畔 新居町（静岡県）		
BOMBARDEMENT AÉRIEN 爆撃班	MIKATAGAHARA près de Hamamatsu (Shizuoka-ken) 三方原（静岡県、浜松近郊）		
OBSERVATION 偵察観測班	YOTSUKAIDO (Chiba-ken) 四街道（千葉県）		
CONSTRUCTION DES APPAREILS 機体製作班	TOKOROZAWA 所沢		
FABRICATION DES MOTEURS 発動機製作班	ARSENAL D'ATSUTA (faubourg de Nagoya) 熱田兵器製造所（名古屋近郊）		
CONTRÔLE 検査班	ARSENAL DE TOKYO 東京砲兵工廠		
AÉROSTATION 気球班	TOKOROZAWA 所沢		

た。井上少将は1919（大正8）年1月18日、教育日程とその遂行における協力体制の大綱を定めた「協定書」を使節団団長と取り交わす（井上少将は1919年4月に設立される陸軍航空本部の本部長に就任することとなる）。この協定書には以下の分野の航空教育が規定されている：操縦、射撃、爆弾投下、通信、写真、工場設備および製作修理。その詳細は付帯条項に記載されることとなる[73]。臨時航空術練習委員はフランスの使節団と統合され「日佛航空術練習委員」となる。

使節団団員は1919年2月を既存施設や開発予定地の訪問、および教育日程の詳細設定[74]、[75]に費やした。

使節団は八つの教育班に振り分けられ、各班につきフランス人士官1名が主任として指導にあたり、日本人士官1名が班長として日本人教習生らを統率する。

1. 操縦（戦闘飛行）班：ルフェーヴル少佐と高橋勝馬(かつま)工兵少佐
2. 射撃班：ペラン中尉と赤羽佑之(すけゆき)工兵少佐
3. 爆撃班：ヴュアラン中尉と赤羽少佐

市田太郎歩兵少佐、兒玉友雄歩兵少佐、ウメダ・ユタカ少佐など18名。
73) 『四街道町史 兵事編 上巻』、1976、p. 111.
74) 「航空術練習予定表」参照。
75) 『四街道町史 兵事編 上巻』、1976、p. 112.

PRÉPARÉ EN FÉVRIER 1919 航空術練習予定表（大正 8 年 2 月作成）

MAI 5月	JUIN 6月	JUILLET 7月	AOÛT 8月
Tactique de combat aérien 戦闘飛行	} Premier stage 第 1 回教習		
Vols de reconnaissance 偵察飛行			
	Vols d'apprentissage 補習飛行	Tactique de combat aérien 戦闘飛行	} Deuxième Stage 第 2 回教習
		Vols de reconnaissance 偵察飛行	
En liaison avec la base aérienne de Mikatagahara près de Hamamatsu (Shizuoka-ken) 飛行場は（静岡県）浜松市近郊、三方原とする			

4. 偵察班：フリューリー少佐と浅田礼三砲兵少佐
5. 機体製作班：ルストー少尉と益田 済 工兵中佐
6. 気球班：ヴェルヌ少佐と益田中佐
7. 検査班：ジョセ少佐と笹本菊太郎砲兵中佐
8. 発動機製作班：ジョセ少佐と笹本中佐 [76)]

フォール大佐はこれら 8 班の活動の監督・調整に加え、日本の参謀本部、陸軍航空本部、および東京の陸軍大学校に対し、彼らに欠けている教義の基礎と総体を補うべく尽力する。日本の軍事航空技術のために、大佐は自らの提案を二つの基本書類、「フランスの軍事航空技術に関する 10 講義」と「参謀本部の旅」（1919 年 8 月に東京近郊で行われた航空指揮演習の総括とこれより得た教訓）にまとめ上げた。

---

76)『四街道町史　兵事編　上巻』、1976、p. 113。

臨時航空術練習概況一覧表[77]

練習班	実施場所	主ナル使用器材	予定期間	練習要領	練習経過	人員 主任教官	人員 班長	人員 練習員	備考
一 操縦班	岐阜県各務ヶ原	一、飛行機 ニューポール二十八平方二座式（ローン八十馬力）三台 同二十三平方二座式（〃）三台 同十八平方二座式（〃）二台 同十五平方単座式（〃）一台 同 〃（ローン百十馬力）三台 ソッピース単座式（ローン八十馬力）六台 同二座式（クレルジェ百三十馬力）九台 スパッド単座式（イスパノスイザ百四十馬力）一台 ニューポール単葉滑走機（グノーム五十馬力）二台 モラン〃（〃）三台 二、発動機 前期機械附属の外左記の予備を有す ローン八十馬力六台 同百十馬力三台 イスパノスイザ百四十馬力一台 グノーム七十馬力二台 同五十馬力五台 三、附属器具其他 修理器材機械類一式 気象観測器具一式 自動車六台（乗用車三、貨物二、患者用一）	第一回三月一日開始六月三十日終結 第二回六月一日開始八月三十一日終結	本班ヲ二回ニ分ヶ各回左記要領ニ依リ教育ヲ実施ス 一、飛行ニ関スル基本的智識ヲ与フル為最初若干ノ座学ヲ課ス 二、滑走機ニテ地上滑走練習ヲ行ヒ始メ完全ナル直線滑走ヲ為シ得ル迄練習ヲ継続セシム 三、ニューポール二十八平方米ニテ同乗飛行ヲ行ヒ始メ次デ単独飛行ニ移ラシム 四、ニューポール二十三平方米ニテ前同様ニ練習ヲ実施セシム 五、ニューポール十八平方米ニテ前同様ニ練習ヲ実施セシム 以上ノ飛行練習ヲ補習飛行ト称ス 六、右訓練ヲ終リタル者ノ内技倆優秀ナル者ニハニューポール十五平方米ニテ戦闘飛行（応用飛行）ヲ行ハシメ其ノ他ノ者ハソッピース二座式ニテ爆撃偵察飛行ヲ行ナハシム 以上ニテ各務原ニ於ケル本班ノ教育ヲ終リ尓後戦闘班ハ新居ニ於イテ空中実弾ノ射撃ヲ爆撃偵察班ニハ三方原ニテ実爆弾ノ投下練習ヲ行ハシ	一、練習員各個ノ技倆斉一ナラサルト器材ノ豊富ナラサルトハ練習ノ経過ヲ渋滞セシメタリ特ニ滑走機ノ不足ハ練習中続出セル破損ト共ニ教育進行ニ著シク阻碍セリ 二、教育階梯ノ前進ハ練習員ノ階級如何ニ係ラス全ク本人ノ技倆次第ニシテ即天才教育主義ナリ故ニ或者ハ単独飛行ニ移ラントスルニ他者ハ滑走練習ヲ経ラサルノ状態ニアリ 三、然レドモ目下ハ始メ全練習員十八平方米ノ単独飛行ノ域ニ達シ之ガ練習中ニテ近日戦闘飛行ニ移ラントシツゝアリ	一般 騎兵少佐ル フェーブル 地上滑走 騎兵中尉ド・ケルゴレー 操縦 航空少尉デッケル 歩兵中尉ベルタン	工兵少佐高橋勝馬	陸軍 第一回 将校 十三 下士 三 第二回 将校 十 下士 〇 海軍 第一回 大尉 山口三郎 〃 宝井留雄 中尉 吉良俊一 〃 酒巻宗孝 第二回 大尉 浅田満睦留	第一回練習中五月廿四日陸軍歩兵中尉益満行宣氏墜落惨死

[77] 「臨時航空術練習概況一覧表」は海軍資料の中から発見されたものをそのまま転載した。日付は大正8(1919)年5月28日である。臨時潜水艦航空機調査会委員長松村純一から海軍大臣加藤友三郎に宛てられ、同年4月25日に東京に到着したグランメゾン海軍大尉に「六月三十日ヨリ約一ヶ月間松村海軍少将ノ指揮ヲ受ケ海軍ニ於ケル航空学、術科ノ教育ニ従事ス可シ」との命令を与える大正8年5月25日付書類とともに保存されていた。本資料も、旧仮名遣いは原則的に新仮名遣いに改めて表記した。手書きの旧資料のため判読不能の文字は□としている。

図2.18 ニューポール24戦闘機、ル・ローヌ（Le Rhône）120馬力エンジン搭載。陸軍制式名称二式弐拾四型戦闘機、1921年末より甲式三型戦闘機

			ム					
二 射撃爆弾班	射撃班 静岡県新居町 浜名湖岸	新居方面ニテ使用ノモノ 一、フワルマン海軍飛行機（百馬力）三台 二、ソッピース二座式（クレルチェー百三十馬力）三台（標的曳行用） 三、各務原ニテ使用ノ戦闘飛行機ノ一部 四、三年式騎兵銃 十五 五、機関銃 十一 六、十二番口径猟銃 三 七、弾丸六万発（更ニ多数支給サル筈） 八、水素管 百本 九、各種標的 十、モーターボート 三隻	開始五月一日 終結八月三十一日	本班ヲ両班ニ分チ第一回ハ教官教育ニシテ即第二回ニ於ケル指導者トナル可キ者ヲ教育スルニアリ 第二回ハ第一回修業者ヲ指導者トシテ教育ヲ実施ス 教育要領□ノ如シ 一、射撃ニ関スル一般智識素養ノ為座学 二、地上射撃 三、飛行中水上固定目標同乗射撃 四、飛行中水上移動目標同乗射撃 五、飛行中他ノ飛行機ニテ牽引セル移動目標単機射撃（各務原ノ戦闘飛行班員ニテ行ハシム） 六、第二回ニハド志津ノ伝習員モ参加スル予定尤モ場合ニヨリ取止ムルコトアリ	目下水上固定目標射撃練習中	歩兵中尉ペラン	工兵少佐赤羽祐之	陸軍 第一回 将校 七 下士 一 第二回 将校 二十 下士 〇 海軍 第一回第二回共 中尉市丸新之助 三曹坂尾照善	第一回練習中五月十九日一機墜落操縦者大柴陸軍中尉軽傷同乗者坂尾海軍参等兵曹重傷
	爆撃班 静岡県三方原	三方原方面ニテ使用ノモノ 一、ソッピース二座式（クレルチェー百三十馬力）三台 二、モーリス、フワルマン（ダイムラ百馬力）一台（未着） 三、ブレゲー（三百馬力）二台（未着） 四、室内練習器具一式（□動敷布操作機等） 五、投下器 六、爆弾千百個（重爆弾十五キロ、軽爆弾六、五キロ）		本班ヲ四回ニ分チ射撃班同様教育ヲ実施ス其要領以下ノ如シ 一、一般的智識素養ノ為座学及器具取扱 二、□動敷布ニヨル室内練習 三、慣熟飛行練習（空中観念□養ノ為） 四、擬爆弾投下演習 五、実爆弾投下演習（各務原ノ爆撃班之ニ参加）	目下室内練習中	歩兵中尉ビュアラン		陸軍 第一回 将校 六 第二回将校 十 海軍 第一回 ナシ 第二回 中尉千田貞敏	日本製爆弾の空中ニ於ケル落下弾道未知ニ付キ実爆弾投下練習開始前修正量ノ検定ヲ実施ス

第2章 日本とフランスの航空技術

三 偵察観測班	千葉県下志津	一、モーリス、フワルマン（ダイムラー百馬力）十一台 二、空中観測予習講堂用器材一式 三、写真器具一式 四、無線電信用器材一式（衰滅電波式K型、V型、S型、U型発受信機、無線用自動車） 五、飛行機器材（各種測器、電気保温被服機上指示燈、位置燈） 六、信号用器具（拳銃及大工品等） 七、修理器材 八、野砲重砲及共弾丸	開始三月十七日 終結五月十日	最初ノ十日間ハ幹部教育ニシテ四月一日以降ハ練習員指導者タラシメ 練習員甲、乙両班ニ分チ左表ノ如ク教育ヲ実施ス但下士官以下ノ教育ハ将校教育ヲ妨ゲザル時間ニ於テ適宜之ヲ実施ス 時刻 甲班 7.5-飛行 10.5-学科 11.5-休憩 1.5-学校 2.5-術科-4.5 乙班 8.5-術科 10.5-学科 11.5-休憩 1.5-学校 2.5-飛行 教育科目次ノ如シ 飛行機搭乗慣熟練習 観測学校ノ構成、佛軍ノ編成概要、空中偵察ノ原則空中偵察（写真偵察）地上写真ノ撮影現像、写真学、無線電信器取扱及受信法、地図学、室内射撃修正法砲兵ハ□同スル空中観測教令ノ研究、室内歩兵連絡練習、野砲射撃ノ観測、歩兵線標示演習	五月十日予定教育終了目下教育一般実施後ノ研究、報告事項・整理中 来ル二十七日頃ヨリ更ニ約一週間ノ予定ヲ以テ約三回各地ヨリ専修将校ヲ召集教育セントス 本班ノ教育ハ高等教育ニ非ラズシテ偵察観測ニ関スル初歩的教育ニシテ即基本教育ヲ実施セルモノナリ無線電信器ノ如キモ単ニK型ヲ使用セシム	偵察観測 砲兵少佐フリューリー 写真術 歩兵中尉ブリッソー 無線電信術工兵中尉ヴカンネルゼーク 操縦術 騎兵少尉ギヤラン	砲兵少佐浅田禮三	陸軍 将校 三十九 高等文官 一 下士以下 二十四 判任以下 十 右ノ外操縦者トシテ 将校 八 下士 四 陸軍 中尉加藤尚雄（無線） 技手大江仁三郎（写真）	本班教育中ハ射撃学校歩兵学校ト協同実施セリ 海軍ノ派遣員ハ本班教育中指導者側ニアリテ研究ニ従事セルモノナリ但シ予定期間後ノ専修将校教育ニハ参与セス
四 気球班	所澤	一、気球 佛西製R型気球五個（容積一千立方米） 二、附属器具共他 繋留車 三、 器具車 一、 電話車 一、 野営車 一、 気球車 一、 自動車 一、 自動自転車 一、 瓦斯発生機 一、 水素瓦斯 一万二千立方米 気球揚卸予備練習用トロッコ 一	開始三月一日 終結六月下旬	始メノ一ヶ月ハ練習員ヲシテ教科書ノ翻訳ヲナサシメ之ニ依リ練習員自身交互ニ教科書中ノ事項ニ付キ講義ヲ行ハシメ次ニ器具ノ取扱使用法ヲ教授シ座学ト相互ニ行ハシメ而シテ練習員ヲ気球ノ操縦及偵察ノ両班ニ分チ前者ニハ気球ノ操縦ヲ後者ニハ全トシテ偵察ニ関スル事項ヲ教授ス 教育科目次ノ如シ 気球瓦斯学、気球ノ構造、気球力学、気球操法、網罟取扱、気球器材、繋留車、一般気象学ト航空術トノ関係、測量、透視画法、気球上ヨリスル観測法、地形学、砲兵教授、軍用気球ノ戦術的用法、瓦斯発生機、電話及無線電信、観測及偵	一、二月中ハ教科書ノ翻訳ニ従事ス 二、上欄教育事項中瓦斯発生機以降ハ教育未ダ目下透視画法ノ練習中ニシテ共他ノ科目ハ教育終了セリ 三、気球ノ操縦ハ最初約二週間傾斜セル軌道上ニ於ケルトロッコヲウキンチニテ揚卸練習ヲ行ハン、充分熟練ニタル後始メテ実物ノ操縦ニ移ラシメ目下実物練習中	工兵少佐ベルヌ 工兵中尉バラ	工兵中佐益田済	陸軍 観測将校 八 操縦将校 三 下士 六 卒 一三七 海軍 中尉荒木保（偵察） 中尉清水環（操縦）	教官ノ手不足ニ依リ教育予定ノ如ク進捗セズ或七月ニ亘ルコトアルベシ

臨時航空術練習概況一覧表

五 機体製作班	所澤	一、機体製作ニ必要ナル機械 二、製作機械器具一式 但シ日産二機ニ必要ナル設備ヲナス	開始七月一日 終結未定	工場設備等総テ日産二機ヲ標準トシ之ヲ要スル人員ノ教育ヲ行フ而シテ製図原料品ヨリ始メ機体ノ組立ニ至ル迄極メテ細部ニ亘リ教育ヲ実施シ練習員ヲシテ飛行機々体ヲ完成シ得ル域ニ達スル迄教育ヲ継続スル予定 予定製造機体左ノ如シ サルムソン ニューポール、スパッド 上両機ハ未ダ製造権ノ買取シアラザルヲ以テ製作ニ着手スル以前ニ適宜ナル手段ヲ講スル筈	察実習 未ダ着手セズ	一般 工兵少佐ジョッセー 製作 航空少尉ルーストウ 歩兵少尉ルコント 歩兵少尉ド、リキシー	工兵少佐益田済	陸軍 未定ナルモ日産二機ニ要スル人員ヲ教育ス 海軍 機関大尉有坂亮平 技手石川利春 職工 十名	
六 発動機製作班	熱田兵器廠	一、発動機製作ニ必要ナル材料 二、製作機械器具一式 但シ日産一基ニ必要ナル設備ヲナス		工場設備等総テ日産一基ヲ標準トシ之ニ要スル人員ノ教育ヲ行フ而シテ材料品ヨリ製造組立運転ニ至ル迄完全ナル練習ヲ行ハシム	目下工場ノ設備中ナルモ材料及工場器材ガ佛人側ノ要求ニ充タサルモノアリテ之等ヲ海外ヨリ取リ寄セタル後ニアラザレバ教育開始□困難ナルヲ以テミツシヨンノ事案トシテハ他班ノ業務終了ヲ以テ一先練習ヲ打切リ更ニ発動機製作ノ経験アル二、三ノ佛人ニ特別依頼シテ本班ノ練習ヲ実施スル予定	工兵少佐ジョッセー 砲兵中尉ベルニス	砲兵中佐笹本菊太郎	陸軍 未定ナルモ日産一基ニ必要ナル人員 海軍 機関大尉栗野麟三 上機曹齊藤鶴吉 技手山瀬渉 職工五名	
七 航空機検査班	東京砲兵工廠	器材ハ佛國ヨリ持参セル標本ヲ□シ実際使用セルハ砲兵工廠内航空機関係器材ヲ以テシ尚機体班ハ民間ニ於ケル航空機材料製造会社ニ附キテ実地見学シ或其設備ノ一部ヲ使用セル□□モアリ	開始三月二十日 終結三月三十一日	練習員ヲ左記ノ両班ニ分チ教育ス 一、機体班 機体製造ニ要スル諸材料ノ検査規格及検査法ヲ教授ス 二、発動機班 発動機製造ニ要スル諸材料、発動機一般理論ヨリ始メ製造上ノ検査法ヲ教授ス	予定ノ通リ終了	一般 工兵少佐ジョッセー 機体班 歩兵少尉ルコント 発動機班 歩兵少尉ド、リキシー	砲兵中佐笹本菊太郎	陸軍 将校 五 技師 二 判任以下 二十一 海軍 機体班 機関大尉有坂亮平 造兵中技士西井潔 技師福井勇 職工 一名 発動機班 機関大尉栗野麟三 同永江 上機曹齊藤鶴吉 職工 二名	
八 水上飛行機取扱特別班	所澤	未定	開始六月二日 終結六月中旬	本班ノ目的ハ水上飛行機ノ取扱検査法ヲ教受スルニアリテ大略左記ニ分チテ教授ス 一、海面飛行後ニ於ケル取扱検査法 二、格納庫収容ノ際ニ於ケル検査法	未ダ着手セズ	一般 工兵少佐ジョッセー 其他 海軍大尉グランメーゾン 航空少尉ルーストウ	工兵少佐益田済	海軍 機関大尉近藤一馬 中尉小牧猛夫 上曹阿部実 船匠師山口政三 下士卒 十五名	特ニ海軍ノ為本班ヲ設ケシ教授スルモノナリ

			三、定期検査法 検査ハ機体、発動機及附属器具全部ニ亘リテ実施スルモノトス						
九 軍用鳩研究会	府下中野 元気球隊敷地	一、固定鳩舎 八（臨時急造ノモノニシテ一舎ノ建坪約八坪） 二、移動鳩舎 五（内四個ハ佛國製ニシテ実戦ニ使用セルモノ） 三、器材庫一棟 新造 四、事務所棟一棟 新造 五、飼育器具一式及飼糧（仏国カラ取寄セルモノ多シ） 六、鳩運搬要具一式 七、伝書鳩一千羽（仏国ヨリ購入セルモノ）	六月一日ヨリ開始シ六ヶ月ニテ第一回修理リ更ニ人員ヲ新タニシテ行フ	六月一日ヨリ各御委員下士ヲ呼集シテ教育ヲ開始ス教育期間ヲ六ヶ月トス 目下軍デ飼育セルノミ時々近距離ノ放鳩訓練ヲ行ヒツヽアルノミ教習ハ鳩ノ飼育法ヨリ始メ各方向及異ナル距離ヨリ放翔訓練ヲ行フモノトス	未ダ規則的ノ教育開始セズ	少尉クレルカン 外ニ下士二名	委員長 軍務局長管野中将 委員二十名 内専務委員 四王天中佐以下二名 更ニ委員ヲ増置ス	陸軍 不明 海軍 将校 一名 下士 五名	仏人何レモ二ケ年ノ契約ニテ傭入レタルモノニシテ少尉及一下士来朝ノ途中復員トナリシモノ他ハ現役中 契約期間後ノ進退ハ彼等ノ自由意志ニ一任スル方針

八つの練習地

帝国飛行協会副会長、長岡外史陸軍中将（1858–1933）はフランス使節団の活動に関する 1919（大正8）年8月付報告書の冒頭に敬意の念を書き記している[78]。

> 「實にフォール大佐の率ゆる團員は長期間、百戰練磨の空中勇士と斯道の經驗を積める技術者を配合して編成したる光輝ある一集合體にして、此者等は戎衣を脱するの暇もなく蒼惶旅程に上り東京到着後、間もなく各ゝ其の所定の任務に就いたものである。花の巴里の都人が、今は草繁き所澤、四ツ街道、各務ケ原、新居町、三方ケ原に分れ、大部分はバラックに住居して飲食起居の不自由なるを聊かも苦にせず、一意專念、己れが實戰より齎らし得たる各自技術の精妙、口以て言ふべからず筆以て記すべからざる手練奥義を、如何にして速かに皆傳せんと焦ら立ち居る其の熱心と誠實に對しては感謝の涙を滌はずには居られない。」

後段で長岡中将はフォール使節団団長に対する自らの意見を述べている。

> 「予は同大佐に會ひ其の誠實溫厚謙抑なる態度に接する毎に、明治七八年以来二十一二年頃迄、多くの佛獨兩國教師の教授を受け、其の學術の優越には敬服しながら其の擧動の如何にも傲慢不遜なりしに對し、悲憤慷慨せしこと勘からざりしを聯想し、同大佐の人格に就て一人の

---

[78] 長岡外史による10ページの報告書「我邦飛行界指導者の消息」、p. 2–3。フランス語訳はSHAAの使節団ファイルの中から «Nouvelles concernant les Instructeurs de l'Aéronautique de notre pays» という題名で発見された。仏語版 p. 1–2。

図 2.19　フランス遣日航空教育使節団を歓迎するため大正 8 年岐阜駅前に設置された凱旋門

敬意を拂はずには居られない。」

「航空術練習予定表」によれば、使節団団員は 8 班それぞれに対応する八つの練習地に配属される[79]。

1) 各務原戦闘飛行学校の操縦班（岐阜）

機体の前方にエンジンを搭載した高速飛行機の操縦と空中戦術の学校で、班長は高橋勝馬工兵少佐。講義はルフェーヴル少佐（公認でツェッペリン（Zeppelin）1 機を含む 6 機を撃墜したアス）とド・ケルゴレー中尉（同僚の証言により 4 機撃墜が確認されたアス）から士官候補生と下士官に対し行われる。操縦練習を補佐するのはデッケール、クレマン、ベルタン、セゲラ各少尉、グエフォン、コルネ各准士官、モーリス・ヴァラット、デュフルネル、リュエ、クーデール、アンジェリ、ルジェー各軍曹[80] である。次に飛行教習生らは戦闘、観察、偵察、爆撃に振り分けられる。

後方にエンジンを積んだ旧式のモーリス・ファ

図 2.20　使節団岐阜班、前列左から 2 番目がデッケール少佐

ルマンで免許を取得済みの一部の日本人飛行教習生らは、単座式あるいは複座式ニューポールやモラーヌ（Morane）、「複操縦式」ニューポール 82 型 28 m²、83 型 23 m²、単操縦式ニューポール 80

---

79) 長岡前掲、p. 4。仏語版 p. 3-9。
80) 最後の 3 名は補充員で、1919 年 7 月以降到着。

図 2.21　使節団岐阜班（大正 8 年）

図 2.22　ニューポール 81E2（甲式 1 型練習機）

図 2.23　モラーヌ・ソルニエ A 型練習機

型 23 m²、83 型 18 m² といった最新式の高速飛行機に慣れるのに苦労する。

　セゲラ少尉はエンジンのしくみを理解させようと努力し、組み立て点検用の作業場を建て、岐阜で調達した材料で作った工具をそこに備える。ル・ローヌ式 80 馬力、クレルジェ（Clerget）式 130 馬力、イスパノ・スイザ式 150 馬力および 220 馬力の各エンジンをテストするための試験台も二つ設置される。グエフォン軍曹の監督のもと、ニューポール 18 m² 4 機、ニューポール 23 m² 4 機、ニューポール 28 m² 2 機、ニューポール 15 m² 4 機が曲芸飛行練習用に組み立てられ、次にイスパノ・スイザ式 220 馬力エンジン搭載の単座式スパッド 2 機、最後に単座式ソッピース（Sopwith）5 機が組み立てられ、これが演習に使用されることになる。

　航空術練習予定表によれば、各務原の学校では 1919 年末までにフランス人教官が 3 ヵ月間の講

図2.24　ル・ローヌ星型エンジン

図2.27　各務原を訪問したロシア軍派遣団

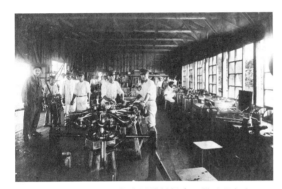

図2.25　使節団により各務原飛行場内に設けられたエンジン作業所

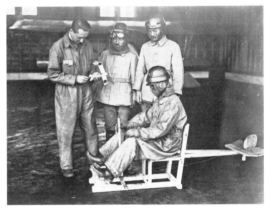

図2.28　飛行シミュレーターによる訓練

図2.26　ソッピース（ソ式2型）偵察機

図2.29　各務原の使節団を訪問する陸海軍指導者、前列左から4人目が東郷元帥

習を2度行い、合計33名の教習生（うち5名は海軍所属）が訓練を受けた。最初の6週間は高速飛行機の操縦練習に、次の6週間は専門技術に充てられた。すなわち将来追撃手になる者にはニューポール24型での曲芸飛行、爆撃と偵察にはニューポール83型またはソッピース1型、1919年夏からはサルムソン2A-2型といった具合である。1919年末、各務原飛行場に80馬力ニューポール約40機が納品される。33名の教習生のうち27名が免許を取得し、うち16名が戦闘飛行、

図2.30　各務原飛行場のパノラマ写真

図2.31　ニューポール83E2練習機の前に並ぶ日仏両国パイロット。起立者左端から4番目が吉良俊一海軍大尉（1923年、航空母艦着艦日本初成功）、6番目が松本強中尉（漫画家松本零士氏の父）

11名が偵察、爆撃を専門とした。彼らは以後、日本の航空学校の指導者層の中核を成すのである。

フランス軍人らはさまざまな人物の訪問を受ける。そのほんの一部を紹介すれば、1919年6月24日に奥保鞏（1847-1930）陸軍元帥、7月22日に帝国議会議員150名、7月29日に田中義一陸軍大臣、8月13日にロシア人将校30名、そのすぐ後には有名な東郷平八郎海軍元帥（1848-1934）という具合である。東郷元帥には使節団団長フォール大佐が随伴する。これらの訪問の際、各種実演飛行が行われる。

2) 浜名湖畔の新居町軍事学校の射撃班（静岡県）

赤羽佑之工兵少佐を長とするこの射撃学校では、ル・ローヌ式80馬力エンジン搭載ニューポールに乗る追撃パイロット、およびベンツ（Benz）式100馬力エンジン搭載の複座式水上機モーリス・ファルマン、同じく水上機でイスパノ・スイザ式180馬力エンジン搭載のテリエに乗る機関銃手を養成すべく、照準器、コリメータ、湖上の標的を使った射撃練習が行われる。この班のフランス人主任ペラン中尉は、同国人の助手をつけずに1人で地上射撃（照準修正器を使ったブイ、標的、地図への射撃）と空中射撃（海上の平面標的、地上の側面標的、飛行機で牽引された標的への射撃）の練習を組織する。使用機器はフランス製またはそれと同等のもの、機関銃はイギリス製ルイス（Lewis）およびヴィッカース（Vickers）または日本製品、照準線はレイユ・スー（Reille Soult）とノルマン・サイト（Norman Sight）、コリメータはクレティエン（Chrétien）、格子はタイユフェール（Taillefer）、照準機はG. R. である。

ペラン中尉は3ヵ月間で9名の機関銃教習生を指導し、うち2名は海軍所属、3名は80馬力ニューポールのパイロットである。

ペラン中尉の帰国後、この射撃学校は人口過密な新居町を去り、1920年3月、明野ヶ原（三重県）に移る。

3) 三方原軍事学校の爆撃班（浜松近郊）

爆撃学校を率いるのも赤羽少佐で、指導はヴュアラン中尉が担当し、これをユゴン少尉（補充員として1919年6月30日に到着）とマルタン軍曹が補佐する。ターンテーブル、アナスティグマート（Anastygnat）対物レンズ付き暗箱、S. T. A. E. 照準器、フライバック機能付きゼニット（Zenith）・クロノグラフ、メトロノーム信号弾用ピストル、ミシュラン（Michelin）照明弾、またはグロ・アンドロー（Gros Andraud）爆弾投下装置を使った長い「室内」練習の後、爆撃教習生は10kg爆弾5個を積んだクレルジェ式130馬力エンジン搭載の複座式ソッピース11/2に乗り、最初は空弾、次に実弾で訓練を行う。模範飛行が10kg爆弾30個を積んだリバティー式400馬力

図 2.32　各務原飛行場を俯瞰した航空写真

図 2.33　大正 8 年、各務原の飛行学校で使用された
ニューポール 10 型

図 2.34　各務原飛行場上空にて機上から撮影

エンジン搭載のブレゲー 2 機により行われる。

　学校は 2 ヵ月間の講習を 2 度行い、8 名のパイロットと 10 名の爆撃手に爆撃を教える（前出「航空術練習予定表」参照）。空爆、空中射撃訓練の特別講義が浜松飛行場で陸軍航空学校の生徒たちに対し実施される。ヴュアラン中尉、ユゴン少尉、マルタン、クーデール両軍曹は爆撃の講習を担当。ラゴン少佐はペラン、リシャルツォン両中尉の補佐を得て空中射撃を担当する。

4）四街道軍事学校と新設下志津が原飛行場における偵察観測班（千葉県）

　浅田礼三砲兵少佐を長とする空中偵察観測学校。練習内容は三つの選択肢に分かれる：1. 空中からの地上および敵位置観測、2. 砲兵の射撃修正、3. 観測手が収集した情報の参謀本部による伝達および利用である。教習生たちはフランスで使用されているものと同等の機器、すなわち観測塔と着弾点が点灯する立体模型を使い練習を行った上で、フランスのライセンスのもと日本で製造され

第2章 日本とフランスの航空技術

図 2.35　各務原基地の航空写真

図 2.36　サルムソン 2A-2

図 2.37　ニューポール 81E2 型の前でポーズをとる日本人パイロット（大正 8 年）

図 2.38　新居町における射撃訓練（手前の黒服は海軍将校）

図 2.39　所沢飛行場における F60 型（丁式二型）爆撃機への爆弾装備

図 2.40　三方原飛行場におけるブレゲー 14B2 軽爆撃機、リバティ 400 馬力エンジン搭載

た 100 馬力エンジン搭載のファルマンに乗り実飛行で観測を行う。飛行機と地上間の連絡および通信手段として、教習生は無線電信［K. V. Y. および S-マリン（S-Marine）型無線電信交流発電機］、写真［1916 年型ベルリエ（Berliet）実験車使用］、重りをつけた伝令文、信号弾、または地上の微光と標識を使いこなせるようにする。1919 年末には、オーブリー（Aubry）自動写真機 1 台

図2.41　四街道の偵察、観測班による航空写真

を装備したスパッドXIII型1機が納入される。

四街道班のフランス人主任フリューリー少佐は偵察・観測教育を担当し、アルソ軍曹がこれを補佐する。写真講義の担当はブリッソー中尉で、補佐はブロック、ダゴン両軍曹。無線電信講義の担当はヴァネルゼーク中尉で、補佐はコロンバン、マルジュレル、ボノー各軍曹。操縦訓練はフランス人の推薦に基づき選定された下志津が原の用地［第二次フランス軍事顧問団団員のルボン大尉（Lebon）が1873（明治6）年、既に同地を野戦砲兵射撃学校の射撃場として選定している］に新設された飛行場でガラン少尉の指導のもと行われ、これをランスロ軍曹が補佐する。130名の士官および下士官が四街道で教育されることとなる。

5) 所沢飛行場の機体製作班

益田済工兵中佐を長とする製造所。教育主任に任命されたヴェルヌ少佐は2月4日所沢に到着し、フランス人士官12名、同下士官7名の補佐を受ける。機体製造の講義はルストー、ルコント、ド・リッチ各少尉、セレ中尉が行い、これをデズーシュ、アンリ、コルネ各曹長、ブーリエ、マ

図2.42　所沢にて使用された飛行士用装備一式

第 2 章　日本とフランスの航空技術

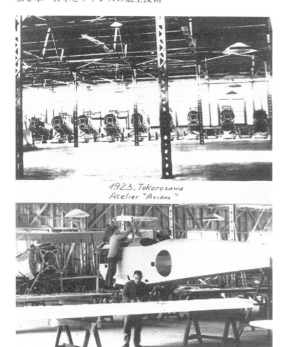

図 2.43　所沢飛行機組立所

図 2.44　アンリオ 19

図 2.45　モーリス・ファルマン 1914 年型をもとに 1916 年に国産されたモ式四型練習機

図 2.46　大正 11 年 10 月、フランスから輸入され、所沢で組み立てられたアストラ・トーレス 2 号飛行船

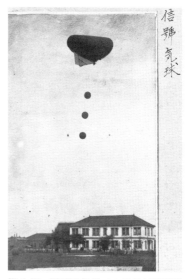

図 2.47　所沢飛行場での信号気球飛揚

ルジュレル、トゥルッソー、アンジュリー、ルジェー、ピラ、各軍曹が補佐する（うちセレ中尉、トゥルッソー軍曹は補充員として 1919 年 6 月 30 日に東京到着）。教習生たちはサルムソン 2A2 型の機体と訓練用ニューポール 24C1 型を製造しながら量産方式および工程を学ぶ。1919 年末、所沢は 2 日に 3 機の割合で機体を供給できるようになり、1920 年 1 月 20 日には量産式で作った初めての訓練用ニューポール 83E2 型 18 m² が 10 機完成する。サルムソン 2A2 型の一号機が完成する

のはその翌月のことである。

6）所沢飛行場の気球班

同じく益田中佐を長とする班。1919年2月中は教科書の翻訳に従事し、ポアダッツ中尉は同年2月20日に帰国する。気球教育、特に係留式気球による観測と砲兵の射撃修正の第1回教習が4月中旬から2ヵ月にわたりヴェルヌ少佐の指導のもと行われ、バラット（3月7日に到着）、デズーシュ、アンリ、バリオーツ、ジェラール各准士官とブーリエ軍曹が補佐にあたる。ガブリエル・ヴェルヌは7月25日にフランスに帰国する。第2回教習は7月中旬、新たにフランスから到着した2名の士官、ブショ、ラフォン両中尉の指導のもと行われ、これをヴィネール、トゥルッソー両曹長とカンタン軍曹（彼もまた6月30日到着）が補佐する。所沢飛行場はこの1年前、フランスからカコ式M型気球10機、1気球中隊用機材一式、ニューポール80、81E2、83E3、24C1型、スパッドXIII、S7、S11、A2型とサルムソン2A2型複数機を購入している。

7）東京砲兵工廠の検査班（小石川）

第一次世界大戦前にクルゾ（Creusot）の工場で研修を行った笹本菊太郎砲兵中佐を長とする東京砲兵工廠の検査班では、ジョセ少佐が1人で1919年3月の1ヵ月間にわたり理論講義を行う。

8）熱田兵器製造所の発動機製作班（名古屋近郊）

これも笹本中佐を班長とする製造所。ジョセ少佐がヴェルニス中尉、プロック、フルリー、ギシャール、コルミエ各准士官の補佐を受け、40名の工員教習生および同数の将校に対し、サルムソンZ9式230馬力エンジン1台を製作しながら主にエンジン用素材の選び方、製造工程の教育にあたる。同少佐はまた、シリンダー・ピストン等へのアルミ合金およびニッケル・クロム・タングステン特殊合金の導入に力を入れる。1919年末、この製造所は1日1台の割合でエンジンを生産している。

ポール・アルマン少尉は輜重兵のため、特に赴任地は指定されていない。アンリ・ケリュス軍曹は団員名簿には機関技工として三方原勤務とされているが、1919年3月8日付「佛國航空団員退院の件報告[81]」と題された書類に彼が赤十字病院に入院（病名特定なし）していたところ、同日退院したと記載されている。このため後日団員全員（クーデール軍曹を除く）が受けた叙勲の記録が見当たらない。彼は同年5月2日に帰国している。ちなみにフリューリー少佐も1919年3月8日付「佛國航空団員入院の件報告[82]」と題された書類に黄疸の疑いで前日聖路加病院に入院したとの記録がある。退院の日付はわかっていない。

9）使節団の任期延長

使節団の操縦、戦闘、射撃、爆撃教育任務は予定通り1919年8月末に終了する。しかし日本政府は6月から使節団の部分的残留を要請し[83]、これをフォール大佐とバプスト大使が支持していた。フランス政府はこの延長を承諾し、残留団員の俸給、住居、フランスへの帰国費用の一切（食費および日常生活上の諸費用を除く）は日本の陸軍省が負担することとなる。月々の手当は潤沢に支給された。団長には1,500円（当時の総理大臣、原敬の月給は1,000円）、少佐には1,200円、中尉には920円、少尉には820円、曹長には600円、軍曹には540円であった。

1919年11月30日まで残留：

---

81) 防衛省防衛研究所所蔵。
82) 同上。
83) SHAA、1919年6月20日付 *Rapport N° 639 du Colonel Faure, Chef de la Mission Française d'Aéronautique au Japon, au sujet du personnel de la Mission*（フランス遣日航空教育使節団団長フォール大佐の使節団人員に関する報告書第639号）。SHAA、*Mission Japon — Personnel — Accord en Huit Articles*（遣日使節団—人員—8条からなる協定書）と *Annexe 1, Liste du Personnel prolongé*（付帯条項1「任期延長人員リスト」）および *Annexe 2, Indemnité mensuelle*（付帯条項2「月次俸給」）も参照。

― 機体製作要員としてルストー、ルコント両少尉、アンリ曹長
― 無線電信の専門家としてヴァネルゼーク中尉、補佐に電信技士マルジュレル軍曹

1920年3月31日まで残留：
― 使節団団長フォール大佐が航空隊編成、戦術指導にあたり、これを助けたのが団長補佐士官に任命されたジョルジュ・ヴァラット准士官、およびモーリス・ヴァラット、ジョルジュ・アルソ両軍曹である。
― 発動機製作要員はジョセ少佐、ヴェルニス中尉、フルリー、ギシャール、ブロック各准士官である。
― 空中航法、機体技術にはパイロット士官のデッケール中尉、技師のセゲラ少尉、マルタン軍曹およびルジェー軍曹（セゲラ中尉の1920年4月8日付月次報告書にその名が見られる）があたる。

日本の当局と取り交わした協定書第8条の規定により、合計17名の教育団団員が最長1920年3月31日まで日本にとどまり、双方の合意によりさらに延長も可能とされた[84]。

使節団の成果とその後（大正9年～昭和10年）

1890（明治23）年に海軍技師エミール・ベルタンが日本を去ってから30年後、フランス航空教育団は、日本への技術とノウハウの移転政策を再開した。日本の航空教官、およびエンジンと機体を製造する補給部の責任者を養成するため、フランス政府は14ヵ月間自費で21名の士官と30名を超える下士官、および高度な専門知識を有するパイロットや技師を派遣した。

使節団がパリを出発する際、第一次世界大戦がまだ終結していなかったため、さまざまな困難が生じ、また、一部の人員や機材の到着が遅れ、さらにはフランス本国から約束されていた資金と資材が不足したにもかかわらず、フォール大佐とその部下は、熱心かつ献身的に教育任務を遂行し、帝国陸海軍双方の指導者から高い評価を受けた。本国との連絡や日本への適応の難しさ（高温多湿な夏の気候、生活習慣や文化の違い、通訳を通じての骨の折れる意思疎通……。使節団の副団長ルイ・オーギュスト・ラゴンは1919年8月1日、横浜のグランド・ホテルの居室でピストル自殺をする。自殺の動機は謎のままである）にもかかわらず、この使節団の派遣は明白、かつ模範的な成功であり、日本での地位にこだわる他の諸国の羨望の的となった。なかでもとりわけドイツは自国の影響力を拡大すべくあらゆる努力を惜しまなかった[85]。

この成功により、日本の航空技術に必要な飛行機および各種機材のほぼすべてが、フランスから直輸入されるか、ライセンス生産されることになったのである。

---

84) 注83と同じ。
85) 商業面、および現在の日本におけるフランスの影響力の点から見て、この使節団は失敗だったという意見もある。ここで言う現在とは2005年のことであり、なんと90年も後の話である！ 雑誌 Revue Historique des Armées（ルヴュ・イストリック・デ・ザルメ）2004年第3四半期号の特集外紙面 p. 88-95 に掲載されたレミー・ポルテ（Rémy Porté）中佐の L'échec de la Mission militaire française d'Aéronautique au Japon, 1918-1920 ［フランス航空教育団（1918-1920年）の失敗］と題された記事をご参照いただきたい。

ポルテ中佐は確かにさまざまな障害を列挙している。まずなんと言ってもフランス特有の問題（日本から要請された、またはフランスが約束した資材の納入に関して、パリ当局の対応が遅れ、これがダメージを与えた）、そして次に親独的な日本陸軍指導部との軋轢があった。中佐は航空機以外の分野での武器供給契約をフランス以外の他の同盟国が勝ち取ったことも挙げているが、航空機関係の契約はほとんどフランス企業が勝ち取り、日本におけるフランス航空技術の影響は1930年代まで続き、以後、日本がアジアにおいて軍国主義に傾倒しフランス植民地に脅威を与えるようになったという経緯を説明し忘れている。もうひとつ中佐が忘れている事実は、日本が同盟国としてヒットラーのドイツとムッソリーニのイタリアを選んだせいで、第二次世界大戦後、アメリカ合衆国を主体とする連合国軍に占領された日本はフランスにとって重要な国ではなくなり、また日本にとってもフランスは同様の状態となった点である。

技術移転

教育団の団長、フォール大佐は1920年4月8日付最終報告書[86]を以下のように結んでいる。

「教育上の観点から見れば、使節団の目的は楽観的な予想さえも凌ぐほど見事に達成された。」

事実、使節団は数ヵ月で本格的な改革を行い、日本陸軍に効率的な指導方法と近代的な量産方式を身に付けさせた。使節団は専門教官および航空機製造のための補給部（所沢の機体組立と熱田のエンジン生産）責任者を養成した。

それでもフォール大佐は1920年2月4日付報告書で、困難に直面した歯がゆい心情を吐露している。

「日本人の工具は、確かに手先はとても器用である。でも不確かな手仕事ではなく、機械工具を使って作業をしなければならないと彼らに納得させるには、相当時間がかかるだろう。機械工学的見地から言えば、工員の教育が不十分で、彼らの生産性は低く、また人数も足らないため、製造作業は遅々としている。」

国営製造所の硬直した体制と日本人の人員を管理する上での戸惑いが、成果にブレーキをかけた。それでも使節団は日本の参謀本部に何が欠けているのかを認識させ、取り組むべき改革への道を示した。その後日本政府は、決然として民営企業に多額の融資と支援を提供し、航空産業の発展を推進する。こうして民営企業は教育団の教育の影響を間接的に受け取ることになるのである。

フォール大佐のもとで働いたフリューリー、ルフェーヴル、ジョセ各少佐、ヴァネルゼーク大尉、デッケール中尉、セゲラ、ルストー両工員少尉らは、その能力と熱意を発揮して任務を遂行し、注目を集めた。

フランス大使館付駐在武官、ド・ラポマレード少佐は使節団の役割の重要性を次のように強調している[87]。

「使節団の派遣は我等の力を呼び覚まし、鼓舞してくれる一大事件であった。」

さらに少佐は後段で政治的な影響について指摘している。

「フランス航空教育団は日本において軍事関係者のみならず、市民レベルに於いても素晴らしい宣伝活動を行った。このプロパガンダは必要であった。なぜなら（第一次世界大戦における）フランスの勝利にもかかわらず、日本でのフランスの名声は薄れる一方で、競合国である英米が侮れない存在となってきていたからである。」

ド・ラポマレード少佐は、主にフォール使節団の成果を総括した「日本軍へのフランスの影響力の浸透状況」と題した分析書[88]で、こうまで述べている。

「陸軍の分野では、フランスの影響力は失地を回復し、拡大、定着しつつあると私は断言する。また、我々は日本で3年前から素晴らしい仕事を手がけており、これを継続し、実を結ばせられるかどうかは、ひとえに我々の努力にかかっていると言える。」

---

86) SHAA: *Rapport final du Colonel Faure, Chef de la Mission Militaire Française d'Aéronautique*（フランス航空教育団団長フォール大佐の最終報告書）、東京、1920年4月8日。

87) フランス外務省史料館：*Rapport du Commandant de Lapomarède au ministre de la Guerre relatif au travaux de la Mission pendant l'année 1919*（1919年の使節団の仕事に関するド・ラポマレード少佐の外務大臣宛報告書）、1920年1月1日付外交文書、アジア編1918-1929、日本、第8巻。

88) 同上：1920年10月30日付陸軍大臣（陸軍参謀本部第二執務室）宛第1337号覚書、アジア編1918-1929、第8巻、第157-164丁。

長岡外史中将も「我邦飛行界指導者の消息[89]」の最後に満足の意を表明している。

「佛國に於て極秘に属する研究の總ての結果を舉げて惜氣もなく我専習員に其全班を皆傳し、航空機の心臓たる發動機、發動機の心臓たる此等地金の製造を教へ撰擇法を傳へんと焦慮する其の誠實、友誼に對して、我々同胞は如何にして感謝の至誠を表すべき歟、（中略）アルミニューム合金の進歩が佛國に於て戰役間、著大なりしことは皆人の知る所なるが、同合金は發動機に缺くべからざるもの（中略）此等の傳授も亦、ジヨツセー少佐以下の得難き置土産である。（中略）フオール大佐以下各班の教師の各ゝ其の人を得、我陸海軍航空術の進歩に一新紀元を劃し、帝國航空界の進運に格段の發達を爲さしめたる其の功勞に對しては政府に於て相當の挨拶あるべきは勿論、我々國民に於ても爲し得べき手段を盡して感謝の微意を表し度きものである。殊に所澤、四ツ街道、各務ケ原、新居町、三方ケ原、熱田等の地方に於ては前代未聞の航空術が傳授せられ、或は精巧なる發動機が創製せられたる所謂空中文明發祥の地として、永く其の名譽を殘さるべき處であるから、建碑其他の方法に依り之を不朽に傳ふるの手段を講ずることは差當り必要にして、亦以て佛國政府の厚意を永遠に傳へ直接には教官其ものに對する謝恩の紀念ともなり、地方に一名所を増す所以てあるから、地方有志諸君の奮發こそ望ましい。」

長岡中将の願いは、彼が考えていたものとは少々違う形で叶えられた。フォール大佐の胸像は、日本の軍事航空の揺籃の地となった所沢で、1928（昭和3）年、ド・ビイー（De Billy）駐日フランス大使臨席のもと除幕される[90]。

機材輸入とライセンス生産

ド・ラポマレード少佐は先に挙げた分析書の中で、さらにこう記している。

「日本の航空技術は今やすべてにわたって、フランスの影響下にあることは明らかである。日本は我が国のサルムソンを使用し、我が国のニューポール、スパッド・エルブモンを購入し、我が国のブレゲーの購入をひたすら願っている。東京の政府が最近雇用したフランス人パイロット将校1名と技師2名はフランスの伝統を守り続けている。気球の分野でも我が国の機材が使われており、生産も行われている。」

使節団は日本に以下の機材をもたらした：
— 80馬力ル・ローヌ・エンジン搭載の訓練用ニューポール40機
— 偵察、写真撮影、無線通信、射撃、爆撃用機材
— 400馬力リバティー・エンジン搭載ブレゲー2機。

日本はフランスから以下の兵器を購入した：
— サルムソン2A2型偵察機30機
— スパッド13型戦闘機100機

これら2機種はそれぞれ乙式一型、丙式一型の名で呼ばれた。

ニューポール24型および29型は、スパッドとともに、フランスを手本に編成された日本陸軍航空本部の標準戦闘機となる[91]。

使節団のおかげで、多くのフランス企業が機材のライセンス譲渡に成功するとともに、契約開始時にフランスに一定数の発注を行う確約も取り付けることができた。

以下に日本に輸出された、または製造ライセンスが譲渡された主な機材を挙げる[92]。

---

89) 「臨時航空術練習概況一覧表」（注77）。
90) 雑誌 *Aéronautique Militaire*（アエロノティック・ミリテール）1928年9-10月第47号 p.5〜6掲載テチュ（Tétu）少佐記事参照。
91) ルルー前掲、p. 16。
92) SHDAA、2ページにわたってタイプされた「フランスの日本への参入」、1925年頃。
　また以下の著作も参照：
— 郡捷、小森郁雄、内藤一郎共編（徳川好敏元陸軍中将、和田秀穂元海軍中将、木村秀正博士監修）『航空情報　特集　日本の航空50年』の英訳版 "THE FIFTY YEARS OF JAPANESE AVIATION, 1910–1960, A Picture History with 910

機材輸入とライセンス生産

フランス製航空機および関連製品の輸入／ライセンス製造状況 [93]						
陸軍	輸入	乙式一型偵察機	Salmson 2A2	80 機		
	輸入		Nieuport 82 E2 型練習機	4 機 6 機	1919 1920	
	輸入	甲式四型戦闘機	Nieuport Delage 29	110 機		Spad XIII および Nieuport 24C1 型戦闘機に代わるものとして
	輸入		Spad S-11A2 型偵察機	6 機	1919	
	輸入	丙式一型戦闘機	Spad S13C1	4 機 96 機	1919 1920	
	輸入	甲式一型練習機	Nieuport 81E2	3 機 15 機 30 機	1919 1921 1922	
	輸入	甲式二型練習機	Nieuport 83E2	25 機	1919–1922	
	輸入		Nieuport 33E2 型練習機	5 機	1923–1924	Hispano-Suiza エンジン搭載
	輸入	己式一型練習機	Hanriot HD14E2	5 機 15 機	1923 1924	Lorraine エンジン搭載
	輸入		Sopwith 小型爆撃機	28 機	1919	Loiré et Olivier がイギリスからライセンスを取得して製造
	輸入		Sopwith 偵察機	2 機	1919	
	製造		Sopwith	15 機	1920–	サブライセンス
	輸入		Spad-Herbemont 20C2	4 機	1921	水冷 V 型 300 HP、230 km/h Hispano-Suiza エンジン搭載
	輸入		Spad-Herbemont 54	1 機	1922	80 HP Le Rhône エンジン搭載
	輸入		Breguet 14B2 型小型爆撃機	1 機	1919	
	輸入	丁式一型爆撃機	F50BN2 型双発爆撃機	5 機	1920	元 Farmant Goliath 旅客機
	輸入	丁式二型一爆撃機	F60	10 機	1921	
	輸入	丁式二型二爆撃機	F62	3 機	1924	400 HP Lorraine 12D エンジン搭載
	輸入	戊式一型練習機	Caudron G4 型双発練習機	10 機	1921	
	輸入		Dewoitine D7 型	1 機	1924	
	輸入		Dewoitine D510 型	2 機	1935	
	輸入		Morane-Saulnier A1 型練習機	5 機	1922	27–29C1 型戦闘機の設計図に基づき作られた、パラソル翼付
補給部所沢支部	製造	乙式一型偵察機	Salmson 2A-2	637 機	1920.12–	

Photographs" Book One、翻訳大谷内一夫、酣燈社、東京、1961 年。（この本にはフランス製をはじめとする、日本の空を飛んだすべての航空機のリストとその詳しい技術的説明が掲載されている）。

93) 本書の制作にあたり、所沢飛行場のすぐそばにスタジオを構え、創業者が 30 年間にわたり航空機の写真を撮り続けてこられた喜多川写真館より、オリジナル写真

第 2 章　日本とフランスの航空技術

	製造	甲式三型戦闘機／練習機	Nieuport 24C	48 機	1919–	
	製造	甲式一型練習機	Nieuport 81E2	35 機	1920–	
	製造	甲式二型練習機	Nieuport 83E2	51 機	1922	
	製造	甲式三型戦闘機／練習機	Nieuport 24C	145 機		
	製造	己式一型練習機	Hanriot HD14 E2	19 機		
東京砲兵工廠、名古屋工廠	製造		Gnome-et-Rhône Z9 型 230 HP エンジン		1920.12〜	
	製造		Salmson Z9 230 HP		1920.12〜	
海軍	輸入		FBA 17HT2 型水上機	1 機		Franco-British Aviation Company 製
	製造		Lorraine 400 HP エンジン			広島で製造
	輸入		Astra-Torres 飛行船	1 機	1922	
川崎造船所	輸入	乙式一型偵察機	Salmson 2A-2	2 機		松方幸次郎が日本に紹介
	製造			300 機		
	輸入		Salmson Z9 エンジン	56 基	1922	Salmson 2A2 に搭載
	製造				1923〜	
中島飛行機	製造	甲式三型戦闘機／練習機	Nieuport 24C	102 機	1921.07〜	
	製造	甲式二型練習機	Nieuport 83E2	40 機	1922.03〜	
	製造	甲式四型戦闘機	Nieuport Delage 20C1	608 機	1923〜1932.01	1923 年 9 月 1 日にフランスから届いた型見本機体および図面[94]をもとに製造を開始。最初の 29 機は輸入部品を使用
			Breguet 19B2			ライセンス取得
三菱内燃機	製造	甲式一型練習機	Nieuport 81E2	57 機	1922.05〜	
	製造	己式一型練習機	Hanriot HD14 E2	140 機	1923.02〜	Le Rhône 空冷 9 気筒ロータリーエンジンを搭載。1935 年まで使用
	製造	三菱ヒ式	水冷 V 型 8 気筒 Hispano-Suiza 200 HP, 300 HP エンジン		1920〜昭和初期	
	輸入		Hispano 650 HP エンジン（12NB 型）			海軍用
東京瓦斯電気工業	製造		Le Rhône 80〜120 HP エンジン		1921 末〜	

多数の掲載許可をいただいた。ここに心より感謝申し上げる。

94）　渋沢社史データベース、富士重工業株式会社『富士重工業三十年史』1984、年表。

| 愛知時計電機 | 製造 | | Lorraine 450 HP エンジン | | | |

内燃機関用燃料：
ゼニット（Zénith）
付属品：
アエラ（Aera）、リシャール（Richard）、ランブレン（Lamblin）、クロシャ（Crochat）
武器類：
アルヌ（Arne）

図 2.48　スパッド XVII 型戦闘機

図 2.49　スパッド式飛行機

図 2.50　スパッド VII 型、140 馬力エンジン搭載

図 2.51　スパッド XIII 型戦闘機、陸軍制式名称丙式一型戦闘機

図 2.52　スパッド式飛行機

第2章 日本とフランスの航空技術

図 2.53 スパッド S13C1（丙式一型）戦闘機

図 2.56 コードロン G4（戊式一型）双発練習機

図 2.54 ニューポール 83E2（甲式二型）練習機

図 2.57 ニューポール 24C1（甲式三型）戦闘機

図 2.55 F60（丁式二型）爆撃機

図 2.58 海軍のシュレック F.B.A.17HT2 水陸両用飛行艇

サルムソンの例

　サルムソン 2A-2 型複葉機は、ニューポールと同じように陸軍補給部所沢支部、および民営の川崎造船所（後の川崎重工）でライセンスにより組立が行われた。これに搭載されたサルムソン Z9-9 型エンジンはまず輸入され、1923（大正 12）年からは現地生産された。機体胴部は木製で、杉および白樺製合板を帆布で覆ったものであった。この複葉機に装備された第一エンジンは水冷式星型 9 気筒 230 馬力である。シリンダーはピストンの複雑な動きにより発生する応力を安定させるため、クランク軸の周りに星型に配置されていた。ラジエータはエンジンの前に取り付けられていた。ライセンス契約に基づき陸軍で組み立てられた第一号機は 1922（大正 11）年 11 月に初飛行した。乙式一型の名で偵察機として使用され、その高い安定性で定評があり、5 年間で 300 機製造され、

図 2.59　アンリオ HD14E2（己式一型）初級練習機

図 2.61　ニューポール・ドラージュ（甲式四型）戦闘機

図 2.60　サルムソン 2A2（乙式一型）偵察機

図 2.62　雪橇（そり）を装着したサルムソン 2A2

1933（昭和 8）年まで現役で活躍した。川崎は1920年から5名の技師をフランスに派遣し、サルムソンの工場で研修を受けさせた[95]。サルムソン複葉機を忠実に復元したものは、「かかみがはら航空宇宙科学博物館」のウェルカムハウスに常設展示されている。

フランス側から見た使節団の総合評価 ——いくつかの反省点と希望

先に紹介した最終報告書の中で、フォール大佐はフランス製の各種軍事機器に関して幾許かの苦言を呈している。

> 「（前略）フランス製機器の売り込みに関して言えば、使節団団長は本国からの後押しがなかったため、自らめざしていた目標を達成することができなかった。」

ド・ラポマレード少佐も分析書（第160–161丁参照）でこの点にふれ、これは襲撃戦車やベルリエ社（Berliet）製トラックのような砲兵または騎兵向けの最新兵器のことを指し、もしフランスが「無料の見本を提供する」努力をしていたら日本の陸軍は購入していたかもしれない、としている。

ド・ラポマレード少佐は分析書（第163, 164丁参照）の結びの部分で、まず、努力を続けることに果たして意義があるのかと問いを投げかけ、その答えとして、ドイツの努力に対抗すべくフラン

---

[95] 坪井珍彦：日仏工業技術会会報、『日仏工業技術 (Bulletin de la Société Franco-Japonaise des Techniques Industrielles)』に1999年に掲載されたフランス語の記事 Pensées sur notre époque à travers mon humble observation de l'histoire des échanges industriels franco-japonais（私のささやかな日仏技術交流史観察を通して得た、我々の時代に関する考察）の p. 11–12 参照。『月刊航空技術』2001年4月第586号掲載のジャン＝ポール・パランの記事（注27）p. 36–37 も参照。

スも努力が必要であるとし、最後に、結果をともなう行動をいくつか提案している。これは今日にも通じる部分があるので以下に抜粋を紹介しよう。

> 「日本の技術は自立を欲しており、日本人は一度教えられたら我々を排除するであろう、という考えは必ずしも正しくない。逆に彼らはもはや師から完全に離れられなくなる可能性もある。過去30年間の日本人の科学技術力の躍進を見てきてはっきり言えることは、彼らは吸収するが、創造はしないという点であり、また、西洋の昨今の進歩を見れば、日本はこれについていくために、外国の経験と教えに頼らざるを得ないであろう。ゆえに我等は日本の師たろうと努力しようではないか（中略）
>
> 我々の日本軍への浸透作業は、自信と、首尾一貫した精神をもって、手順よく、以下の四つに集約される原則に則って行われるべきである：
> 1. 我々の軍事資料の流布
> 2. 士官の相互研修
> 3. 厳選された技術者の提供と派遣
> 4. 我々の兵器モデルを極東における戦闘の特殊条件に合わせ調整し、その見本を無償譲渡」

以後、軍有力者の相互訪問が数多く行われることになる。そのほんの一例を挙げれば、1922（大正11）年初めのジョゼフ・ジャック・セゼール・ジョッフル元帥（Joseph Jacques Césaire Joffre, 1852-1931）の訪日である。

純粋な航空技術に限定すれば、フォール使節団は、数量の点からはさほどではないが、知識、ノウハウ、技術移転の質の高さと日仏両国の人的関係強化の点からは、話題となった。

その後の使節団

フランス政府はフォール大佐率いるフランス遣日航空教育軍事使節団の成功を認識し、「より一般的に日本におけるフランスの影響力と産業上の利益の観点から、その効果を持続させる」方法を模索するようになる[96]。

1921（大正10）年、フランスは東京に駐在航空武官のポストを新設し、ジョノー（Jauneaud）少佐の使節団を派遣する。その翌年派遣されたのはド・ボアソン（de Boysson）使節団である。

1）在東京フランス大使館付航空武官のポストの新設

真っ先にとられた決定は、1920年4月にフォール使節団の最後の団員が日本を去った後、得られた成果を引き継ぐために、航空士官1名を在東京フランス大使館付武官の補佐としてつけることであった。ド・ラポマレード少佐はこれを喜び、1920年1月1日付覚書[97]で以下のように述べている。

> 「日本の航空技術の進歩を見守り、日本の航空界とフランス産業界とのつながりをより緊密かつ生産的にできるかどうかは我々の努力にかかっている。在東京フランス大使館付航空武官のポストが新設されたのは、主にこの目標を達成するためである。」

1922年、このポストは廃止されそうになるが、新任の駐日フランス大使ポール・クローデル（Paul Claudel, 1868-1955）が強力に口添えしたおかげで、新首相兼陸軍大臣レイモン・ポアンカレ（Raymond Poincaré, 1860-1934）はこのポストを残すのみならず、新たな使節団を派遣し、努力を続ける決心をしたのである。この決定に至った経緯を説明する一節を彼の1922年6月21日付公式覚書から抜き出して以下に紹介する。

---

96) 在東京フランス大使バプスト氏からピション氏に宛てられた1919年5月9日付第38号外交書簡。この外交書簡は次にピション氏からクレマンソー首相兼外務大臣に1919年6月25日付（第3513号）で送られている。

97) 注87と同じ。フランス外務省史料館：「1919年の使節団の仕事に関するド・ラポマレード少佐の外務大臣宛て報告書」、1920年1月1日付外交文書、アジア編1918-1929、日本、第8巻。

その後の使節団

図 2.63　トマ・ロカ（ロジェ・ポアダッツの筆名）著作（脚注 98）の特別版表紙

図 2.64　同書タイトルページ

図 2.65　藤田嗣治によるイラスト入り序章

2）ジョノー使節団

マルセル・ジョノー少佐（Marcel Prosper Jean Jauneaud, 1885-1947）はロジェ・ポアダッツ大尉（Roger Alfred Emmanuel Poidatz）[98]と他1名の士官（その身元は未だ特定できていない）を伴い来日し、1921（大正10）年9月から9ヵ月間、東京と所沢で陸海軍双方の関係者に対する一連の講演を行い[99]、航空術の編成と利用方法を説く。ポ

「日本の軍事パイロット養成は我々の偉業である。我々が彼らに戦術、戦略の原則を教えたのである。また彼らの使用している飛行機はフランス製である。手ほどきの時期は終わり、今後は大量の受注がともなう実行期に入る。この日本の航空界の進展を見守ってやれる技術者が駐日フランス大使館にいなければ、フランス政府はもはや関心を失ったものとみなされるであろう。我々の教育者、先駆者としての偉業は、より辛抱強い外国人が利益を得られるよう取り計らわなければ達成できなかったであろう。」

98）ロジェ・ポアダッツは 1894 年パリ生まれでフォール使節団に参加したジャン・ルイ・ポアダッツ中尉の1年上の兄である。理工科学校卒業生であるが、有名な小説『L'Honorable Partie de Campagne（おデート）』（1924年刊）の著者トマ・ロカ（Thomas Raucat とまろうか）というもうひとつの顔を持っている。この小説は1年半にわたる日本滞在の経験に基づいて書かれたもので、これまでに幾度も版を重ね、最新版は FOLIO コレクションから出ている。

99）SHAA、ファイル番号 1P 23 113、5ページからなるマルセル・ジョノーの軍人手帳参照。これには日本での任務を確認する記載と、1922 年 7 月 22 日付辞令が見られる：少佐は 1921 年 7 月 23 日、ル・アーヴルまで列車で赴き、そこから船に乗りニューヨークに向かい、アメリカ大陸を東から西に横断し、サンフランシスコより再び船にて横浜に向かう。彼は 1922 年 9 月 2 日に帰仏している。

マルセル・プロスペール・ジャン・ジョノー（1885年 7 月 19 日出生）の生誕地マリー・ド・ショレ（メーヌ・エ・ロワール県）の戸籍課より出生証書の謄本を提供いただいた。これにより彼が 1947 年 4 月 24 日、エク

第 2 章　日本とフランスの航空技術

図 2.66　マルセル・ジョノー少佐

アダッツ大尉は下志津で航空写真撮影の教習を行った。

陸軍航空本部長井上幾太郎中将の求めに応じ、ジョノー少佐はさまざまな提案を行う。その一部を紹介する。

— 「紛争発生のごく早期から遠隔地に適切な介入ができるよう、自主決定権を備え、陸海軍のいずれからも独立した空軍の創設。」
— 「各種航空学校を束ねる軍事航空大学校を創設し、主に遠隔地での戦闘における航空術の分野での軍指導者および幹部を養成。この学校の趣旨は、特に日本独自の航空戦術に関する理論を教育することにある。」
— 「技術研究試験部と航空製造部の創設。前者は飛行機、気球、武器、航空無線電信および無線測角術、写真撮影といったあらゆる技術分野を網羅し、後者は日本国内の各製造業者に同一の現行手順を徹底させることを目的とした、本格的な買い付け部門である[100]。」

ジョノー少佐の進言は 1925（大正 14）年に実践に移され、渡辺錠太郎陸軍中将を長とする帝国主力軍としての空軍が創設されるはずであった。だが、陸海軍の対抗心が空軍の設置を難しくし、入札心得書や機種選定を簡略化するはずであったこの計画は頓挫してしまう。

ジョノー少佐はまた、軽量性、優れた操作性、

ス・アン・プロヴァンスで死亡したことが確認できた。

1904 年、志願により 3 年期限で入隊し、1906 年、サン・シールの士官学校を卒業。その後ジョノー大佐は順調に出世し、輝かしい軍歴を築き上げていく。

— 1906 年 10 月、第 6 猟歩兵連隊少尉
— 1908 年、第 112 歩兵連隊中尉
— 1913 年 8 月 13 日、陸軍大学校合格
— 1914 年 9 月、第 10 軍参謀付きに任命
— 1915 年、大尉に昇進
— 1915 年 7 月、航空局属属となり、同年 10 月、トリコの第 19 飛行中隊にパイロットとして配属、次いで同年 12 月、コメルシーの第 74 飛行中隊の司令官となる
— 1916 年 12 月、第一軍団司令官に任命
— 1918 年 4 月、臨時大隊長に任命
— 1919 年 1 月、第一軍航空司令官に任命
— 1920 年 4 月、第 34 航空連隊配属
— 1921 年 7 月 19 日より日本に赴任、1922 年 9 月 20 日帰仏、後に日本への功労で勲四等旭日章を受勲
— 1922 年 11 月、第 21 飛行連隊配属、1924 年 1 月、同連隊の副司令官となる
— 1924 年 12 月、中佐に昇進
— 1928 年 3 月、第 31 飛行連隊に配属
— 以後 1939 年まで彼のファイルにはなんら詳細な情報は見あたらない。マティスと署名された人事局長から第 3 飛行区司令官に宛てられた 1939 年 11 月 7 日付手紙（第 2558 DPM-I 号）には、こう記されている：「ツールの教育情報センターを指揮している陸軍大学校卒業のジョノー（M. P. J）予備役大佐は直ちに家族のもとに返されるべし」
— 軍幹部名簿表より抹消、1943 年 8 月 21 日付辞令にて退役

100) 松本前掲、p. 19–20.

行動半径の広さ、強力な武器装備といった、日本の来るべき軍事航空機の基本仕様を示した。

詩人大使の熱狂と幻想

駐日フランス大使、ポール・クローデルは「ジョノー少佐の離日：日本の軍事航空術」と題された「レイモン・ポアンカレ首相兼外務大臣閣下」宛ての1922年9月1日付第134号外交書簡で、フランスと日本のより緊密な協定、すなわち日英同盟に取って代わる日仏軍事同盟への前提を説くために、ジョノー使節団の離日を利用している[101]。

「この地に深い思い出を残したフォール大佐の後を継いだジョノー少佐は、狭い意味での技術指導の任務を帯びて日本に来たわけではありません。彼の使命は、とりわけ日本軍の指導者に、有事の際に航空術が果たすべき戦略的役割を教えることにありました。この任務において、我らが同胞は、その秀でた知性、深い知識、そして過去の教訓をもって新たな状況に対処することのできる稀有な才能により、素晴らしい成功をおさめたといっても過言ではありません。彼は、腰が重く慎重すぎる日本の軍指導者の精神構造に、真の改革をもたらそうとしていると言えます。ジョノー少佐のきわめて単純明快かつ「天才的」な構想というのは（「天才的」などという陳腐な言葉でこの将校の名声に傷をつけはしないかと懸念しますが）、日本はその地政学的状況から見て、近年長足の進歩をとげた航空術を利用するに最適の国だということです。私がここで申し上げているのは、行動半径数千kmの大型飛行機のことで、複数のエンジンを備え、ひとつが故障しても他のもので飛行ができるため、航行不能のリスクがなく、多数の機関銃や機関砲まで装備し、1,000kgの爆弾が搭載可能なものです。技術者の見解によれば、今日ではこのような航空機は間違いなく実現可能です。日本側にその意志は確かにあると思われますが、同国がもし本当にジョノー少佐の計画を採用するとすれば、その効果は一目瞭然です。日本はアメリカ艦隊からのいかなる攻撃も免れるでありましょう。アメリカの装甲艦は、わかっていながらわざわざ破壊される危険を冒さないでしょうし、アメリカの航空母艦はこれほど大型の「機械の鳥」を積載できる状態ではないのですから。

日本は、従来の方法よりもはるかに経済的で、従ってはるかに一般的な方法で極東の支配者となれるのです。

こうした軍事状況についてはすでに前回の報告で閣下にご注目いただけたことと存じますが、それがどのような政治的結果をもたらすかは明らかです。それがフランスにとって有利なものばかりだと言えば大げさになるでしょう。しかし今日、ひとつの国が物質面で豊かになれば、他国を完全に支配できると考えるのも大げさであろうと私は思います。インドとエジプトで起こった事件がそれをよく証明しております。中国人はインド人ではありませんし、日本人はイギリス人ではありません。私たちに期待できることは、中国における日本の行動は、アメリカがこれまでこの不幸な国に対してとってきた行動とは異なり、ひょっとすると中国が唯一、かつ大いに必要としている秩序の回復に利するかもしれないということです。

ジョノー少佐の計画は、諸般の事情から見て、放っておいてもいつかは採用せざるをえなくなるような内容のものです。もしフランスが自ら進んで日本を助けなければ、ドイツがこれ幸いとばかりに日本に手を差し出すでしょう。イギリスさえも、それを断らないであろうと私は確信しております。我らが同胞の計画は、我が国の航空産業、およびあらゆる関連産業に大量の受注をもたらすでありましょう。この計画のもと、我々が教育する日本の軍人たちを通じ、フランスの名声と権威が保証されるわけですから、フランスがその利益を今後、政治面もしくは経済面で享受できるかどうかは、ひとえに我々の決断にかかっているのです。

日本はヨーロッパのなかに、同盟国とは言わないまでも、思想、新技術、政治全般の動向を知らせてくれる通信相手を必要としています。イギリスがかなり乱暴なやり方で断ったこの役割を引き継ぐかどうかは我々次第です[102]。日

---

101) 外交書簡第150号、フランス外務省史料館、航空編、1922-1926、整理番号573-5。SHAAのジョノー少佐に関する個人ファイルにもコピーあり。

本が我々の隣国に対してそうであったのと同様に、我が国の忠実な友となることを私は疑いません。

　　出発前にジョノー少佐は付き合いのあった日本の士官から、帰国されては困るという最高に喜ばしい抗議を受けました。軍の指導者たち、とりわけ彼の考えに強い感銘を受けた教育総監の秋山（好古）大将は少佐に来年早々にも戻って来て欲しいと望んでいます。航空機器購入にあてるための多額の費用が目下準備中の予算に計上されています。多くの士官がすでにフランスに向けて出発しました。陸軍航空本部長の井上（幾太郎）中将がジョノー少佐に語ったところによれば、中将自身も近々出発するとのことです。」

　ポール・クローデルは日本に派遣されたフランス軍関係者の行動を支持し、両国の歩み寄りのため具体的な行動を起こすよう提案している。詩人大使はイギリスが破棄した日英同盟に代わる日仏軍事同盟の構想について幻想を抱き、1924（大正13）年までこれを自らの任務の目標とする。日本の軍関係者の一部もこの構想に一時期賛同していたため、これに時間を十分費やすべきであったが、クローデルはそれをしなかった。

　ポール・クローデルはブレゲーをモデルとした金属製の大型飛行機の製造準備のためジョノー少佐が戻ってくるものと思っていたが、赴任してきたのはド・ボアソンであった。

4）ド・ボアソン使節団

　技師アントワーヌ・ド・ボアソン（Joseph Bernanrd Antoine de Boysson, 1892–1946）（図2.67）は、他に6名の技師（彼らの身元も未だはっきり特定できていない）を伴い1922（大正11）年から1923（大正12）年まで陸軍航空本部に派遣される。その目的は、ジョノー少佐の助言を受け、日本側が要請した金属製飛行機のプロトタイプを製造することにあった。これは日本側にとって、完全に自主性を保ちつつ新技術を手に入れる新たな手段となる。7名のフランス人技師は熱意をもって献

図2.67　アントワーヌ・ド・ボアソン

身的に働き、日本の産業界の発展に新たな一歩を印させた。

　校式A-3と命名されたこの金属製飛行機の計画は1921年から所沢の陸軍航空学校研究部で開始される。行動半径の広い偵察機で、3名を搭乗させ5時間航続が可能で、イスパノ・スイザ水冷式V型8気筒300馬力エンジンを2基搭載するというものである。プロトタイプは1924年2月に完成する。だが初期のテスト飛行での調整にさまざまな問題が生じ、この計画はプロトタイプ1機が作られたのみで中止となる。

フランスとの関係の希薄化

　日本人が生徒としてフランスの軍事専門家から教えを受けるにつれ、知識とノウハウはますます高度になり、しまいには伝えられるものがなくなってしまう。1925（大正14）年以降、日本の軍事航空術の専門家たちはある程度自主性を持ち始め、飛行機の開発をフランス人から指導を受けた日本人技師に行わせるようになる。フランス人専門家の助けを請うのは、日本の技術がまだ立ち遅れている特殊な分野に限られた。

102）　クローデルはここで1902年に締結され、1922年初頭のワシントン軍縮会議の際、イギリスが一方的に破棄した日英同盟のことを指している。

フランスとの関係の希薄化

図 2.68　1935 年 10 月 21 日、各務原におけるドヴォワチーヌ第二期講習記念。アンリ・ヴェルニス、三菱の技術者、日本人将校

1927（昭和 2）年、中島飛行機は 3 年期限でフランス人技師アンドレ・マリーとマキシム・ロバンを雇用し、中島 N35 型飛行機と中島九一型戦闘機の開発にあたらせる。九一型は 450 機生産されるが、N35 は 1 機のみであった。

1929 年 4 月、海軍は上野敬三海軍少佐、田尻福男海軍機関少佐（図 2.68 右端から 4 人目）以下 6 人の海軍技術者をフランスに派遣し、同国に所在する以下の航空関係工場見学を行わせる。「ブレゲー（Breguet）飛行機工場」、「コードロン（Caudron）飛行機工場」、「アンリオ（Hanriot）飛行機工場」、「ルバッサー（Levasseur）飛行機工場」、「モラーヌ・ソルニエ（Morane-Saulnier）飛行機工場及び附属飛行学校」、「シュレック（Schreck）飛行艇工場」、「S. E. C. M. 飛行機工場」、「ウィボー（Wibault）飛行機工場」、「セルヴィス・テクニック（Services Techniques）実験飛行場」、「イスパノ・スイザ（Hispano-Suiza）発動機工場」、「ロレーヌ（Lorraine）発動機工場」、「ルノー（Renault）発動機工場」、「クロデル揮化器（Claudel Carburateur）製造工場[103]」。

フォール使節団の元団員でフランス航空省技術部付一等技師アンリ・ヴェルニスは 1930（昭和 5）年 2 月、三菱に雇用され再来日し、三菱 2MR8 型偵察機の設計にあたる。同機種は 230 機製造されることになる[104]。1932 年 4 月からは陸軍航空本部技術部に専属となり設計にあたり、ジュラルミンを使用した軽量で「予想以上に卓越」した性能の偵察機を完成させ、これは「九二式偵察機」の名称で制式器材として採用される[105]。日本滞在中ヴェルニスは、日本の専門家

103) 昭和 33 年に米国から返還され、防衛省防衛研修所戦史室の手に帰した旧日本軍記録文書の中から発見された工場見学の報告書。
104) 航空工廠局長 J. ヴェルニス（J. Vernisse）*L'Aviation Japonaise et la France*（日本の航空術とフランス）、*Revue France-Japon*（ルヴュ・フランス・ジャポン）1937 年 5–6 月第 20 号掲載、パリ、p. 80–81.
105) 国立公文書館所蔵 1933 年 6 月 24 日付「仏国航空省技術部附一等技師勲六等マリウス、ヴェルニス叙勲ノ

がブリストル・マーキュリー（Bristol Mercury）やカーチス・コンケラー（Curtis Conqueror）、はたまたフランス製のドヴォワチーヌ27型やブレゲー27型、ポテズ（Potez）39型といった世界中のありとあらゆる最新鋭機種に興味を示し、その一部を参考にしていることに注目している。

1933（昭和8）年5月、日本の陸軍航空本部は、日本軍の使用するエンジン用コンプレッサーの調整と、新エンジンの開発、および既存の機体の改良のため、専門家2名からなる使節団の派遣をフランスに要請する。翌年、新戦闘機の調整のため、技師1名、パイロット1名派遣の要請が新たに日本の当局から出される。だがこれら二つの要請はかなえられることはなかった。拒否の理由は、日本の極度な軍事化がアジアのフランス植民地への脅威となり、また、日本がドイツとますます接近していったからである。

ただしフランスのメーカーは日本の同業者との接触を続け、完成には至らなかったものの、プロトタイプの計画をいくつか手がけている。その一例を挙げればフランス人技師ロジェ・ロベール（Roger Robert）とジャン・ベジオー（Jean Béziaud）が1934（昭和9）年から1936（昭和11）年にかけて中島飛行機のために開発を行った陸軍用中島キ12型戦闘機がある[106]。

件」

106) ジャン・ラクローズ（Jean Lacroze）：*Deux ans au Japon*（日本での2年）、雑誌 *Le Trait d'Union*（ル・トレ・デュニオン）1998年9–10月第181号掲載、p. 44–46。ここにロジェ・ロベールとジャン・ベジオーの滞在が詳しく紹介されている。

参照用として：

エンツォ・アンジェルッチ（Enzo Angelucci）著：*Encyclopédie Mondiale des Avions Militaires*（軍用飛行機世界百科）パリ、1982年、p. 1–107.

第Ⅱ部
フランス航空教育団と技術移転

第3章 第一次世界大戦終戦と日本における航空エンジン量産の開始

　航空の黎明期、世界中の多くの飛行機はフランス製のエンジンを使用した。日本においても、初の国産民間機、国産軍用機ともにフランスのノームエンジンを採用した。フランスにおける航空機用エンジンの発達の歴史と、フランス航空教育団が持ち込んだエンジンを概観し、その後の国産化の技術移転に関して、フランスの航空機エンジン会社サフランに勤務するジャン＝ポール・パラン氏が執筆する。

　第一次世界大戦開戦当初の飛行機は揺籃期で、主な用途は偵察機に限定されており、本格的な使用には未だ道半ばだった。しかし4年も経つと、戦闘や爆撃、偵察などのさまざまな任務に特化した機体が開発されるようになった。また、速さや航続距離、高度、積載重量など飛行機自体の性能も同様に向上した[1]。

　1918年当時の歩兵にとって飛行機の姿を目にするのはいつもの光景だった。それほど、飛行機はありふれたものになったのである。

　それは航空従事者を養成する学校の発展ゆえとも[2]、量産化ゆえとも言える。飛行機製造は職人の手によるものから、規格化を伴った工場生産に移ったのである。

フランス航空の力と威信

　製造される飛行機の急激な数の増加は、最も顕著な戦争の産業的現象といえる。1914年から1918年にかけ、10万台近くものエンジンがフランスで製造された。

　フランスにおける航空エンジンの生産台数の推移を表3.1に示したが、これを見ると、戦争が進むにつれ、非常に多くの数のエンジンが生産されたことがわかる。

　1915年、航空エンジンの月間生産台数は約600台にもなり、フランス政府は大量生産に慣れている自動車産業にその生産を委託することを決定した。そうして、いくつかの自動車メーカーが航空エンジンをライセンス生産することとなり、毎月の生産台数は一挙にはね上がって、1916年の終わりには1,700台までになった。またその1年後には2,700台、戦争の終了間際には4,000台以上が作られた。

　フランスで製作したエンジンのうち12,000台は英軍に納入された。ところで、第一次世界大戦中、英軍で使われた大半のエンジンももとはフランスのものであった。たとえば、英国空軍の最速の単座戦闘機S.E.5A機のエンジン、ウーズ

---

[1] 1914年第一次世界大戦開戦当時は高度500〜2,000 mだったのに対して、大戦終盤には戦闘機が高度5,000〜6,000 mで空中戦をするまでに至った。

[2] 開戦当初、フランス空軍の人数は2,000人に満たなかった。しかし、休戦締結時には150,000人を数え、うち約12,000人がパイロットだった。

第3章 第一次世界大戦終戦と日本における航空エンジン量産の開始

表 3.1 第一次世界大戦時におけるフランスの航空エンジン生産台数

	1月	2月	3月	4月	5月	6月	7月	8月	9月	10月	11月	12月	合計
1914年								40	100	137	209	374	860
1915年	307	370	696	584	652	603	538	571	533	648	687	897	7,086
1916年	1,001	965	1,178	1,249	1,262	1,295	1,552	1,561	1,579	1,727	1,624	1,792	16,785
1917年	1,579	1,204	1,552	1,721	1,986	1,885	1,960	1,965	1,899	2,089	2,537	2,715	23,092
1918年	2,567	3,117	3,139	4,029	3,847	4,274	4,490	4,320	3,934	4,196	3,502	3,148	44,563
													92,386

リーヴァイパーはイスパノ・スイザのV8エンジンを英国でライセンス生産したものだった。

1917年、第一次世界大戦参戦後のアメリカもまた、多くの飛行機やエンジンの供給をフランスからの輸入に頼っていた。ちなみに4,800台のフランス製のエンジンが米軍に納入された。またロシア軍にもフランス製の5,700台のエンジンが納入された。第一次世界大戦時フランスは事実上、航空エンジンの分野で世界のリーダーとして君臨していたのである。

第一次世界大戦中に製造されたフランス製エンジンのうち、ノーム・ローン社3)製回転式エンジンは23,000台、イスパノ・スイザ社4)製V形エンジンは50,000台近くに上った。終戦当時、最も主なエンジンメーカーはイスパノ・スイザ社だった（開戦時はノーム社）。戦争中に起こった回転式エンジンの衰退は、性能が向上した新しい飛行機が、より強いエンジンを求めたことによる。回転式エンジンはジャイロ効果が原因で180～200馬力が限界だったのである。この状況の中で

図 3.2 「ラエロフィル」誌 1917年10月1–15日号、ノーム・ローン社製回転式エンジンの広告
(© Espace Patrimoine Safran)

1916年以降、イスパノ・スイザ社が180～210馬力のV形エンジンの供給を可能にした。

このエンジンの出現に伴い、大戦末期には固定式エンジンの持つ能力が脚光を浴び、開発が活発化した。一方、回転式エンジンはその優位性（重量当たりの高馬力比）にもかかわらず、欠点（高い燃料消費やオイル消費量、短期間のオーバーホール要求など）が指摘されるようになり、航空の発達

図 3.1 ノーム社のジェヌヴィリエ工場、1909年（現在もサフラン・エアクラフト・エンジンズが航空エンジン部品を製造している）(© Espace Patrimoine Safran)

---

3) ル・ローン社は1915年ノーム社によって買収され、ノーム・ローン社となった。1945年からはスネクマ社になり、現在はサフラン・エアクラフト・エンジンズ社となっている。

4) イスパノ・スイザ社は1968年にスネクマ社の傘下に入り、現在はサフラン・トランスミッション・システムズ社となっている。

には引き続き貢献をしたものの、前線の戦闘機のエンジンは次第に固定式に変わっていった。

イスパノ・スイザエンジンの台頭

1915年、イスパノ・スイザ社の設計した新エンジンの出現で、エンジンメーカーの状況は一変した。その名の通り、イスパノ・スイザ社はスイスやスペインをベースにしていた。スイス人の技師マルク・ビルキグ（Marc Birkigt）は1878年ジュネーブで生まれた後、バルセロナで働き始め、スペイン人の実業家から財政的な援助を受け、1904年自動車を製造するイスパノ・スイザ社を設立した。そして1910年の末、パリ郊外のルヴァロア（Levallois）に支店を設け、ボア・コロンブ（Bois-Colombes）に新工場を建設、操業を始め、まもなく第一次世界大戦開戦を迎えた。

同社最初の航空エンジンとして、設計者のマルク・ビルキグはV形8気筒で4気筒を2列に配置したものを作った。このエンジンは、当時使われていたドイツの大出力直列エンジンよりもかさばらないものだった。ちなみに、それは彼が熟知していた自動車の4気筒エンジンの設計により近い形をしていた。左右のブロックは90度の角度をなし、各ブロックはアルミニウム製の一体鋳造で、非常に堅固な作りをしていた（当時のV形エンジンの配置角度はほとんどが60度で作られており、90度の角度はイスパノ・スイザエンジンの非常に際立った特徴となった）。このモノブロック（一体化）構造のエンジンを発明したのはビルキグだった。スティールのスリーブを持ったアルミシリンダーブロックは重量を削減、クランクケースを固定し、短期間の製造を可能にした。また併せて、その製造に必要な技術もマスターされていった。

ライセンスを受けた製造者でも、当時の技術ではこのモノブロック構造のエンジンの製造は難しく、特にアルミの鋳造は当時の鋳造場に厳しい熟練技術を要求した。

日本でライセンス生産されたイスパノ・スイザエンジン

三菱は1919年5月、内燃機部を神戸造船所より分離し、神戸内燃機製作所を設立、ルノー70馬力エンジンを完成させた。そして翌年5月、名古屋市に三菱内燃機製造株式会社（後の三菱航空機株式会社）を設立したのが飛行機製造の始まりだった。しかし、三菱が量産段階に及んだ最初のエンジンはルノーではなく、イスパノ・スイザエンジンだった。

ジョルジュ・ギヌメール（Georges Guynemer）のようなフランスのエースパイロットがイスパノ・スイザ社製エンジン搭載のスパッド戦闘機でもたらした成功によって、イスパノ・スイザ社製エンジンも海外やいろいろな会社に注目された。三菱は中でも特別だった。

1917年に水冷8気筒イスパノ・スイザエンジンの製造権を取得、1919年試作開始、1920年1月試作一号機完成、同年中に量産を開始した。表3.2には200馬力、300馬力のエンジンのみ示したが、三菱はこの後も昭和初期頃までイスパノ・スイザエンジンをライセンス生産し続けた。

生産当時初期、これらは陸海軍で採用され、

図3.3 仏エースパイロット、ジョルジュ・ギヌメール（Georges Guynemer）の写真。イスパノ・スイザエンジン搭載のスパッド戦闘機を操縦して数々の勝利をもたらした。写真にはイスパノ・スイザ社創業者のマルク・ビルキグへの献辞が寄せられている（© Espace Patrimoine Safran）

第 3 章　第一次世界大戦終戦と日本における航空エンジン量産の開始

図 3.4　イスパノ・スイザ社のボア・コロンブ工場にて、第一次世界大戦末期ごろ（© Espace Patrimoine Safran）

図 3.5 1919 年から 1921 年にかけてイスパノ・スイザ社製エンジンが獲得した成功を称賛するポスター（© Espace Patrimoine Safran）

図 3.6 「ラエロフィル」誌 1923 年 2 月 1-15 日号掲載の第一次世界大戦休戦以降のイスパノ・スイザエンジンの成果を紹介する広告（© Espace Patrimoine Safran）

図 3.7 三菱ヒ式 200 馬力（© Espace Patrimoine Safran）

1924 年以降はスパッド 13（丙式一型）戦闘機の後継機であるニューポール Ni D-29（甲式四型）戦闘機に搭載された。

フランス航空教育団によって陸軍に導入されたスパッド 13 戦闘機が搭載していたのも、イスパノ・スイザ社製の 200 馬力エンジンだった。しかし、こちらのエンジンは三菱製ではなくフランス製だった。スパッド 13 戦闘機は陸軍の制式機として採用されたものの国産化はせず、フランスからの輸入機のみが使用された。

フランス航空教育団はしかしながら、サルム

表 3.2 三菱が国産化したイスパノ・スイザエンジン

三菱ヒ式 200 馬力			
型式	V8	冷却方法	水冷
容積 [l]	11.75	圧力比	4.8
筒径 × 行程 [mm]	120 x 130	乾燥重量 [kg]	250

三菱ヒ式 300 馬力			
型式	V8	冷却方法	水冷
容積 [l]	18.4	圧力比	5.3
筒径 × 行程 [mm]	140 x 150	乾燥重量 [kg]	290

三菱製の 200 馬力および 300 馬力のエンジン台数。
イスパノ・スイザ 200 馬力エンジンの生産台数：1920〜1926 年にかけて、154 台。
イスパノ・スイザ 300 馬力エンジンの生産台数：1920〜1934 年にかけて、1100 台以上。

ソン社Z9型エンジンの国内生産開始には直接関与した。陸軍にもたらされたこのエンジンは、サルムソン2A-2（乙式一型）偵察機に搭載された。この飛行機もそのエンジンと同様に、日本における航空機生産において重要な役割を果たすことになる。

サルムソン社について

エミール・サルムソン（Emile Salmson, 1859–1917）は1909年に航空用エンジン製造に着手した。開発作業に3年を費やした後、彼はサルムソンM7エンジンの生産を開始した。それはカントン・ウネ（Canton-Unné）の特許システムを用いた80馬力の水冷星形エンジンだった。このカントン・ウネの特許システムというものは、すべてのコンロッドの根元に箱があり、その箱がクランクピン上を動き、なおかつギアを動かしてシャフトを回すというものだった。

そして1912年サルムソンエンジン社（Société des Moteurs Salmson）[5]が設立され、ビヤンクール（Billancourt、パリ近郊）に工場が建設された。

1914年、第一次世界大戦の始まる直前、サルムソン社は200人ほどの従業員を抱え、月産10台の割合でエンジンを生産していた。そして第一次世界大戦前には36台のエンジンをフランス軍に納入した。それは軍が購入した軍用機に搭載され、軍納入エンジンの4.5%にも上る。サムルソン社の納入実績は、当時フランス軍に納入した航空エンジンのサプライヤー中第4位だった[6]。

サルムソン社が最初の飛行機として3座席の偵察機S.M.1（Salmson-Moineau 1）を製作したのは1916年だった。同機は軍用機として用いるには実用的とはいえず、失敗作だったが、次に製作したサルムソン2A-2型機は1917年の後半に完成し、その後すぐに偵察機として成功を収めた。この飛行機は230馬力の9気筒水冷星形サルムソンZ9エンジンを装備し、非常にスムーズな回転で高い信頼性を誇った。

図3.8 ビヤンクール工場にて、Z9エンジンをサルムソン2A-2型機に装着している様子（© Collection S.H.D）

このサルムソン2A-2型複葉機はフランス軍からの信頼を得ただけでなく、米軍からも705機の購入があった。

第一次世界大戦終結時、サルムソン社は9,000人の労働者を抱え、月産700台ものエンジンを生産した。

日本でライセンス生産されたサルムソンエンジン

1918年6月、川崎造船所株式会社は230馬力のサルムソンZ9型9気筒水冷星型エンジンとともに、サルムソン2A2型偵察機の製造権を獲得した。そして1919年4月に、陸軍使用目的として航空機を製造するべく、神戸に飛行機科が設けられた（この科は後の1922年に飛行機部として昇格した）。1920（大正9）年、川崎から5名の技術員がフランスを訪問、サルムソン社で製造工程を研

---

[5] サルムソン社は1951年まで航空エンジンを製造し続けた。数あるフランスの航空エンジンメーカーの中で、最後まで同社だけはサフラン社に吸収されなかったのは特筆すべきことかもしれない。

[6] 1位はノーム社の46%、2位がルノー社で34.6%そしてル・ローン社が3位で8.9%の順だった。

日本でライセンス生産されたサルムソンエンジン

サルムソン Z9 エンジン			
年	1917	馬力	230
型式	星形 9 気筒	冷却方法	水冷
容積 [l]	18.8	圧力比	5.2
筒径×行程 [mm]	125×170	乾燥重量 [kg]	250

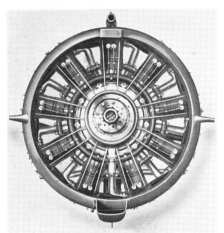
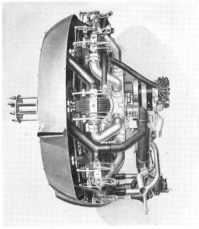

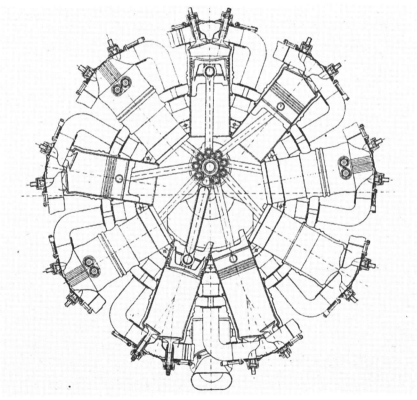

図 3.9　サルムソン Z9 エンジン（上）とその断面図（© Espace Patrimoine Safran）

究し、製造に必要な知識と資料を持ち帰った。

　そして1922年11月、川崎造船所飛行機部は、国産機のサルムソン2A-2を2機完成させた。1機は川崎が調達した部品を使い、他1機は陸軍の部品を使用した。一方、陸軍航空部補給部所沢支部では、1920年12月にすでにサルムソン2A-2国産一号機を完成させ、初飛行に成功していた。

　川崎造船所では、1922年11月から1927年8月の生産完了まで300機のサルムソン2A-2が製造され、陸軍向けに272機が納入された。陸軍航空部の所沢支部および東京小石川陸軍砲兵工廠でも、両者併せてほぼ同数の機体が製造された。

　同機のエンジンとしては、川崎造船所製の初号機にはフランスから輸入したエンジンが搭載された（1922年フランスから56台のサルムソンZ9エンジンが輸入された）。しかし1923（大正12）年に入ると、川崎は同エンジンのライセンス生産を始めた。一方、陸軍航空部補給部所沢支部で製造されたサルムソン機には、名古屋造兵廠千種製造所および東京小石川陸軍砲兵工廠で作られたエンジンが搭載された。

日本のエンジン生産における
フランス航空教育団の成果

　フォール大佐によるフランス航空教育団の任務完了時の報告には、名古屋造兵廠で最初に完成した日本初のZ9エンジンは1920年3月に50時間の稼働に成功したと記されている。

　帝国飛行協会会長だった長岡外史も、とりわけアルミニウム合金に関する教育を担当したジョッセー（Daniel Josset）工兵少佐および教員たちに謝意を表している。

　当時、臨時航空術練習委員であった桜井養秀陸軍少尉は「フォール大佐一行来朝当時の陸軍航空」という回想文を寄せて、その中でこのように述べている。

> 「…仏国航空団員指導の下に実施せられたるサルムソン式飛行機々体の製作及びサルムソン式発動機の製作は極めて迅速なる成果を得、間もなく陸軍造兵廠及び川崎造船所において多数制作に移り、乙式偵察機として久しく陸軍制式に使用せられた。」

第4章 使節団の諸様相

　フランス航空教育団に日本語通訳として参加したアンリ・ニコラ・アルクェット少尉の孫にあたるパトリック・アルクェットは、航空教育団を日本に派遣するフランス側の戦略的様相をフランス側の資料から解説し、8隊に分かれてフランス隊員たちがどのような教育を行ったかを詳細に説明する。ちなみに、アンリ・ニコラ・アルクェット少尉は隊員の中で唯一日本に定着し、波乱の人生を送るが、そのことは「子孫たち（の証言）」に綴られる。

　フランスにおける資料から、フランス航空教育団の活動を振り返る。

　1918年8月、ジャック・フォール（Jacques Faure）中佐の団長任命とともに発足し[1]、1920年4月の送別晩餐会をもって終了するまで[2]、フランス航空教育団（Mission Militaire Française d'Aéronautique au Japon）はその目的の追求においてさまざまな側面があった。目的とは、ジョルジュ・クレマンソー（Georges Clemenceau）が掲げた日本におけるフランスの影響力強化政策の一環として、フランスを手本に日本の航空技術を発展させることである。

　フォール中佐の定期報告書には、各教育分野に分かれて行われた伝習の進捗状況が書き込まれている。使節団の渉外および機能面での様相は実践主義に基づき、主要事実に即して語られている。だが、これらの報告書の主題の背景、そして本国宛ての外交書簡や報道記事にも、以下に挙げる違った側面が現れている。

　現前たる競争環境下での戦略的側面。そこではフランスの羨むべき立場が認識でき、これをエドモン・バプスト（Edmond Bapst）駐日フランス大使は次のような言葉で報告している[3]：「我らの競争相手は我が国の航空使節団に嫉妬し、我らを出し抜けたらいいと思っている。既に英国、イタリアから飛行士らに飛行機を納入する話も出ている。（中略）こうした状況で、もしこの使節団を長期間継続したければ、これに必要な人員と機材を当てがい、良い仕事ができるようにしてやることが肝要である。」

　戦術的側面、あるいは8つの教育分野を網羅し多様な人材と教育手段を提供する多科目指導の

---

1) フランス防衛省史料館（Service historique de la Défense—以下 SHD）（Réf. GR 7 N1707）：陸軍省—ジャック、ポール、アンヌ、マリー、ヴァンサン、フォール大佐、遣日航空使節団団長（FAURE, Jacques, Paul, Anne, Marie, Vincent, Chef de la Mission Française d'Aéronautique au Japon）

2) SHD（Réf. GR 7 N1707）: *Toast prononcé par le Ministre de la Guerre japonais à l'occasion du banquet d'adieu offert en l'honneur du Colonel Faure, au KOORAKUEN, le 9 avril 1920*（1920年4月9日、フォール大佐を讃えるために後楽園にて開催された送別会における日本の陸軍大臣の乾杯スピーチ）

3) SHD（Réf. GR 6 N 188）: 1919年4月12日付エドモン・バプスト（Edmond Bapst）駐日フランス大使の電文

第 4 章　使節団の諸様相

図 4.1　「（前略）使節団が獲得した実に注目すべき成果、それは専門家に認められただけでなく、大衆にも評価されたことである。ここに掲載するイラストはその一例で、大衆紙からの抜粋である」（ジャック・フォール中佐）[4]

図 4.2　1918 年 10 月 28 日、フランス・アエロクラブ（Aéro-Club de France）におけるフランス遣日航空使節団レセプション [5]。最前列中央に使節団団長、フォール中佐。

日々の目標。フォール大佐は1919年9月の使節団業務報告書に参照用として、長岡外史中将が日本アエロクラブ（Aéro-Club du Japon）の月刊誌に寄稿した「我邦飛行界指導者の消息」と題された記事[6]の写しを添付している。この記事は使節団をその司令部、次いで八つの教育班の一つ一つを紹介し称賛している。

戦略的様相

　政治的理由、戦争の経験と勝利、外国の競合、本国との関係、補給……。

　クレマンソーは日本を協商に賛同させるというこの戦略を打ち出し、日本の主導でシベリアに新戦線を形成することによって、ドイツの潜在的な太平洋地域への勢力拡大を阻止することを提案する。この構想は米国がまだ参戦していない段階の1917年に、ロシアが連合国の一角から脱落し、敗北の危険性が理解されたため、その重要性が認識され、これは1918年夏まで続いた。しかし、ドイツが欧州、そしてアジアの覇者となり日本に脅威を与えるという論は日本政府にとって説得力がなく、バイカル湖を日本の北部戦線において身の安全を図るための緩衝地帯の限界とし、それ以西には兵を進ませなかったのである[7]。

　このように連合国に最小限の形で味方しただけであった。しかし、航空術教育使節団の日本派遣は、フランスがまだ自国のためにあらゆる軍事資源を必要としている戦争の最中に決定され、日本の、航空技術を無償で発展させることにより、フランスは日本で政治的、経済的影響力を振るう機会を得るのである。

　史上初の航空戦を経験したという強みは、陸軍大臣田中義一大将の次のような言葉にみることができる[8]：「我国は戦争の経験から教訓を得ることを必要としており、この輝かしい航空使節団の派遣はその始まりに過ぎないと考える」。また、帝国飛行協会副会長長岡外史中将は次のような言葉で敬意を表した[6]：「多年我飛行界は当局者の不熱心と国民の冷淡とに依り萎靡沈滞見る影もなく、戦争の期間を空過ごしたるものなるが、當局者の奮發により今春以來、聊かながら陸海軍とも航空豫算を増加せられ空谷微かに跫音を聽くの趣ありし折柄、本年一月下旬、佛國航空團の入京は斯界に潑溂たる新生氣を與へ東天紅の思あらしめた」。

　一方、フランス大使館付武官ド・ラポマレード（de Lapomarède）少佐はこう指摘している[9]：「勝利を収めたにも拘わらず、フランスの名声はこの国において徐々に薄れつつあり、手強いアングロサクソンとの競争に晒されている」。いや、イタリアやドイツの競合も控えている……。

　海軍の航空術発展に関してフォール中佐は「海軍の航空術指導と機器製造は目下、使節団の職権に一切含まれていないが、フランスの国威及び産業界の利益の点において、日本のこの航空部門の発展もイギリス人やドイツ人の士官よりもフラン

---

4) SHD (Réf. GR 7 N 1707): 遣日フランス航空使節団―RAPPORT D'ENSEMBLE［du 16 juillet 1919］du Colonel FAURE, Chef de la Mission Française d'Aéronautique au Japon, au sujet des travaux de la mission en Juin 1919［1919年6月の使節団業務に関する（1919年7月16日付）遣日フランス航空使節団団長フォール大佐総合報告書］

5) L'Aérophile 1918年11月1日-15日号掲載記事「10月28日、フランス・アエロクラブは同クラブ客間にフォール大佐率いる遣日フランス航空使節団一行を迎えた。同使節団の東京派遣は日本政府から要請された。（中略）これからミカドの第五の兵科を編成しに行く団員に敬意を表する熱烈なスピーチをソドー氏（Sodeau）が行うと、フォール大佐がアエロ・クラブのフランス航空界への協力に感謝した」。

6) SHD (Ref. GR 7 N 709): 仏語題 Nouvelles concernant les instructeurs de l'aéronautique de notre pays 大正8年8月稿

7) マテュー・セゲラ（Matthieu Séguéla）、Clemenceau ou la tentation du Japon, CNRS Editions, 2014 (ISBN 978-2-271-07884-1)

8) SHD (Réf. GR 6 N 188): フランス外務省―駐日フランス代理大使ロジェ・モーグラ氏（Roger Maugras）の1919年2月14日付フランス外務大臣ステファン・ピション氏（Stephen Pichon）宛ての手紙。

9) クリスチャン・ポラック（Christian Polak）、Sabre et Pinceau（筆と刀）、在日フランス商工会議所、2005, p. 126

ス人教官の手に委ねられる方が得策であろう」[10]と警告し、「かなり小規模の専門家班が日本に速やかに派遣されるべく待機している（後略）」[10]（下線は筆者による）と進言した上で、「特に［サルムソン（Salmson）CU Z9 とイスパノ（Hispano）］の２種のうち、総合点で優れた結果を出したいずれか一方のエンジンを搭載した水上機の見本を今すぐ一機乃至二機製造させ、現地で簡単に製造でき、満足できる水上機を日本海軍に大至急紹介するのが極めて有効であろう」[10]と結んでいる。

夜間爆撃に関する状況も同様で、フォール中佐は日本で製造可能なファルマン（Farman）F50 CU Z9、1機の紹介を要求しており、折しもハンドリー・ペイジ（Handley Page）とカプローニ（Caproni）がそれぞれの政府の強力な後押しを得て、極めて説得力ある候補として浮上してきている。「フランスの国威、及び産業界の利益の観点から、何か現に存在するものを実際に紹介できる必要性を強調する義務が自分にはあると信じ、さもなければ注文もライセンス売買も他国の手に渡ってしまい、別の範疇の機器にとって残念な前例となってしまうであろう。[11]」（下線は筆者）

「団長は現在追撃用及び爆撃用にフランス製の採用機種を選定しようとしている最中であるが、自らの試みに納得がゆかない。選定の根拠となる代理店からの売り込み、あるいはセンセーショナルな性能等の宣伝情報を大量に提供される必要がある。[12]」

「団長は CU Z9 エンジン搭載 F50 を爆撃機として採用させるべく可能な限り善処する。団長はパリにおいて大使館付武官に対する同様の働きかけによる支援を受けることが極めて望ましく、当該機種の優位性の具体的な説明を必要としている。[13]」

追撃機に関しても、フランスは製品販売面で極めて組織立った外国と競合して戦わなければならない：「我が滞在の始めから、かつ定期的に、現在稼働中の飛行機の性能、及び各種試験の結果を知らせて欲しいと強く訴えてきたにも拘わらず、これに関する情報を一度も受け取ったことがなく、したがって、日本の採用権限を持つ人々に対して、ドイツ、イギリス、イタリアの製造業者の代理店が行っているような支援資料を使っての強力な売り込みができなかった（中略）もしイタリアの長距離飛行が成功すれば複数のズヴァ（SVA）が展示飛行を行い、これは非常に強力な提案材料となるであろう。[14]」

「注目すべきは、イタリアが最良機種の見本を購入の約束がなくとも躊躇なく送り込むという点である。こうしたお膳立ての結果、そしてダヌンツィオ（d'Annunzio）が企画したローマ—東京間長距離飛行（Raid Rome-Tokyo）の遠征飛行機の着陸準備を口実に送り込まれた人員の存在により、イタリアは事実上日本に士官五名、民間技師一名、機関士十二名から成る使節団を配備していることになり、しかも彼らはかなり充実した設備機材を保有しているのである。[15]」

10) SHD (Réf. GR 7 N 1707)：遣日フランス航空使節団 (Mission Militaire Française d'Aéronautique au Japon) —RAPPORT [du 25 janvier 1919] du Colonel FAURE, chef de la Mission d'Aéronautique au Japon, au sujet de l'arrivée du personnel［遣日フランス航空使節団団長フォール大佐の（1919年1月25日付）団員の日本到着に関する報告書］

11) SHD (Réf. GR 7 N 1707)：遣日フランス航空使節団—Rapport du 29 juin 1919 du lcl. Jacques Faure au ministre de la Guerre（1919年6月29日付ジャック・フォール中佐の陸軍大臣宛て報告書）

12) SHD (Réf. GR 7 N 709)：遣日フランス航空使節団—Rapport du 10 octobre 1919 du lcl. Jacques Faure au ministre de la Guerre（1919年10月10日付ジャック・フォール中佐の陸軍大臣宛て報告書）

13) SHD (Réf. GR 7 N 709)：遣日フランス航空使節団—RAPPORT [du 4 novembre 1919] du Colonel FAURE, Chef de la Mission Militaire d'Aéronautique au Japon sur le travail de la mission pendant le mois d'octobre 1919［遣日フランス航空使節団団長ジャック・フォール大佐の（11月4日付）報告書—1919年10月中の使節団業務に関して］

14) SHD (Réf. GR 7 N 3322)：遣日フランス航空使節団—Rapport du 27 janvier 1920 du lcl. Jacques Faure au ministre de la Guerre（1920年1月27日付ジャック・フォール中佐の陸軍大臣宛て報告書）

15) SHD (Réf. GR 7 N 3322)：遣日フランス航空使節団

距離が遠いため、本国との連絡、物資補給も教育水準の維持にとって障害となった。フォール中佐はフランス陸軍省に対して、日本にいつも遅れて届く人員と機材の送付を催促せねばならなかった。「フランス航空使節団団長は使節団の成功のために1月以来陸軍省に対して自分が行っている各種嘆願が速やかに認められるよう、私に閣下との間を取り成して欲しいと要求しています。それはブレゲー（Breguet）のパイロット1名、サルムソン（Salmson）のパイロット1名、軍事通訳若干名の派遣です。他にもフォール大佐は、フランスから自分の元に送られて来るはずのスパッド（SPAD）2機に関しても心配しています。[3)]」

しかも、これらは時には悪い状態で届くこともある：「現在に至るまで、フランスから届く機材には気配りを欠いた包装が目立つ。例その1、空中戦用爆弾投下装置がぺちゃんこに潰れて使用不能。例その2、ミシュラン製照明弾（bombes éclairantes Michelin）が極めて軽量の箱に入れられていたため、その箱が破損し、信管のプロペラが固定されていない状態になり、うっかりネジが回れば導火線が作動するところであった。[16)]（後略）」

別の例：「（前略）1918年11月に認められた気球操縦士が1919年5月1日に至ってもまだフランスを発っていない。彼らが到着するとしても（これに関しても団長の再三の嘆願にも拘わらず、未だ不明）伝習の最終局面に到着することになる。[17)]」

「（前略）スパッド（同型）2機、これは空中観測の伝習の始めに必要で、大臣から10月に認められていた。これらは発送会社によってあまりに大きい寸法の箱1個に一緒に入れられたため、船長らがこれを運ぶのを拒否している。これら2機の飛行機は1919年6月現在ポートサイド（Port-Saïd）にあり、無期限にそこに留め置かれる可能性が大きい。」

また、エンジン製造用特殊鋼を現地調達する際の各種基準不適合も問題となった。当該の製鋼業者に発注した製品の品質が、さまざまな点において日本陸軍当局のライバルである海軍に納めるには適さなかった[18)]。

こうした状況下に加え、極めて不快な気象環境による不測の事態に見舞われながらも、1919年1月に臨時航空術練習委員長井上幾太郎とフォール中佐との間で取り交わした合意書に沿って、遣日フランス航空教育使節団はすべての教育分野で着実かつ精力的にその役割を果たした[19)]。

戦術的様相

人物と特性、教育技術…

以下に紹介する長岡外史中将の記事、「我邦飛行界指導者の消息」[6)]からの抜粋には、何と言っても日本航空界の発展のために提供された各種支援に対する日本政府の謝意が表れている。団員たちの軍人としての資質および航空術の能力が賞賛に満ちた言葉で回想され、幾人かの素晴しい人格とこの技術移転における技術面での創意工夫が明かされている。

フランス飛行団本部（東京芝愛宕ホテル）

「團長フオール大佐は（中略）官民の間に知已

—Rapport du 17 février 1920 du lcl. Jacques Faure au ministre de la Guerre（1920年2月17日付ジャック・フォール中佐の陸軍大臣宛て報告書）

16) SHD（Réf. GR 7 N 709）：遣日フランス航空使節団—RAPPORT［du 31 mai 1919］du Lieutenant VUARIN［ヴュアラン中尉の（1919年3月31日付）報告書］

17) SHD（Réf. GR 7 N 709）：遣日フランス航空使節団—RAPPORT［du 7 juin 1919］du Colonel FAURE sur le travail de la Mission Française en MAI 1919［［遣日フランス航空使節団団長ジャック・フォール大佐の（1919年6月7日付）報告書―1919年5月の使節団業務に関して］

18) SHD（Réf. GR 7 N 709）：遣日フランス航空使節団—Rapport du 31 mai 1919 du cdt. Michel Josset（ミッシェル・ジョッセー大尉の1919年5月31日付報告書）

19) クリスチャン・ポラック、Sabre et Pinceau（筆と刀）、在日フランス商工会議所、2005, p. 106

第4章 使節団の諸様相

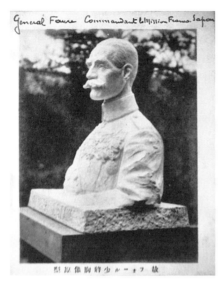

図 4.3 ジャック・フォールの胸像（所沢）
（1923 年准将に昇進）

図 4.4 単葉機ドゥペルデュッサン（Deperdussin）の操縦席に座るルイ・ラゴン [22]

多ければ、今更余の紹介を要せざるに似たれども、筆序上聞くが儘の一二を記さんに、大佐は砲工學校（L'École d'artillerie et du Génie）、陸軍大學校（L'École Supérieure de Guerre）卒業後、樞要の軍務に服し殊に航空界の先覺者として這般の大戰に従事して功多く、中途砲兵聯隊長として驍名を輝かし、尋で航空課長となりし人なり。昨秋我邦より航空指導者所望の提言あるや、首相クレマンソー氏快諾し旅費食料等は當政府に於て一切引請け、フォール大佐を差遣すべし、此人なれば確かに重任に堪へ得べしと云ひ（後略）」。軍人としての資質に加え、個人情報票 [20] に記載された外国語の知識（ドイツ語、英語、イタリア語、スペイ

ン語、オランダ語）、訪問した国々、東洋あるいは北米赴任への関心からわかるように、彼は国際的に開けた精神を持っていた。そして、1919 年 11 月 9 日に大佐、1923 年には准将に昇進する［フォール准将の胸像を最上部に配した使節団記念碑（図 4.3）[21] が所沢航空記念公園に建てられている］。1918 年 11 月 11 日、副団長ラゴン（Louis Auguste Ragon）少佐（図 4.4）[22] は突然に日本に分遣隊を送り込む手配を遂行することを余儀なくされる。彼は人員名簿 [23] を作成し、団長とともにその構成を確認しなければならなかった。

そして、ルイ・ラゴンは 1919 年 8 月 1 日に自殺する [24]。

「フオール大佐の補佐役とも云ふべきルイス、オーゲスト、ラゴン少佐が、急病に罹り異郷不歸の人となりしは悼むべき極にして、同少佐は嚴格緻密精勤不二前途多望の人であつた。」

1) 操縦班（Section du pilotage）（戦闘と偵察）岐阜県各務原

「班長ルヘーブル（Lefèvre）少佐教鞭を執り第一期生は既に卒業し、目下第二期の戰闘班修業中にして、宙返、横轉、逆轉等空中の離れ技を演練する所である。ル少佐並に中尉ド、チルゴレー（Kergolay）氏は軍司令官又は軍團、師團長より感狀を受けしこと七回に及びし空中の豪の者、殊にル少佐は獨逸ツエツペリン（Zeppelin）飛行船

---

20) SHD（Réf. GR 7 N 1707）：遣日フランス航空使節団 —FEUILLE de RENSEIGNEMENTS du lcl. Jacques Faure（ジャック・フォール中佐の個人情報票）

21) 操縦班教官フランソワ・ベルタン（François Bertin）の孫、フィリップ・コスト（Philippe Coste）並びにローラン・コスト（Laurent Coste）兄弟所蔵

22) 使節団本部副団長ルイ・ラゴン少佐（Louis Ragon）の義孫モニク・メリク（Monique Méric）所蔵

23) SHD（Réf. GR 7 N 1707）：遣日フランス航空使節団 —NOTE［du 11 novembre 1918 du cdt. Louis Ragon］ pour l'État-Major de l'Armée［（1918 年 11 月 11 日付）ルイ・ラゴン少佐の陸軍参謀のための覚書］

24) SHD（Réf. GR 7 N 1707）：Télégramme du 13 août 1919 du lcl. Jacques Faure au ministère de la Guerre（ジャック・フォール中佐より陸軍省宛の 1919 年 8 月 13 日付電報）

図 4.5　ニューポール（Nieuport）24C1 の操縦席に座るフランソワ・ベルタン（François Bertin）（各務原にて）

図 4.6　飛行シミュレーターで練習をする日本人パイロット候補生

図 4.7　エティエンヌ・セゲラ（Étienne Séguéla）が製作した機械、左は点火プラグとマグネトーの検査用機械、右はエンジン切片擦り合わせ用機械

桿、ラダーペダルを備えた簡単な飛行シミュレーターに乗って飛行機の操縦操作を練習した（図 4.6）[25]。

「ゼゥゲラ少尉は發動機の『オーソリチー』にして、鐵材を岐阜市中から買來り自ら鐵槌を把って製作したる種々新案の器械は實用に重寳にして、精妙を極めたるものであると云ふ。」

話題の器具とは、切片擦り合わせ、およびエンジンの点火プラグとマグネトーのテストに使う回転装置 2 基である（図 4.7）[26]。この方法はセゲラ少尉の座学の第七講義で教授されるマグネトーの原則に基づくものだった（P.101 参照）。

2）空中射撃班（Section du tir aérien）―新居町（浜松）

「射撃と云ふことは容易の業では無い。（中略）空中戦に於ては目標も射手も共に運動するが爲に照準點の選び方が非常に六かしい、

（中略）教育は（甲）地上教育と（乙）機上教育に分れ、甲は（1）浮標射撃（2）標的射撃（3）飛行機圖射撃（図 4.8、4.9）[27]（4）照準検査具を

を巴里の上空に撃落せし佛國切っての偉勳者である、中尉デツケルの手腕は驚くべきものにして、地上に在りては温厚柔順、蟻をも殺さぬ質なるが一度飛行機上の人となるや、如何なる天候にありても縦横快翔天魔を叱咤する雷神現出の想あらしむ。其他少尉クレマン（Clément）氏、ベルタン（Bertin）氏（図 5.5）、ゼゥゲラ（Séguéla）氏、准士官グーヌフォン（Goueffon）氏、軍曹ヴァラー（Valat）氏、ドユフールネル（Dufournel）氏、リユエー（Ruet）氏、クーデル（Coudert）氏、アンゼリー（Angéli）氏等、皆一騎當千の士（後略）」

伝習生らは、繋ぎ服を着て、木製で座席、操縦

---

25) Shoichi Tanaka et Kunio Homma, *Mission militaire française au Japon*, Icare（No.202 Septembre 2007），Roissy CDG
26) SHD（Réf. GR 7 N 709）: 遣日フランス航空使節団―セゲラ少尉が製作した機械
27) SHD（Réf. GR 7 N 709）: 遣日フランス航空使節団―*RAPPORT MENSUEL*〔du 30 juin 1919 du lt. Per-

\- 3 -

A la suite de ces données pratiques, les sous-officiers ont fait des essais - Queue d'ironde et carré mâle et femelle - Les Officiers n'ont pas voulu les exécuter.

Nous avons reçu à Kagamiga hara un moteur Hispano 220 HP et un moteur Salmson 220 HP type 9 Zm. L'équipe à instruire a commencé le 27 Février le démontage de ces moteurs et au point de vue fonctionnement et réparation de ces machines tous les renseignements leur sont donnés.

Dessiné les pièces nécessaires pour l'installation de la manche sur avion Sopwith biplace, 3 appareils de ce type sont en cours de modification. L'usinage des pièces a lieu à l'atelier (chaudronnerie, tours, ajustage.

A l'atelier moteurs, les réparations des rotatifs se succèdent, nous fournissons au service des vols. Depuis quelques jours, un montage spécial est en cours de travail, dans le but d'arracher la boite de distribution du moteur Hispano 220 HP.

Prévu également tout l'outillage spécial pour moteurs Hispano et Salmson.

:-:-:-:-:-:-:-:-:-:-:-:-:-:

TRAVAIL EFFECTUE SOUS LA SURVEILLANCE DU SERGENT LEJAY

Il a été nécessaire de remettre en état de neuf un appareil Nieuport 28 m. et de l'utiliser ensuite pour les vols de nuit.

L'installation électrique a été faite sur cet appareil (phares) lampes de bord, rampes pour l'éclairage des cellules (droite et gauche).

Confectionné règles pour le réglage des appareils Spad et tréteaux à coulisse pour le réglage des appareils Nieuport 15 m.

Reçu de Tokorozawa cinq appareils Nieuport 15 m. (neufs) non montés; avant de procéder au montage de ces appareils, il a été de toute nécessité de renforcer le système d'attache du plan fixe arrière, de refaire tous les axes à la demande pour les palonniers et de revoir toutes les commandes de gauchissement.

Le sergent LEJAY a donné les renseignements concernant le réglage de l'avion Salmson et du Spad aux quatre officiers et quatre sous-officiers japonais.

Transformation d'un Nieuport 15 m 80 HP en 15 m. 120 HP Rhône.

signé : S/Lieutenant SEGUELA.

RAPPORT MENSUEL DE FEVRIER 1920

S O M M A I R E

de l'instruction théorique donnée à 4 officiers et 4 S/Officiers japonai

:-:-:-:-:-:-:-:-:-:-:-:-:-:-:-:-:

Première leçon - Principe du fonctionnement du moteur à explosion - Eléments constitutifs du moteur - Description du vilebrequin - du carter supérieur - de la bielle - du piston - du segment - des soupapes - Fonctionnement du moteur d'une théorique - Fonctionnement du moteur d'une façon pratique.

Deuxième leçon - Equilibrage - Distribution - Réglage pratique des soupapes - Avance à l'allumage.

Troisième leçon - Refroidissement par l'air et par l'eau - Pompe de circulation d'eau - Graissage - Graissage sous pression.

Quatrième leçon - Principe de la carburation - Qualité du mélange - Densité de l'essence - Variation de cette densité - Influence des différentes pressions barométriques - Principe du carburateur Renault.

Cinquième leçon - Principe du carburateur Zénith - Réglage du ralenti - Conduite d'un Zénith.

Sixième leçon - Le courant électrique - Force électromotrice - Son intensité - Résistance d'un circuit - L'allumage - Conditions générales.

Septième leçon - Principe de la magnéto - Aimantation par le courant électrique - Sens de l'aimantation - Qu'est-ce qu'un induit?.

Huitième leçon - Qu'appelle t-on ligne de force? - Rotation d'un enroulement entre les pôles d'un aimant - Quelle est la direction du courant produit? - Règle des trois doigts - Règle du tire bouchon de Maywel - Réaction d'induit - Freinage - Courant de la Self d'induction.

Neuvième leçon - Condensateur - Parafoudre - Rupture - Description de la magnéto à haute tension - Principe et description de la magnéto à volet tournant - Magnéto de départ - Calage de la magnéto -

Dixième leçon - Moteurs d'aviation - Moteur fixe - Conditions que doit remplir un moteur.

Onzième leçon - Essai du moteur - Frein de Prouy - Diagrammes - Calculer puissance d'un moteur facteurs à l'appui.

Donné à ces officiers et sous-officiers les premiers principes de travail d'ajustage et de forge.

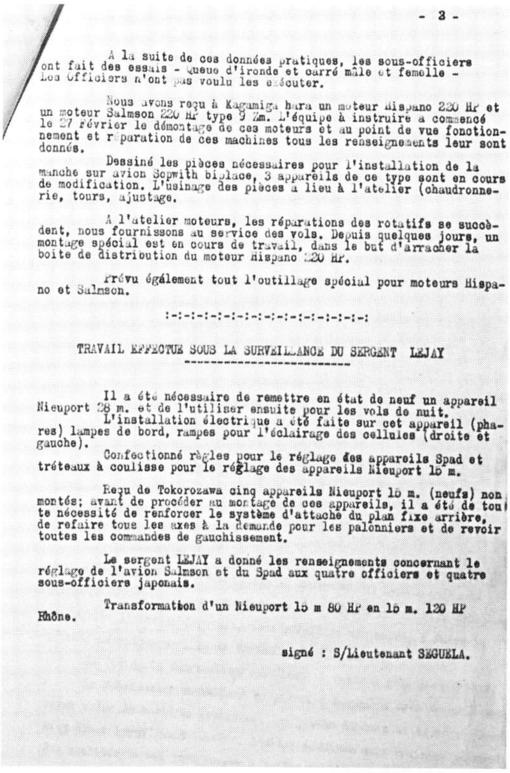

図4.8　セゲラ少尉の1920年2月の月次報告書[28)]

我々は各務原でイスパノ（Hispano）220馬力エンジン1基、サルムソン（Salmson）9Zm 220馬力エンジン1基を受け取った。指導を受けるチームは2月17日にこれらエンジンの分解を開始した。これら機械の機能及び修理の観点からあらゆる情報が彼らに提供された。二座式ソッピース（Sopwith）に操縦桿を設置するために必要な各種部品を設計し、このタイプの3機が目下変更中。これら部品の機械加工が作業場で行われた（金属加工、塔、調整）。エンジンの作業所に於いてロータリーエンジンの修理が次々と行われている。我々は飛行部に供給している。数日前からイスパノ（Hispano）220馬力エンジンの配電箱を引き抜くための特殊な組み立てが進行中。

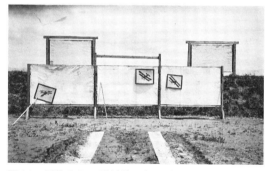

図4.9　標的となる飛行機を紐と重りで留めたパネル（新居町）

併用する射撃等に分れ、乙は（1）海上にある平面的（2）地上にある側面的（3）友機の引張る吹流し的射撃に分たる。この射撃に於て優良の射手を得んが爲には佛國に於ては一人に十萬發の弾丸を與ふることを吝まずと云ふを見ても、この教育が如何に困難であり、而して如何に大費用を要するかゞ分る。

兎も角この事業は我邦開闢以來絕無のことであって、長へに我空中文明に顯著なる効果を殘すのである。之が山水明媚なる濱名湖畔の新居町に始まったと云ふことは、偶然でないから何かの手段に於て不忘紀念を殘したいものである。

當班の教官ペラン（Perrin）大尉はリオン（Lyon）の人、宣戰布告と共に歩兵隊附として出戰し、二

rin］*de L'ÉCOLE DE TIR AÉRIEN*［（1919年6月30日付ペラン中尉による）射撃班月次報告書］

28）SHD（Réf. GR 7 N 3322）: 遣日フランス航空使節団—*RAPPORT MENSUEL DE FÉVRIER 1920 du slt. Séguéla*（セゲラ少尉の1920年2月の月次報告書）

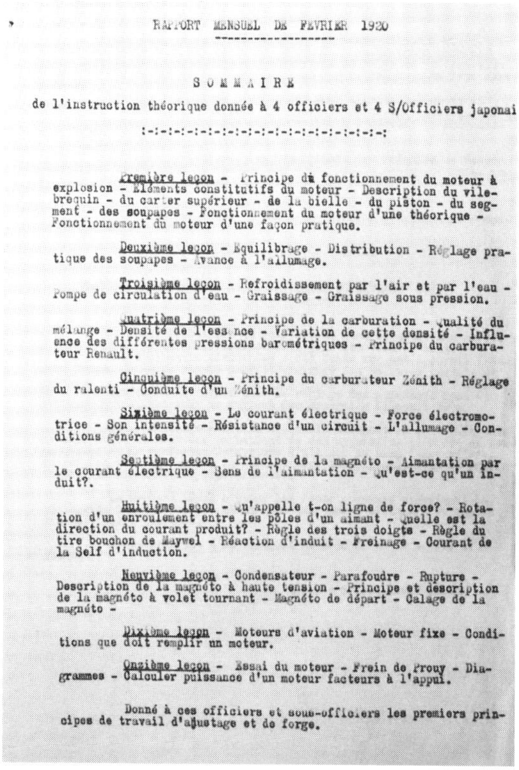

戦術的様相

図4.10　飛行機の標的（射撃の確認）

図4.11　左に座学講義室、右に回転敷布による射撃施設、別名「爆撃バラック」

略）さて前云ふた教育の工夫が如何にも面白いからホンの概略を紹介せんに講堂の中央に巾三尺ばかりの敷布がある、之に種種の地形地物が描かれて絶へずグル〳〵各種の速力で廻転する、射手は地上五米の高さに設けられた座席に上り、下瞰すれば恰も種々の速力で走る飛行機上より下界を見下すと同様の感じを與へる、教官があの停車場を襲へ、あの鐵橋を撃て等の命令を與へて模型の小爆弾を投下させるのである。[16]」（図4.10、4.11）

「反復百数十回眼も慣れ感じも能くなつて後、始めて機上より不發爆弾の投下を演習し、其の熟達を待って愈々本物の投下が始まるのである。」

回重傷を受け服務不可能となりし爲に飛行隊を志願し、屢く空中に偉功を残した豪傑である」

3) 爆弾射撃班（Section du bombardement）— 三方原（浜松）

「爆弾を投げることは六かしくは無いが、その飛行機を同じ高さに同じ速力に、而して常に眞直ぐに保つて飛行すると云ふことが、絶對の難事である。飛行機の照準機はこの三元の正確を基礎として造つたものだから、少しにしても之に不同があれば、爆弾は命中しない、然るに向ひ風もあり送り風もあり横風もあるその上に、氣流が常に上下して海上の波の如くに飛行機を弄ぶ爲に、同高同速度且つ飛行機を水平に保つと云ふことの六かしいのは當然である。

然るに當班の教師ヴュラン（Vuarin）大尉［ユゴン（Hugon）少尉、マルタン（Martin）軍曹附属］は佛國切っての妙手であり且つ教育の基礎が堅く順序が正しく、而して丁寧親切である、（中

4) 偵察観測班（Section de l'observation）—千葉県四街道

「この班の業務は多岐に亘り頗る複雑なるが、大別すれば（一）機上より地形及敵情を視察すること、（二）砲兵射撃の威力を観測すること、而して右の結果を我軍に通報する手段として、(1) 無線電信 (2) 空中寫眞 (3) 通信筒 (4) 火箭、發烟、布板等の使用を習練するのである。

斯く一つ書にして見れば譯のないやうに見ゆるが、空中を大速力にて翔破する其の一瞬間に於て目撃し判断し、而して通報するのであるから其一科に終生没頭するも其成否は尚請合われぬ程の難事業である。況んや之を綜合して若干月間に皆傳せんとする班長フリューリー（Flury）少佐以下の苦心は並大抵のものではない。少佐は主として偵察観測班を、ブリッソー（Brissaud）中尉は寫眞班を、バーネルゼック（Vanherzeeke）中尉は無線電信班の教習を擔任し、其各班にガラン（Galand）少尉、フルーリー准士官、ランスロー（Lancelot）、ドゥフールネル（Dufournel）、アルソー（Alsot）、ボンノー（Bonneau）、コロンバン（Collombin）の五軍曹附属して五ケ年間、戦地練磨の快腕を揮って一生懸命に働いて居る。

此等遠来の珍客は極めて篤實熱心にして、毫末も隔意なく胸襟を開いて教授し、特に班長フリューリー氏は人格高く其部下を統御し、圓滿に業務を

第 4 章　使節団の諸様相

進捗せしめつゝある其功績に對しては、練習員一同敬服措かざる所なりと云ふ。」

ウジェーヌ・ヴァネルゼーク（Eugène Vanherzeeke）中尉は名目上、大尉の階級に推挙された：「高く評価された第一級の技術者で、使節団が創設した日本の観測班を一つのモデルとして確立した。これはヨーロッパで有益に模倣できるであろう。この士官は日本の高級士官等で構成される各種委員に招請されるであろう。[29]」

5) 気球班（Section de l'aérostation）—埼玉県所沢

「一時見る影も無く零落せし繋留氣球は、這般戰爭の實驗に依り偵察並觀測に必要缺くべからざるものとなり（別紙參照）（中略）

繋留氣球班の教師ヴエルヌ（Vernes）少佐は斯の達人だけあって教習綿密にして、要領を得たる爲に七月初旬、早くもひと通りの指導を了り既に歸國した。目下はブーショー（Bouchot）及ラフオン（Lafont）兩中尉並ヴイネー（Wiener）少尉補習教育に鞅掌しつゝある、其他當班にバラー（Barat）中尉がゐたが六月上旬歸國した。」

6) 機体製作班（Section de la construction des appareils）—埼玉県所沢（図 4.12）[30]

「機體製作班には航空少尉ルーストー（Lousteau）、歩兵少尉ルコント（Lecomte）、同ドリッシー（de Ricci）、准士官デゾーシュ（Dezouches）、アンリー（Henry）、ブーリエー（Boulier）、マルゲー（Cornet）、トロンソー（Trousseau）等ありて、拮据勉勵各自獨特の手練を傳授中にして、之が爲に傳習員は我邦未聞の技術を體得其の得る所尠少ならずと云ふ。」

7) 発動機製作班（Section de la fabrication des moteurs）—熱田（名古屋）

「熱田兵器製造所の一隅を借りて、モーターの製作に熱心なるジョツセー（Josset）少佐以下勤勉の状況は、我々同胞の最も注目すべきものなる

図 4.12　爆撃バラック内部、下に見えるのは回転敷布、上部の指定位置から射撃を行う [16]

ルジェー軍曹の監督下で行われた仕事

ニューポール 28 m² 1 機を新品状態に戻し、これを夜間飛行に使用する必要があった。電気系統の設置が同機に行われた（ライティングライト）、ダッシュボードライト、左右翼組の照明装置

スパッド飛行機の調整のために定規を、ニューポール 15 m² 飛行機の調整のためにガイドレール付き架台をそれぞれ複数個製作。

所沢に組み立てられていないニューポール 15 m² 5 機（新品）が届き、これらを組み立てる前に後部固定面のアタッチメント機構を強化し、すべての軸を要求通りに作り直し、すべての歪みの注文を見直さなければならなかった。

ルジェー軍曹はニューポールとスパッド飛行機の調整に関する情報を士官四名、下士四名に与えた。

ニューポール 15 m²、80 馬力 1 機を 15 m²、120 馬力に作り変え。

---

29) SHD (Réf. GR 7 N 1707): 遣日フランス航空使節団 —RAPPORT [du 20 juin 1919] du Colonel FAURE, Chef de la Mission Française d'Aéronautique au Japon, au sujet du Personnel de la Mission [使節団団員に関するフォール大佐の（1919 年 6 月 20 日付）報告書]

30) ド・ボワソン（de Boysson）使節団（1922-1923）

署名：セゲラ少尉

日本人士官 4 名、下士 4 名に対して行う理論教育の概略

第一講義 − 内燃機関の機能原理 − モーター構成部品解説 − クランク軸 − アッパークランクケース − 連接棒 − ピストン − ピストンリング − ポペットバルブ − 理論上のエンジン機能 − 実践上のエンジン機能

第二講義 − バランシング − 配分 − バルブの実践的調節 − 点火時期進角装置 −

第三講義 − 空冷、水冷 − ウォーターサーキュレーションポンプ − グリスアップ − 圧力下でのグリスアップ

第四講義 − 気化の原理 − 混合の質 − ガソリンの濃度 − 様々な濃度 − 気圧変化の影響 − ルノー（Renault）気化装置の原理

第五講義 − ゼニット（Zénith）気化装置の原理 − アイドリング調整 − ゼニットの運転

第六講義 − 電流 − 起電力 − その強度 − 回路抵抗 − 点火 − 総合条件

第七講義 − マグネトーの原理 − 電流による磁化 − 磁化の方向 − 被誘導回路とは何か

第八講義 − 力線と呼ばれるもの − 磁石の極間のコイル回転 − 発生した電流の方向はどちらか − 三本の指の法則 − マクスウェル（Maxwell）栓抜きの法則 − 被誘導回路の反作用 − 制動 − 自己誘導電流

第九講義 − コンデンサ − サージ防護機器 − 遮断 − 高圧マグネトーの解説 − 回転シャッター式マグネトーの原理と解説 − 始動マグネトー − マグネトーの停止

第十講義 − 飛行機エンジン − マウントされたエンジン − エンジンが満たすべき諸条件

第十一講義 − エンジンテスト − プロニー（Prony）ブレーキ − ダイヤグラム − エンジンの出力計算 − これの根拠となる諸因子

これら士官、下士に調節、鍛治作業の第一原則を教授した。

が、同少佐の斯業に卓越なる才能を有することは佛國飛行界の定評ある所、ベルニツス（Vernisse）大尉、プロック（Plocq）、フルーリー（Fleury）、ギシヤール（Guichard）三准士官は何れも佛國技師學校出身の優秀者である。（中略）

　航空機の心臓たる發動機、發動機の心臓たる此等地金の製造を教へ選擇法を傳へんと焦慮する其の誠實（後略）」。

8）検査班（Section du contrôle）―埼玉県所沢

　「佛國航空規格部は戰場其他に於て起れる各種故障、破損等の總ての實物標本を集め、大組織の下に大研究を積みたる結果、航空機材料に関し世界幾多の公機關學者實驗者の研究調査にして、尚不明に屬し、其の據る所に迷はしめたる諸點を闡明し確信ある基礎の上に、各種の疑問を解決し飛行家をして其の機に信賴せしめ、機上にあること猶安樂椅子に凭るの思ひあらしめたる效能は、同署部長グラール（Gourard）少佐並同企画規格部の功績たること今更贅々を要せざる所なるが、ジョッセー少佐以下は右規格部の錚々者にして、佛國に於て極秘に屬する研究の總ての結果を舉げて惜氣もなく我專習員に其全班を皆傳し（後略）」

　技術移転は上に挙げた最後の三班の連携の中でこそ意味がある。これは産業ノウハウを共有することを表している。「乙一型」偵察機サルムソン（Salmson）2A-2 第一号は、製造班主任ダニエル・ジョッセー大尉が以下のような文言による指示[31] 通りに機体が製造され、カントン・ウネ（Canton-Unné）Z9 エンジンが製造され、各種部品検査を経て、1 機の飛行機として統合されたの

の技師ジョルジュ・メッツ（Georges Metz）の孫、フィリップ・ヴァンソン（Philippe Vançon）所蔵
31）SHD（Réf. GR 7 N 3322）: 遣日フランス航空使節団―*RAPPORT MENSUEL DU MOIS DE FÉVRIER 1920 du cdt. Daniel Josset au chef de mission*（ダニエル・ジョッセー少佐より団長宛 1920 年 2 月月次報告書）

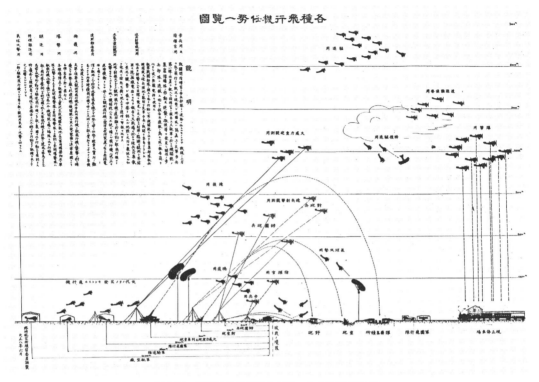

図4.13　各種飛行機任務と気球による砲撃支援[32]

である。

Ⅰ―飛行機―所沢

サルムソン飛行機―飛行機9機用の木製、鉄製部品の完成

同部品の検査

いずれの部品も作り直しまでの必要はなかったが、いくつか（約20個）は寸法が間違っていたため修正が加えられた。飛行機9機用部品（木製、鉄製）は製造中であった。

サルムソン飛行機1機の組み立てであるが、同機の機体はすべて所沢製部品から製造し、胴体は所沢製部品とフランスから取り寄せた部品とを使い組み立てられた。［エンジンマウントプレート、降着装置一式、燃料タンク、オイルタンク、操縦装置、機関銃銃架、エンジン及びその全制御装置］（後略）

Ⅱ―エンジン―熱田工廠

日本国内で調達した鋼材を使用し、すべて熱田工廠で製造したエンジンのテストベッドでの試験

図4.14　飛行機の製造（1923年、所沢）

は非常に満足できるものであった。[33]」（図4.15）

［試験時に確認された不具合の原因はほとんど特定されている（組立不良等）］

［試験と修理を繰り返し行う追究バーンイン試験。試験方法は時として偶然に見つかることもある：プロペラ1個の在庫がなかったためリール1

---

32) アジア歴史資料センター（JACAR）
33) SHD (Réf. GR 7 N 709): 遣日フランス航空教育団―エンジンテストベッド

図4.15 エンジンテストベッド、左にル・ローヌ（Le Rhône）ロータリーエンジン（熱田）

個を使用[31]）

　フォール大佐の最終報告書における総合的考察：「総括すると、教育の観点からいえば、使節団の目標は楽観的予想さえも凌ぐほど見事に達成された。[34]」すなわち、販売（宣伝広告、デモンストレーション、販促資料等）に関して競合列強国と比べ消極的姿勢を保っている本国との関係の難しさをものともしなかった結果といえる。

　ジャック・フォール大佐を讃える送別会の折、日本の陸軍大臣は乾杯の音頭を取り、秋の最終演習中、および東京―ソウル間長距離飛行の際、「誠に素晴らしい結果」が得られたと評価し、「エンジン、飛行機の製造においては進歩を達成し、貴航空団の指導のお陰で、今ではこれらの最高品質のものを製造することさえできる。[2]」

　フォール使節団が完了し、フランスは日本の航空術を発展させた国として認知され、日本は数年後にはもう自分の翼で飛べるようになった。ジョノー（Jauneaud）使節団（1921-1922）、ド・ボワソン（de Boysson）使節団（1922-1923）がもたらしたのは、政策によって別の進化の道が決定されるまでの付け足しに過ぎない。「別の」と言っても、やはり興味深く目覚ましい進化を1945年まで遂げることになる。この年、日本初のジェット機（中島飛行機の「橘花」）が飛翔した。

文化的様相

　異郷の地の魅惑、湧き出す霊感、時としてすっかり心奪われる感覚。ジャン・リュエ（Jean Ruet）軍曹（操縦班）が作った写真アルバム[35]は、使節団の岐阜到着、団員らが現地の習慣に挑戦した日仏の宴席のショットを通じて、見事にこの側面を表している。気球班ジャン・ポアダッツ（Jean Poidatz）中尉の兄で、ジョノー使節団の団員、ロジェ・ポアダッツ（Roger Poidatz）中尉は、後にこのカルチャーショックを自筆の小説、*L'honorable partie de campagne*（おデート）の中にユーモラスに表現していた[36]。

　団員の中で唯一日本に定住したのは日本語通訳アンリ・ニコラ・アルクェット（Henri-Nicolas Arcouët）少尉である。

34) SHD (Réf. GR 7 N 1707)：遣日フランス航空教育団―RAPPORT［du 8 avril 1920］*du Colonel FAURE Chef de la Mission Militaire Française d'Aéronautique au JAPON sur le travail de la Mission en MARS 1920 et RAPPORT FINAL*［遣日フランス航空教育団団長フォール大佐の（1920年4月8日付）報告書―1920年3月の使節団業務と最終報告］

35) SHD (Réf. Z 21926)：ジャン・リュエ軍曹（Sgt. Jean Ruet)、*Aviation Japonaise, Souvenir de Kakamigahara*（日本の航空術、各務原の思い出）

36) トマ・ローカ（Thomas Raucat）ロジェ・ポアダッツ（Roger Poidatz）の筆名、*L'honorable partie de campagne*（おデート)、Editions Gallimard, 1924, 1952（ISBN 2-07-077089-3）

第5章 日仏航空関係において日本が受けた影響

航空ジャーナリスト協会常任理事で明治、大正、昭和初期の航空事情に精通する荒山彰久は、日本とフランスの航空分野における交流の歴史を解説し、フランスからの大量の航空機購入が決まるいきさつと、フランス航空教育団（日本側の呼称はフランス航空団）がその後の、日本の航空に与えた影響を日本側の立場から概観する。

フランス航空教育団の再評価

日本の黎明期の航空は欧米諸国と異なり、陸軍航空が航空界を牽引していくという形態を取った歴史であった。そうしたなかで、陸軍航空にとって1919（大正8）年は特別な年といっていいであろう[1]。この年1月に来日したフォール大佐（以下、小見出し部分を除き、階級は省略）のフランス航空教育団一行63名は、3月（一部は2月）からフランスの新式の機体等を携えて各地で講習を行い、陸軍航空の改革に大きな影響を与えたのである。さらに陸軍航空自体も、4月には陸軍航空部を設立して新たに航空学校を開校するなど、第一次世界大戦後の新しい航空体制を確立している。

フランス航空教育団の来日は、クレマンソー首相の無償の計らいによる航空教育派遣団であった。この航空団が与えた日本への影響は、その後の陸軍航空に限らず、海軍航空や民間航空にも及んでいる。しかしこうした影響は急に起こったわけではなく、航空発展途上国であった日本が、欧米、とくにフランスからの影響によって辿り着いた結果であった。ここでは有史以来、日仏航空関係において日本が受けた影響について、フランス航空教育団からの影響も含めて検討したい。したがって本章は、すべて日本人が書いた図書・資料を使用している。

モンゴルフィエ気球の成功以降、20世紀初頭において世界の航空界をリードし、第一次世界大戦においてドイツに勝利して航空王国となったフランス、この国の航空教育団の来日は、この分野の発展途上国であった日本にとって、最大の恩恵を被った国となった。皮肉なことに、第一次世界大戦後のフランスはパリ不戦条約などによる平和主義、あるいは人民戦線の出現による政治の混乱、政府と産業界との軋轢等によって国力が弱体化する一方、宿敵ドイツはベルサイユ条約への復讐を誓ってヒトラーの独裁主義が台頭し、その結果フランスはあえなくドイツに占領された。いわばフランス航空教育団の来日は、フランス航空界にとって最強の時代のものであったと言える。日本は第二次世界大戦でフランスが敵国となったため、大戦中の記録を読むと、フランス航空教育団から受けた影響について、控えめに記録している傾向

---

[1] 内藤一郎『にっぽん飛行物語』雄山閣、1971、p. 161-162。田中耕二他『日本陸軍航空秘話』原書房、p. 20-21。

が見受けられる²⁾。今回この航空教育団に関する掘り起こしによって、再評価されることは大変喜ばしい。

気球・飛行船・飛行機とフランス

フランスのモンゴルフィエ兄弟の熱気球が、史上初めて人を乗せて飛揚したのは1783（天明3）年11月21日である。そしてこの年の12月1日にジャック・シャルル教授と製作者M. ロベールが、水素気球に乗って初飛揚に成功している³⁾。この事実はオランダ人から日本に伝えられ、このことをやや詳細に記したのが、1786（天明6）年に発行された蘭学者森島中良の『紅毛雑話』である。当書では、フランスのパリでシャルルとロベール［本文ではカルロスエンロベル］という人が初めて製作した2人乗りの船と記している。ここで示された文章が、わが国の航空機に関する最初の記事であり、ここから日本がフランスの航空機を意識し始めたと言えるのである⁴⁾。

こうして発達した気球は軍用に利用されることになり、普仏戦争（1870〜71年）では、プロイセンに派遣されていた大山彌助（のちの大山巌元帥）が、パリ籠城から気球で脱出したフランス軍を視察していた。また国内では、西南戦争（1877［明治10］年）を前に海軍兵学校等で気球の実験を行っているが、戦争には間に合わなかった。その後陸軍は1891（明治24）年に、フランスのガブリエル・ヨーン社から370m³の球状気球を購入しているが、飛揚力が弱く日清戦争（1894〜95［明治27〜28］年）には使用していない⁵⁾。

次に現れた飛行船も、最初の飛行船はフランス人アンリ・ジファールによって、1852（嘉永5）年に飛行している。その次の飛行機については、フランス人クレマン・アデールが1890（明治23）年に「エオル」号、その2年後に「アヴィオンIII」で飛行を試みたがいずれも飛揚せず、彼はアヴィオン（avion、飛行機）という用語を残している。そして初飛行したのがアメリカ人のライト兄弟のフライヤー号で、1903（明治36）年12月17日。こうして気球、飛行船、飛行機の混合時代が始まるのである。

米国がその後、ライト兄弟の特許権を巡る問題などで停滞している間に、航空界はフランスをはじめとする欧州で盛況を迎えている。まずサントス・デュモンが1906（明治39）年11月12日に、パリで自作の複葉機により初飛行し、以後ヴォアザン複葉機やブレリオ単葉機、アントワネット単葉機等フランス機が次々と出現するのである⁶⁾。

臨時軍用気球研究会の設立

こうした欧米の情報を得て、これを日本でも軍用として研究する将校が出現してくる。海軍軍令部の山本英輔大佐は、ガス気球による飛行器が現在有望で、紙鳶式空中飛行器（現在の飛行機）もいずれ重要になると考え、このための世界の状況や気象を研究する機関の必要性を、1909（明治42）年3月に上司に上申している。また陸軍情報部員川田明治大尉も同年5月に、アメリカのスキアー少佐の著述をもとに『空中飛行器』を著わし、このなかで飛行船を中心にした研究の必要性を説き、飛行機も将来軍にとって有望であると記して

---

2) 大場彌平『われ等の空軍』大日本雄弁会講談社、1940、p. 30–31。戦前ベストセラーになった当書では、フォール大佐の航空団が各地で講習を行った事実に簡単に触れ、「外国将校に教へて貰って始めて進歩したといふことは決して自慢ではないが、」と書いて欧州戦争で運命を掛けて戦ったフランスと相違して、日本が見劣りするのは当然と記している。仁村俊『航空五十年』鱒書房、1943、p. 235–236。当書での扱いは1ページ半と少ない。

3) 気球の歴史については、アレン・アンドルーズ『空飛ぶ機械に賭けた男たち』草思社、1979、ロルフ・シュトレール『航空発達物語 上巻』白水社、1965。

4) 仁村前掲：p. 40–47、竹内正虎『日本航空発達史』相模書房、1940、p. 231–233、内藤 p. 8–19。本書では『紅毛雑話』は1787（天明7）年発行とある。

5) 中村清二『田中館愛橘先生』中央公論社、1943、p. 173–175、仁村前掲：p. 76–77、竹内前掲：p. 260–270, 321。

6) 木村秀政『世界航空史案内』平凡社、1978、p. 20–36。横森周信『年表世界航空史 第1巻』エアワールド、1998。

いる。当書の中で世界の飛行船と飛行機の現有数を示して、フランスが飛行船4、飛行機7、米国が飛行船1で飛行機2、ドイツが飛行船6、イタリアとベルギーが飛行船2という数字を挙げ、飛行機でフランス、次に米国、飛行船でドイツという現況を伝えている。

こうした上申に応えて、この年7月30日に設立したのが臨時軍用気球研究会である。気球および飛行機の研究を目的として、陸海軍大臣の監督のもと、会長長岡外史陸軍中将と陸軍側6人、海軍側4人、ほかに学者3人の構成による研究会で、陸海軍共同の機関のようであるが、陸軍内に設けられた機関であった。飛行機の試作を支援すべく、会員の日野熊蔵陸軍大尉の実験機の成功を待ったが失敗したため、次に外国での操縦術の習得と外国機の購入に向けて、徳川好敏陸軍大尉をフランスへ、日野をドイツへ翌年出張させるのである[7]。

フランス機中心の購入機体

出発に先立つ1910（明治43）年4月8日、臨時軍用気球研究会（以下、研究会と略す）は出張者2人に対して訓令を与えている。購入すべき飛行機はアントワネット単葉機とファルマン式複葉機を選定して、期間内に操縦術を習得し、その後期間内になお操縦術を習得できればブレリオとグラーデ単葉機、およびライト複葉機を購入するよう取り計らうこと。ただし、これらの機体の他、構造が簡単で堅牢、操縦が容易などの機体があった場合は、変更も可能としたのである。ここで重要なのは、研究会が2人の出発前に、すでに購入機体を決定しており、しかもフランス機を中心とした当時一流の機体であったことである。

これらの機体名が挙がった事情をみていこう。当時の新聞等では欧米の航空状況を簡単にしか伝えていないが、研究会が発足した年の1909（明治42）年10月20日に、わが国最初の航空に関する専門書と言われる高塚彊著『空中之経営』が発行され、当時の欧米の状況をかなり詳細に伝えていた。当書は陸軍歩兵少佐で1902（明治35）年から08（明治41）年までの6年間、主にフランスに出張していた著者が、この間の航空状況を記した図書で、研究会にとって時宜を得た情報源であった。当書では、飛行機については約3分の1しか扱っていないが、当書の発行寸前の7月25日に、ブレリオ単葉機が英仏海峡を横断飛行して、操縦者ブレリオが航空史に名を残したこと、また速報として、この年8月にフランスのランスで開催された世界初の飛行競技会で、ラタムがアントワネット単葉機で2時間13分9秒で150km飛行し、ファルマンがアンリ・ファルマン複葉機によって、滞空時間3時間で周回距離180kmの世界記録を出しこと、さらにライト複葉機については、米国で滞空記録を出しているが、ドイツでも本機を販売している事実を伝えているのである。こうした欧米の最新の航空情報を伝えた本書が、陸軍の欧米機購入に多分の影響を与えたものと思われる[8]。

なお、在日フランス大使館付武官ル・プリウール海軍中尉が、自費でグライダーを作製し、1909年12月26日に初飛行に成功している。それを支えたのが彼の友人で研究会会員の相原四郎海軍大尉と、その紹介者で研究会員の田中舘愛橘東京帝国大学教授であった。田中舘の大学を使用して作製し、上野の不忍池畔で飛行に成功したが、のちに相原も搭乗し墜落している[9]。

7) 和田秀穂『海軍航空史話』明治書院、1944、p. 10–17、桑原虎雄『海軍航空回想録』航空新聞社、1964、p. 26–32、日本海軍航空史編纂委員会編『日本海軍航空史（1）用兵編』時事通信社、1969、p. 48–55、防衛庁防衛研修所戦史室『戦史叢書 陸軍航空の軍備と運用〈1〉』朝雲新聞社、1971、p. 11–21、徳川好敏『日本航空事始』出版協同社、1964、p. 38–48。

8) 高塚彊『空中之経営』隆文館、1909、p. 194–209。当書には序文を、伯爵（のちに侯爵）大隈重信と海軍大学校校長島村速雄が書いている。政治家で早稲田大学の創設者大隈は、当書で商業用と軍事用の航空機の将来性、とくに軍用機が爆弾を使用した場合の危険性を記し、のちに帝国飛行協会初代会長に就任する。島村は飛行機に理解を示した海軍将校（中将）で、フランス滞在中にモーリス・ファルマンの飛行学校に案内され、飛行機に同乗している。

第5章　日仏航空関係において日本が受けた影響

図 5.1　機上の徳川好敏大尉（『空の先駆者 徳川好敏』より引用）

徳川好敏陸軍大尉とフランス機

　日野とともに 1910（明治 43）年 4 月に出発した徳川好敏（図 5.1）は、1884（明治 17）年生まれの東京出身。徳川御三卿の一つ、清水家の出身で、父は元伯爵、家名再興に燃えた工兵出身者である。ヴォアザン飛行機製作所を見学し、アンリ・ファルマンの飛行学校に入学している。操縦のみで他の学科や器材についての教育はなく、操縦は 1 日 1 回 5 分で 10 回やって単独飛行、合計約 1 時間後に卒業試験に臨み、この年 11 月 8 日に飛行機操縦免状を取得する。日本人では最初であるが、当時フランス人は 272 人、ロシア人 27 人、英国人 19 人で、1910 年だけで 327 人おり、日本がいかに航空発展途上国であったかがわかろう。そしてアンリ・ファルマン 1910 年型複葉機とブレリオ 11-2bis 単葉機（以下、型式省略）を、また日野はグラーデ単葉機とライト複葉機を購入して帰国する。同年 12 月 19 日に、両人とも代々木練兵場で公開上による初飛行に成功、徳川の記録はアンリ・ファルマン機で飛行距離 3,000 m、高度 70 m、時間 3 分であった。なお日野は 14 日にグラーデ機で初飛行したが、これは非公式の飛行である[10]。

　翌 1911（明治 44）年 4 月 1 日に所沢に初の飛行場が完成して、陸軍航空は本格的に活動する。徳川と日野は公開飛行を行い、徳川はブレリオ機で同乗者を乗せて 80 km の距離を飛んで日本記録を達成している。グラーデ機が墜落したため 3 機となった所沢で、徳川はアンリ・ファルマン機を改造した会式（臨時軍用気球研究会の末尾の会から命名）一号機を完成し、10 月 13 日に初飛行に成功。しかし 12 月 1 日に日野が福岡に転属したため、操縦者は徳川 1 人となった。このため翌年操縦将校養成要領が作成されて 5 名を選出し、操縦教育が開始される。機体の方も、徳川の会式が二〜四号と開発されている。この年長澤賢二郎と沢田秀両中尉が渡仏し、翌 1913（大正 2）年操縦術を習得するとともに、モーリス・ファルマン 1912 年型機とニューポール IV（日本では N 型と呼んだ）M と G の各 1 機を購入している。このモーリス・ファルマン 1912 年型は操縦性、安定性が良かったため、次のモーリス・ファルマン 1913 年型を 4 機購入。さらに本機を砲兵工廠で 22 機、研究会で 4 機計 26 機を生産して、日本で本格的な生産体制に入った機体となっている。本機は昇降舵が前方にあるため「ちょん髷」と呼ばれて、当時の陸軍機の特徴を示していた。

戦場でのフランス機（青島攻略戦とシベリア出兵）

　日本の航空部隊の初出撃となった、第一次世界大戦でのドイツとの青島（チンタオ）攻略戦（1914［大正 3］年 9〜11 月）では、陸軍はモ式 1913 年型 4 機とニューポール IV G 1 機の計 5 機すべてフランス機を配備した。当初は拳銃を使用したが、後には

---

9)　中村前掲：p. 183-184、内藤前掲：p. 65-68。
10)　徳川前掲：p. 61-73、奥田鑛一郎『空の先駆者 徳川好敏』芙蓉書房、1986、p. 5-21、防衛庁前掲：p. 22-26、仁村前掲：p. 159-168、内藤前掲：69-81、平木國夫『日本飛行機物語（首都圏篇）』冬樹社、1982、p. 7-11、渋谷敦『日野熊蔵』たまきな出版舎、2007、p. 130-178、荒山彰久『日本の空のパイオニアたち』早稲田大学出版部、2013、p. 26-34。

ライフル銃を装備し、また簡単な爆弾を搭載して艦船攻撃を行うなどにより、勝利に寄与している。その後、モーリス・ファルマン1914年型を改造したモ式四型練習機（80機生産）と、モ式六型偵察機（134機生産）など、所沢飛行場はモ式の全盛時代を迎えている。

青島戦で実戦を経験した陸軍航空は、1915（大正4）年10月に実戦部隊としての航空大隊を設置し、1917（大正6）年には第2大隊（元の大隊は第1大隊となる）が編成されて、翌年岐阜県各務原（かがみがはら）に移駐、その2年後の1920（大正9）年には第1大隊も各務原に移駐して、所沢は実戦部隊皆無の飛行場となった。

1918（大正7）年に、ロシア革命で追われたチェコスロヴァキアを救出するため、日本、米国、フランス等6ヵ国が行ったシベリア出兵では、臨時に航空隊を編成し第1航空隊がモ式四型4機とソ式（ソッピース）5機、第2航空隊がモ式四型4機とモ式六型4機等12機を出撃させている。零下30度では水冷発動機のモ式六型は使用困難で、四型を多用したという。同年11月にはフランス航空教育団招聘の話が進んでいたため、第1航空隊は翌年2月中旬に所沢に帰還している。しかし第2航空隊は1922（大正11）年まで引き揚げ延期となり、日本だけが残った政治的汚点となる事件であった[11]。

海軍とフランス機

派遣されたドイツで客死した相原大尉に代わって、臨時軍用気球研究会会員に任命されたのが金子養三大尉で、日露戦争の経験から雷撃機の必要性を主張しており、1911（明治44）年にフランスへ留学している。パリの航空技術学校で講義を受け、アストラ飛行機会社の飛行場で飛行機と自由気球の操縦を習得し、徳川、および後述する滋野清武に続く、日本人3番目の飛行機操縦免状を取得する。翌1912（明治45、大正元）年3月に開催された初のモナコでの水上機の飛行大会を見学し、好成績を挙げたモーリス・ファルマン1912年型水上機（70馬力発動機装備）を2機購入して帰国した。こうした折、陸軍中心の臨時軍用気球研究会に疑問をもっていた海軍は、新たに海軍航空術研究委員会を設けて独自の道を歩み始めている。また米国に派遣された河野三吉も、カーチス1912年型水上機を1機発注後帰国しており、11月の海軍観艦式に金子のモーリス・ファルマン1912年型水上機とともに飛行し、海軍機の存在を世に知らしめるのである。その後モーリス・ファルマン1914年型水上機（100馬力装備、3人乗り）を購入し、前記1912年型の小型機に対して大型機として区別している。1914（大正3）年には、操縦実習のため渡仏した井上二三雄大尉が、フランスからドゥペルデュッサン単葉水上機を購入してきたが、速度は速かったが操縦が難しく、不人気であった。

青島攻略戦には海軍も、輸送船「若宮丸」にモーリス・ファルマン大型水上機2機と小型水上機2機（のちに小型機1機追加）を搭載して出撃しており、陸海軍は全機フランス機を使用したことになる。海軍は陸軍より早く戦場に赴き、ドイツ軍機1機のみで本格的な空中戦は行われず、灰泉角砲台やイルチス砲台を爆撃して、勝利に貢献している。この戦闘経験から、海軍は1916（大正5）年4月に海軍航空術研究委員会を廃止し、横須賀海軍航空隊を設置した[12]。

また、戦時中の欧州に戦闘状況を調査するため、今村修中尉等をフランスへ、大西滝治郎中尉等を英国へ、そして馬越喜七大尉を米国へ派遣するのである。その結果、1919（大正8）年12月の帝国

---

11) 徳川前掲：p. 74-84、93-95、120-127、138-149、仁村前掲：p. 211-217、278-283、竹内前掲：p. 373-376、荒山前掲：p. 35-44、秋本実解説『日本陸軍試作機大鑑』酣燈社、2008、p. 12-21、『日本航空機辞典』モデルアート社、1989、p. 18-26。

12) 和田前掲：p. 40-56、73-87、88-114、125-126、桑原前掲：p. 36-41、46-54、77-94、113-115。荒山前掲：p. 124-133、パラン・ジャンポール、藤原満「日仏の航空技術航空史」『航空技術』第578号、2003年5月号。

議会での説明資料の中で、海軍の今後の使用飛行機の型式は、海軍機の最も発達している英国に拠ること、また飛行部隊員養成のため、英国空軍軍人を招き、飛行術教育法を習得させる方針を述べている13)。こうして海軍航空は、フランスから英国に方向転換することになり、1921(大正10)年の英国のセンピル航空使節団の来日を予言していたのである。

滋野清武とフランス航空

日本における民間機の初飛行は、奈良原三次により1911年5月5日に成功しているが、民間飛行家で、フランスと関係が深かったのは滋野清武である14)。

滋野は1882(明治15)年生まれで、若くして家督(男爵)を継ぎ、陸軍幼年学校に進んだが馴染めず、中退して音楽学校を終えている。卒業後子爵の娘和香子と結婚するが、彼女が死去したため1910(明治43)年7月に渡仏、ここで飛行機に接するのである。ジュピシー飛行学校やヴォアザン飛行学校で学び、日本人として徳川好敏に続く飛行免状を取得する。その後、フランス人技師の指導の下で自作の飛行機、亡妻の名を冠した「わか鳥」号を製作し、1912(明治45、大正元)年4月26日に初飛行に成功し帰国している。帰国後は、臨時軍用気球研究会の御用掛として徳川を助けて操縦を教えるが、徳川との軋轢もあったようで翌年11月に退職し、持参した「わか鳥」号も一回飛行したのみであった15)。在職中に、新聞記者の聞き取りによる『通俗 飛行機の話』を出版している16)。

その後、民間飛行学校の創設を求めて再度渡仏し、1914(大正3)年7月に第一次世界大戦が勃発すると、フランス陸軍航空隊に入隊、陸軍飛行免状を取得して、ブールジェ総予備隊付でV24中隊(ヴォアザン偵察爆撃機装備)に配属される。日本の男爵で、臨時軍用気球研究会では将校たちに操縦を教えたことから、大尉として扱われた。

1915(大正4)年5月の初陣で敵機に遭遇し、銃弾を浴びせながら帰着している。その後も空中戦を行ったり、爆撃や偵察を行って7月にクロア・ド・ゲール勲章を受章、翌1916(大正5)年1月にはレジオン・ドヌール勲章を受章している。N24中隊(ニューポール11戦闘機装備)に転属し、9月にアスピロット(エースパイロット、5機以上撃墜者)を含めた最高度の機能集団、鴻(シゴーニュ)大隊のN26中隊(ニューポール11装備)に配属された。のちにフランスでアスの2位(54機撃墜)になるギンヌメールと同じ大隊である。11月18日の日記では、曲技飛行について「空中で敵と戦いつつ行き違ったとき、とくに敵が上空にある時は行き違わないうちに、半逆転飛行(アンヴェルスマン)をして直ちに機首を反対方向に向けなければならない。逆転とは完全に一宙返りして、わざと同じ方向に進み、半逆転とは宙返りをその半ばで止めて横に滑り、わざと反対の方向に進むことをいう。垂直方向転換もすこぶる迅速に方向を変え得るが高度を失うという損失がある」と説明している。日本軍はドイツとの青島戦で空戦らしい空戦をしていないが、この滋野の空戦論が、日本人として早い時期に書かれた、実戦経験者の空戦論であろう17)。翌1917(大正6)年1月

---

13) 『日本海軍航空史(1)用兵編』、p. 71–76。

14) 滋野清武に関しては平木國夫『バロン滋野の生涯』文藝春秋、1990、山田義雄『評伝 パリの空に舞う』宝塚出版、2011、築添正生編『1914年ヒコーキ野郎のフランス便り』スムース文庫、2004。荒山前掲:p. 30–32、144–156を参考にした。

15) 平木『バロン滋野の生涯』p. 53–78、山田前掲:p. 137–146。平木は滋野が男爵で飛行機全般に長けフランス通、徳川より2歳年上で、徳川は父が爵位を捨て、飛行免状も僅か1時間で取得するなど不利な点が多く、また2人の性格上の違いもあり、滋野が退職したと指摘している。

16) 滋野清武『通俗 飛行機の話』日東堂、1913、当書は世界の航空状況を伝えており、各国の飛行機数(1912年)として、フランス官有334、私有500、計834、ドイツ官有109、私有150、計259、日本官有16、私有2、計18という数字を挙げている。p. 129–130。

17) 滋野清武「続『陣中日記より』(5)」『国民飛行』1917(大正6)年10月号。

図5.2 佐竹政夫画伯描く滋野清武のスパッドⅦ「わか鳥」号

図5.3 フランス軍服でド・アジー大尉を迎える滋野清武（左）（『イカロスたちの夜明け』より引用）

には、当時最速のスパッド戦闘機（図5.2）を与えられ、イスパノ・スイザ150馬力装備の時速203 kmに感動している。8月6日に疲労困憊と発熱で翌日入院し、彼のフランスでの航空隊生活も終わりを告げるのである。滋野の撃墜数は、未確認も含めて6〜8機と言われている。

戦時中にフランス人と再婚し、一子をもうけて1920（大正9）年1月帰国、その後航空路開拓計画案を陸軍省航空局に提出した。この計画をさらに進めるため、翌年9月には米国・英国から再度フランスへ行き、機種や操縦士の選定など計画を深めている。しかしフランス人を操縦士に雇用する案などで、航空局は難色を示していた。そうしたなかで、1922（大正11）年には日本航空輸送研究所が、また翌年には朝日新聞社の東西定期航空会が航空路を許可されるのである。1924（大正13）年6月8日に、かつて鴻大隊で戦友であったド・アジー大尉（図5.3）が、パリから上海経由で来日した際に、滋野はフランス軍の軍服を着て歓迎したが、10月13日に失意のうちに病死している。享年42歳であった。

滋野はフランスで得た藤田嗣治や与謝野鉄幹ら、画家や詩人など文化人との交流が多かったが、フランス軍に義勇兵として従軍した日本人操縦士7人も、在仏中に彼を訪ねている。3度渡仏した滋野は、窮屈な日本より自由なフランスが肌にあったのであろう。

フランス航空隊に従軍した日本人操縦士

滋野以外にレジオン・ドヌール勲章を受章した操縦士には、磯部鉄吉と石橋勝浪がいる。磯部は海軍機関大佐のとき、自ら飛行機を製作した経験をもち、1912（明治45、大正元）年に日本飛行協会、翌年帝国飛行協会となる機関を組織し、ドイツで操縦術を学んで1915（大正4）年渡仏、フランス陸軍航空隊に志願した。1916（大正5）年11月に中尉としてN48中隊（ニューポール機装備）で空戦を行っている。翌1917（大正6）年N57中隊に異動したが、3月6日発動機が故障して墜落、入院した。ここでフランス政府からレジオン・ドヌール勲章とクロア・ド・ゲール勲章を受章している。入院中滋野が見舞いに来ており、45日間の入院後帰国、9月21日に帝国飛行協会の帰国報告会で、フランス航空隊への入隊経緯や教育体験、実戦経験等を語っている[18]。その後の磯部は、1930（昭和5）年に日本で初飛行したグライダーを設計しており、日本グライダー倶楽部を組織している[19]。

---

18) 平木國夫『黎明期のイカロス群像』グリーンアロー出版社、1996、p. 44-76、『日本航空史 明治・大正篇』日本航空協会、1956、p. 294、297、328-330。

19) 佐藤博・木村春夫編『日本グライダー史』海鳥社、1999、p. 2-4、川上裕之『日本昭和航空史 日本のグラ

第5章　日仏航空関係において日本が受けた影響

　もう1人の石橋は、フランスのエタンプの飛行場で万国飛行免状を取得している。1915（大正4）年に陸軍航空隊に参加して南フランスへ送られた。その後水上機の操縦士となり、アフリカのチュニス付近のベゼルト海軍飛行基地に配属され、最後はフランス軍少尉、レジオン・ドヌール勲章を獲得して帰国している[20]。帰国後の1920（大正9）年11月、帝国飛行協会の第2回懸賞郵便飛行大会にスパッドXIII型機で出場し、優勝した[21]。

　この磯部と石橋に滋野のレジオン・ドヌール勲章受章者3人、ことに滋野の存在が、フランス航空教育団の来日応諾に影響を与えたのではないかと思われる。

　このほか、滋野から紹介状を得てフランス陸軍航空隊に入隊した小林祝之助は、コードロン飛行学校で操縦術、応用飛行学校で偵察教育を受け、コードロン偵察飛行隊やBR11中隊（ブレゲー機装備）に配属されている。1918（大正7）年2月に第86中隊（スパッドXIII戦闘機隊）に配属されたが、敵機と空戦中に敵弾を浴び、高度3000mの機体から飛び出して壮烈な死を遂げた。葬儀はフランス陸軍葬で行われ、日本でも追悼演芸会が行われている[22]。

　また、フランス航空隊に志願した日本人の操縦士のなかには、アメリカで飛行免状を取得し、帰国前に渡仏して志願した飛行家、茂呂五六、武市正俊、山中忠雄の3人がいる。茂呂はのちに川崎造船所飛行機部で活躍するが、武市と山中は死亡し、故国の土を踏んでいない[23]。フランス軍に従軍した操縦士8人の最後の馬詰駿太郎は、汽船の乗組員としてフランスに居つき、飛行学校で夜間飛行術などを習得、44歳で偵察要員となった。1917（大正6）年5月に帰国し、その後中央飛行学校の設立に関わっている[24]。

井上幾太郎陸軍少将の改善案

　ここまで、第一次世界大戦（1914［大正3］年7月～1918［大正7］年11月）の欧州戦線に参戦し

図5.4　陸軍中将時代の井上幾太郎（『井上幾太郎伝』より引用）

た日本の民間操縦士について触れたが、彼らと陸海軍航空隊との接触は、滋野を除いてなかった。ではこの大戦で大変革を遂げた航空に対して、陸軍航空はどのように対応したのであろうか。

　陸軍は毎年1回、天皇を迎えての特別大演習を行っているが、1912（大正元）年の川越付近の演習で初めて陸軍航空が参加している。この参加に向けて努力したのが、当時陸軍省軍務局工兵課長で、臨時軍用気球研究会の幹事であった井上幾太郎大佐（図5.4）であった。井上は1872（明治5）年1月10日山口県生まれ、陸軍工兵となって士官学校、陸軍大学を終えて研究会委員になると、早速徳川操縦の機体に同乗して、将来飛行機が重要な役割を果たすことを確信している。操縦士や偵察要員の養成のため、その要領を作成したのが

　　イダー』モデルアート社、1998、p. 30-34。
20)　山本鼎「義勇青年飛行家石橋勝浪君」『武俠世界』1916（大正5）年6月号。平木『バロン』p. 132、167。
21)　『日本航空史』p. 493-498、平木『日本飛行機』p. 77-79、平木『バロン』p. 132、167。
22)　平木國夫『イカロスたちの夜明け』グリーン出版社、1996、p. 195-209、草刈思朗筆「仏軍に従軍中の小林祝之助氏の消息」『国民飛行』1918（大正7）年6月号、『日本航空史』p. 324、360-361、平木『バロン』138-142。
23)　『日本航空史』p. 297、338、405-406。
24)　『日本航空史』p. 321。

井上で、前述のように所沢は操縦士も機体も増えていったが、世間での飛行機に対する評価は未だ低かった。井上はこれを打破する手段として、特別大演習への飛行機の参加を唱え、成功するのである。ただし対独戦で勝利を収めた翌1915（大正4）年8月に、井上は陸軍省軍務局軍事課長、さらにその翌年8月には陸軍少将、陸軍運輸部本部長になって航空から離れている[25]。

ところが1917（大正6）年、滋賀県近江で陸軍大演習が行われたが、演習に参加するため所沢を出発したモ式六型14機のうちの11機が、不時着等の事故を起こして演習の役に立たなかったのである。原因は発動機の不調にあったが、当時発動機は砲兵工廠で製作していた。この砲兵工廠と、発動機を装着した臨時軍用気球研究会、さらにこの機体を使用した航空大隊が、それぞれ自己の正当性を主張して、事故の責任を擦り付けるという状態に至ったのである。これに対して研究会は、特別委員会を開催して原因を追求したが、改善策には触れなかったため、陸軍大臣大島健一は航空の専門家である井上に助力を求めた。これに応じた井上は、研究会の増員による権限強化と井上の再度の研究会委員を認めさせ、研究会を中心としてこの問題を解決したのである。

この問題から浮かび上がった航空制度の改善について、井上は1918（大正7）年3月4日付で陸軍大臣に、以下の7項目の改善案を提出した。

（第1）航空兵科を独立すべし。すなわち歩兵、工兵、騎兵等と同等とすべし。
（第2）航空隊はこれを交通兵団より分離すべし。航空隊は純然たる兵種である。
（第3）航空部隊の統括機関として航空兵団長を設けるべし。
（第4）臨時軍用気球研究会を解散して航空学校を創設すべし。かつこれに研究部を附属して航空術の訓練や器材の調査、研究を行わせる。
（第5）航空学校の新設とともに航空第1大隊を他に移転し、所沢飛行場を拡張すること。
（第6）航空兵科将校の補充及び教育。
（第7）陸軍省内に航空局を置き、航空機中央器材廠及び航空機製造所を特設し、共に陸軍大臣に直属させるべし。

のちにこの案の多くが実現されるのであるが、元となった参謀本部第3課案には、付記として空中軍（空軍）独立について触れている部分があった。しかし、これについては削除している。空軍の独立については、すでに英国が大戦中の1918（大正7）年4月1日に実現しているのである[26]。

フランス航空団来日前夜の陸軍航空

こうした井上の陸軍航空の改善案が検討され始めたなかで、フランス航空教育団の来日前夜の陸軍航空は、国産機の実験や欧米諸国の機体を輸入し、ことに高速機の試験飛行などを行っていた。すなわち、会式機ののちの国産機として制式一、二号機が製作されたが、いずれも失敗。外国機については青島攻略戦当時のフランス一辺倒から、英国のグレアム・ホワイト小型機、ソッピース1型戦闘／爆撃機、ソッピース3「パップ」戦闘機、あるいは米国のスタンダードH.3練習機などを輸入している。フランスからは高速機として、ニューポール24C1戦闘／練習機とスパッドS-7C1戦闘機を、1917（大正6）年末に研究用として購入した。最後の2機種は翌1918（大正7）年3月から4月にかけて、各務原飛行場で日本初の高速機による急旋回や垂直降下などの高等試験飛行を行っている。ここで注目したいのは、この2機種のうち空戦性能の良かったニューポール機が、高速性能で勝ったスパッド機より、操縦士に人気があったことである。日本人操縦士の空戦性能を

---

[25] 井上幾太郎伝刊行会『井上幾太郎伝』井上幾太郎伝刊行会、1966、p. 161-187、荒山彰久「空軍独立を夢見た陸軍大臣・井上幾太郎」『羽田の青い空』第87号、羽田航空宇宙博物館推進会議、2018年6月、『帝国陸軍将軍総覧』秋田書店、1990、p. 295。
[26] 『井上』p. 187-207。防衛庁前掲：p. 68-72、78-89。

第5章 日仏航空関係において日本が受けた影響

好む原形が、早くもここに見られたわけである。こうした動きのほか、10月にはイタリア政府からの派遣依頼で、将校20人、職工約100人からなる航空団を派遣した。しかし、到着前に第一次世界大戦が終了したため実戦に加わることなく、イタリアでの講習を受けて翌年8月に帰国している。このようにフランス航空団の来日以前の陸軍航空は、フランス一辺倒から脱しつつあり、航空近代化について模索中であった。こうした折、フォール大佐の航空教育団の来日の話が出現したのである[27]。

フランス航空教育団の来日

フランス航空教育団の来日については、第一次世界大戦に勝利しつつあるフランスから高速機などを輸入したいという日本側と、戦争終結に向かうなかで、自国の飛行機やその軍事技術を講習し、機体や発動機を売り込みたいと願ったフランスの要望が一致して成立した関係である。クレマンソー首相の無報酬で講習するという考えに対して、日本側は田中義一陸軍大臣を中心に、井上を委員長として10名の委員から成る、臨時航空術練習委員会を設置して対応した。フォール一行は、来日・離日の時期は多少異なるが63名、第一陣は各地で大歓迎を受けながら1919（大正8）年1月15日に東京に到着、天皇への謁見、田中大臣への訪問、帝国飛行協会の歓迎会などを受け、2～3月より8ヵ所で講習を開始している。帝国飛行協会副会長の長岡外史は、「我邦飛行界指導者の消息」というパンフレットを配布して、フォールについては陸軍大学を卒業して航空界で活躍しており、誠実で温厚謙抑な人物と評し、また井上もフォールを信頼して、航空団一行の安全について、遺憾無きよう国民に懇請している[28]。この人選が、成功の第一歩であった。

早速1月18日に陸軍省において、航空術練習に関する協議会が開催された。日本側は井上委員長（少将）、草刈思朗幹事（中佐）、その他委員3人と通訳、フランス側はフォール団長（大佐）、ラゴン副官（少佐）とフランス大使官付武官が出席し、以下のことが決定された。

（1）フランス航空教育団は航空機の操縦、射撃、爆弾投下、通信、写真、工場設備並びに製作修理等に関する諸件を伝習する。
（2）航空団員の往復旅費は仏国政府、団員の宿舎は日本政府、糧食は団員の負担、勤務のため他に出張する場合は日本側の負担とする。
（3）航空団員が勤務中に死傷や疾病等の事故を生じた場合は別に定める等。

経費は臨時軍事費から支出し、当初は金135万7千余円、のち期間延長等のため金35万余円追加し、計170万7千余円であった[29]。

1） 演習地と演習期間・演習内容等

フランス航空教育団の講習は10班8ヵ所で行ったが、この演習地の選定や演習教育の計画、受け入れ態勢の準備をしたのは井上の参謀長格で、3年間在仏経験のある草刈中佐であった。彼が腸チフスで急死したため、井上は苦労しているが、諸計画を書類にしてあったことが幸いしたという[30]。

①検査班は東京砲兵工廠で2月20日から3月末まで、2班に分れ航空機体班は機体製作に要する諸材料の検査、発動機班は発動機の製造上の検

---

27) 髙橋重治『日本航空史 乾』航空協会、1936、p.111、113–117、154–155、『日本航空機辞典』p.27–31、所沢航空資料調査収集する会編『雄飛』所沢航空資料調査収集する会、2005、p.79–86、91–95、防衛庁前掲：p.97–99。
28) 長岡外史『飛行界の回顧』航空時代社、1932、p.63–65、『井上』p.235–237、井上幾太郎「仏国航空団来朝の目的と吾人の覚悟」『帝国飛行』1919（大正8）年2月号。
29) アジア歴史資料センター資料：「仏国航空団ニ関スル業務詳報」陸軍・欧第215号其43、1921年5月。
30) 『井上』p.237–238、篠崎勝『航空黎明期の先覚者草刈思朗』光陽出版、2005、p.15–16。なお草刈は多くの講演を行って、民間航空工業の発展、飛行倶楽部の有用性などの考えを唱えて井上に影響を与えている。当書p.21–31。

査方法を教授し、材料製造会社へ実地見学した。練習員35名。

②操縦班は岐阜県各務原で3月1日〜8月末の間実施。最初は滑走機で地上滑走を行い、以後初歩練習機で同乗飛行、のち単独飛行。そして優秀者は曲技飛行等の戦闘飛行を実施し、他の者は爆撃・偵察飛行に従事した。練習員延べ31名。

③偵察観測班はフォールの発案により、砲兵学校の隣接地の千葉県下志津で、3月1日より8月末日まで行った。機上より地形や敵情を観察し、また砲兵射撃の威力を観測して、その結果を無線電信や空中写真、通信筒等を使用して通達している。衰減電波式K型等、最新型の無線電信用機材を使用した。練習員66名、操縦士12名。

④空中射撃班は浜名湖畔新居町にて3月1日〜8月末日に実施。射撃には地上教育と機上教育があり、地上教育では浮標射撃、標的射撃、照準検査具を併用する射撃等を行い、機上射撃では海上にある平面的、または地上にある側面的、および味方機の引っ張る吹き流しに対する射撃を行った。

⑤爆撃班は静岡県三方原で3月31日〜8月末日の間実施。模擬爆弾や実爆弾の投下訓練を実施している。初歩の訓練として、講堂の中央に地形や地物を描いた幅90cmの敷布（転動敷布）を置き、これを種々の速度で回して、地上5mから射手が模型爆弾を投下する訓練を行っている。練習員延べ17名。

⑥気球および⑦機体製作班は、所沢で3月1日〜6月下旬の間実施。気球班は教科書の翻訳を行い、操縦と偵察に分けて教育した。また富士の裾野で野外訓練を行い、フランス製R型気球の性能を試験している。練習員56名。機体製作班は7月1日以降、製図原料品より始め機体の組立に至るまで細部に亘り教育した。

⑧発動機製作班は愛知県熱田の陸軍機器製造所で行った。この班で特筆すべきは、発動機の製作に欠かせないアルミニューム合金の割合等を伝授してくれたことである。

⑨海軍が追浜飛行場で、フランスから購入したテリエ飛行艇の製造を、来日一行のうち唯一の海軍将校によって実施した。

⑩軍用鳩研究会は6月1日より6ヵ月間実施。飼養した鳩を飼育法より始めて、各方面及び異なる距離に放す訓練を行う。

なお本部は東京芝の愛宕ホテルで、首脳陣はここで指揮を執っている。各班にはフランス側の主任教官が1〜4名おり、また日本側の佐官級の将校が各班1名（軍用鳩研究会を除く）指導を補佐した[31]。

2) 使用した主なフランス機

○ニューポール82E2初級練習機（ルローン80馬力装備）：翼面積から28m^2機と呼ばれた。

○ニューポール81E2練習機（ルローン80馬力）：初歩練習用、23m^2機、のちの甲式一型機。

○ニューポール83E2練習機（ルローン80馬力）：18m^2機、のちの甲式二型機、上記81E2機の操縦を終えた者が使用。

○ニューポール24C1練習機／戦闘機（ルローン80馬力か120馬力）：ニューポール80馬力15m^2練習機と120馬力15m^2戦闘機があり、前者は高等練習機として使用。のちの甲式三型機。

○スパッドS-7C1戦闘機（イスパノ・スイザ150馬力）：フォール航空団の来日前から輸入。

○スパッド11A2偵察機（イスパノ・スイザ200馬力）：偵察教育用に下志津で使用。

○スパッド13C1戦闘機（イスパノ・スイザ220馬力）：フォール航空教育用に4機輸入。

○サルムソン2A2偵察機（サルムソン230馬力）：偵察機の主体であった。

○ブレゲー14B軽爆撃機（リバチー400馬力）：三方原の爆撃班が使用した単発爆撃機。

---

31) 長岡前掲：p.65-76、『日本航空史』p.390-392、アジア歴史資料センター資料：「臨時航空術練習状況ニ関スル件」海軍・臨潜航第33号、1919年5月、横川裕一「大正八年、仏国航空団（前編）」『航空ファン』2015年5月号。

ほかにイギリス製で、フランスから購入したソッピース1型爆撃機等がある[32]。

3）フォール大佐の航空軍備論

陸軍首脳はフォールが来日して間もない1月に、同大佐の航空軍備に対する意見を求めており、その回答として、欧州大戦の経験から地上軍20個師団に対して、航空兵力は58中隊828機が必要で、この内訳は偵察機38％、戦闘機34％、爆撃機28％という数字を出している。また補給については、毎月の補給は機体325機（39％）、操縦士毎月170名（16％）が必要としている。日本の現況とまったく乖離しているが、これらの数字からフォールは、偵察機が主体で、その実行を容易にする戦闘機を従とする方針で、これは地上作戦直接支援を重要視する作戦であることがわかる。すなわち、航空隊は陸軍の地上軍を支援する部隊という役割をもったもので、航空兵科独立に対しても疑念をもっていたこと、および航空補給の問題を重視していたことが知れるのである[33]。

4）フォール大佐の講評と対応

さて、一部を除き航空教育がほぼ終わった11月6日、フォールから所見が提出されているが、予期以上の成果があった半面、手厳しい指摘もされている。「日本将校は講義や書類の収集などの学理的研究に力を注ぎ、百戦錬磨の仏軍将校の実技教育に熱心でなかった。」「操縦教育では熱意が不足し、欠席遅刻等が多く、飛行停止等の科罰も大きな効果がなかった。その原因は専修員の年齢が古きに失していることと、旧式のファルマン式機の練習による悪習醸成のためである。」「爆撃教育の専修員も操縦者であったが、日本側の若い中尉教官の努力により円滑に教育ができた。」「操縦教育ではアス（エース）の養成を重視し、教育期間、要領を格一せず、優秀者教育を行うべきである。」等々であった。井上はこの所見を臨時航空術練習委員や航空各部隊長に披瀝して、これに対する訓示を出している。

「日本国民が書類を重視し、実地伝習を軽視することは国民性癖であり矯正に大いに努力すること。」「操縦専修員が熱誠と興味を欠くことは重大である。教育制度、人選とも関連し改善に努めること。」「爆撃攻撃においては少壮教官を活用すること。」「優秀者教育については当事者で別に研究すること。」等々である[34]。

このようにフランス航空教育団は、陸軍航空の施策の不備や不振の原因を指摘し矯正して、その後の陸軍航空の発展の基礎を確立している。なお井上とフォールは、内密な話はドイツ語で話すなど、意志疎通ができており、航空教育団の成功の隠れた一因であった。

帝国飛行協会は送別会を催して、大隈重信会長が日本文化はフランス文化のほか航空にも影響を受けたとの感謝の講演をしている。翌1920（大正9）年4月12日、フォールは米国経由で帰国したのである[35]。

航空部と航空学校の設置

フランス航空教育団の航空教育が実施されている1919（大正8）年4月14日、陸軍航空部が設置され陸軍航空学校が開校し、井上の改善案の多くが実現している。すなわち、交通兵団司令部と臨時軍用気球研究会が廃止された。交通兵団の廃止は、航空各部隊の指揮権を師団司令部に置くことになり、航空第一、航空第二大隊は各務原の陸軍第三師団に、また同年11月に設置された航空第四大隊は、福岡県太刀洗で陸軍第四師団に属することとなった。これによって航空部は、部隊の指揮命令を行う軍令を除いた機関となったのである。

---

32) 『日本航空機辞典』p. 29-36、『日本航空史』p. 411。
33) 防衛庁前掲：p. 91-92、内藤前掲：p. 165-166。
34) 防衛庁前掲：p. 109-111、内藤前掲：p. 164-165。
35) 田中他前掲：p. 11-14、『日本航空史』p. 411、『生きている航空日本史外伝（上）』酣燈社、2001, p. 57、大隈重信「仏国航空団員の送別に際し」『帝国飛行』1919（大正8年）年12月号。

臨時軍用気球研究会の廃止については、操縦士の養成や飛行機の製造、改修などを航空学校を設置して行い、補給については航空部内に補給部を設けることで解決している。航空学校は所沢に設置され、陸軍航空学校として飛行機の教育と研究を行った。1921（大正10）年4月には、所沢のほか下志津と明野に分校ができ、所沢は飛行機操縦と爆撃、下志津は偵察、明野は空中戦闘と空中射撃を行う学校となった。その3年後には、下志津と明野が独立し、3つの航空学校が鼎立するのである。ことに残念だったのは、井上が改善案の第一に挙げた航空兵科の独立が、盛り込めなかったことである。実戦部隊がまだ2大隊しかなく、また、フォールが航空兵科の独立は高級将校の進級に不利になり、さらに自国の例を挙げて同意しなかったため、井上はフォールの意見に逆らえなかったことを、のちに後悔している[36]。

中島知久平と機体製造の民間委託

民間の航空機製造会社で最初に成功したのは、中島飛行機である。創設者中島知久平は海軍機関大尉のときに、渡英中の軍艦から途中フランスで下船し、アンリ・ファルマン飛行学校やアントワネット飛行機会社、ブレリオ工場などを見学している。その後、渡米して発動機等の技術や操縦術を学んだのち、海軍機の設計・製造を行った。そして軍艦1隻で、魚雷を搭載した軍用機3,000機の製造が可能であると説き、また、発達の速い飛行機の製造には、民間の方が適応し易いと宣言している。このことを実行するため1917（大正6）年、海軍を辞して飛行機会社（飛行機研究所、のちの中島飛行機製作所）を設立するのである。翌18（大正7）年、中島は井上を訪れて軍用機の重要性を語って意気投合し、以後中島は井上の支援を得られることになる。

新設の陸軍航空部補給部器材課では1919（大正8）年5月に、「飛行機の製造に関する件」の打合せに基づいて、民間会社での製造を許可している。このため中島式五型練習機が、日本人設計の最初の機体となって、陸軍に100機納入している。また川崎造船の松方幸次郎社長は、渡仏中に、サルムソン偵察機の機体と発動機の製作契約を取得し、川崎が機体80機を製造・納入した。以後、ニューポール練習機（甲式一型）は三菱、ニューポール戦闘機（甲式四型）は中島、アンリオ偵察機（己式一型）は三菱のように、いずれもフランス機の製造を、民間会社の育成を兼て具体化したが、この考えは井上の構案によるものであった[37]。こうした民間会社の利用配分は、さらに1923（大正12）年になると中島（機体、のちに発動機も）、三菱（機体と発動機）、川崎（機体と発動機）、東京瓦斯電（発動機）、愛知時計（海軍・機体）のように明確にされてくるのである[38]。

発動機の製作については、基本的に陸軍砲兵工廠で生産していたため、民間での製作は遅かった。また航空銃や航空砲も、陸軍砲兵工廠で製作している銃や砲を基準にしていたため、これらの開発も遅れており、発動機の開発も含めてフォールからも、民間会社で製造するよう指摘されている。

フランス機で埋められた機種区分

陸軍航空は1921（大正10）年に、双発の爆撃機ファルマンF-50（サルムソン230馬力2基）と同じくファルマンF-60ゴリアット（サルムソン260馬力2基）を輸入している。F-50は1機のみ購入し、F-60は輸送機であったが爆撃機に改造して輸入した。また双発爆撃機の練習用にコードロンG-4（ルローン80馬力2基）を輸入。そしてこの年、陸軍航空は制式機の機種区分を決めてい

---

36) 『日本航空史』p. 398-400、『井上』p. 246-253、防衛庁前掲：p. 94-95。秋山前掲：p. 41-53。

37) 渡辺一英『日本の飛行機王中島知久平』光人社、1997、p. 93-235、桂木洋二『歴史のなかの中島飛行機』グランプリ出版、2017、p. 24-34、88-115、秋山紋次郎他『陸軍航空史』原書房、1981、p. 46-48、綿貫健治『日仏交流150年』学文社、2010、p. 153-158。

38) 防衛庁前掲：p. 157-158。

る[39]。

甲式　ニューポール　（戦闘用、練習用）
乙式　サルムソン　　（偵察用、軽爆用）
丙式　スパッド　　　（戦闘用、軽爆用）
丁式　ファルマン　　（重爆用：双発機）
戊式　コードロン　　（重爆用、練習用）
己式　アンリオ　　　（練習用、1923年購入）

航空黎明期の日本は、まず航空先進国のフランスから学び、その後各国の協力を経て、最後に国産機を開発するという考えに添うもので、この区分は1926（昭和元）年まで続く。この翌年から皇紀年数の下2桁を取った八七（2587、1927［昭和2］年）式となり、八七式軽爆撃機（三菱製）と双発の八七式重爆撃機（川崎製・原型はドイツのドルニエDo.N）が製作された。前者はドイツのバウマン、後者は同じくドルニエが設計した機体で、ようやくフランス一辺倒から脱するのである。

ジョノー少佐の戦略爆撃隊と航空兵科の独立

航空戦術の研究を重視していた井上は、1921（大正10）年10月にフランス陸軍大学教官ジョノー少佐を招聘して、6ヵ月間、週3回航空部で講習会を開催している。講義のなかでジョノーが初めて触れたのが、戦略爆撃隊についてであった。ジョノーは戦場爆撃隊に対して、戦略爆撃隊は後方から長距離飛行を以て、各機に装備した自衛装置と偵察装置とを活用し、戦略目標を爆撃するものと説いている。これは護衛戦闘機が長距離飛行は無理なため、自衛装置である銃砲を多数装備した戦略爆撃機が、戦略偵察を兼ねながら戦略爆撃を行うことを意味している。こうして初めて、戦略爆撃機に触れているのである[40]。

なお1925（大正14）年5月1日に、航空本部が設置され航空兵科が独立した。ようやく航空兵が歩兵、砲兵、工兵、騎兵等と同等になり、「淡紺青色」の襟章が付けられるようになったが、井上自身は第3師団長として、航空を離れている。

図5.5　第一次世界大戦で30機出撃したと言われるドイツのツェッペリン・シュターケンR-VI戦略爆撃機（酣燈社編『巨人機ものがたり』（別冊航空情報）より引用）

戦略爆撃論と日本の戦略爆撃機

ジョノーによって触れられた戦略爆撃機について、フォールは触れなかった。しかし第一次世界大戦では、ドイツがツェッペリン飛行船でパリやロンドンを空爆したばかりでなく、双発のゴータG.5爆撃機のほか、戦略爆撃機として4発のツェッペリン・シュターケンR.VI（RはRiesenflugzeug, 巨人飛行機）を製造し、実際ロンドンを爆撃している。さらにドイツには6発機も試作されていた。これに対し英国も双発のハンドレー・ページO/100やO/400のほか、4発のハンドレー・ページV/1500を配備している。そのほか、ロシアには4発のシコルスキー「イリア・ムーロメッツ」、またイタリアには3発のカプロニCa.5があり、いずれも実戦に登場している。これに対してフランスには、双発のファルマンF-50があったが、3発機以上は皆無であった。

しかも戦後、こうした状況からイタリアのジュリオ・ドゥーエが著書『制空』を1921（大正10）年に発表し、この中で、戦略爆撃機は地上軍の上空を飛び越えて、直接敵の都市や工業地帯などの中枢地域を爆撃して勝利をもたらす機体であり、戦争を速く、安価に終結させることができると説いている。また米国のウィリアム・ミッチェルも、エア・パワーによる大規模な航空戦で、敵の産業中心地、都市、鉄道、港湾に爆弾を投下して勝利を得ることが可能であると唱えており、戦略爆撃論が航空戦略として出現するのである[41]。

39）防衛庁前掲：p. 192-193、内藤 p. 161-163。
40）小磯國昭『葛山鴻爪』小磯國昭自叙伝刊行会、1963、p. 395、防衛庁前掲：p. 208。

図5.6 日本唯一の戦略爆撃機・九二式重爆撃機（『昭和の航空史』より引用）

第一次世界大戦では、ヨーロッパで戦略爆撃機が多少出撃していたにも拘わらず、なぜフォールが戦略爆撃機に触れなかったのか。砲兵出身であり、地上協力重視の思想をもつ同大佐は、日本の戦略的な地勢、あるいはシベリア出兵等の現状から、都市爆撃は不要と考えたとの説がある[42]。それよりなぜ、戦時中航空大国であったフランスは戦略爆撃機を開発しなかったのか。宿敵ドイツが隣国で、戦略爆撃機は不要と考えたからであろう。ドイツの戦略爆撃機は、フランスより英国に対して開発されたものであり、英国もドイツに対抗して開発していたことは事実で、地政上の問題であったといえよう。

さてジョノーの講義から影響を受けた日本人がおり、それは彼の講義ノートを取っていた小磯國昭中佐（のちの総理大臣）である。日本は1928（昭和3）年当時、双発の八七式重爆撃機を保有し、飛行場も浜松三方原に整備されていたが、小磯中佐は当時の国際情勢から、米国が敵になった場合、日本の植民地であった台湾からマニラまで往復できる戦略爆撃機が必要であると考えた。そして井上本部長に意見を具申して、了承を得ている。当時の日本の技術では製作できないため、ドイツのユンカースG38大型旅客輸送機を購入して改造することとし、三菱に製作させて1931（昭和6）年に完成している。「ユ」式一型800馬力発動機4基装備、全幅44 m、全長23.2 m、航続距離2,500 km、爆弾2～5トン搭載という、のちの米国のボーイングB-29に近い大きさの機体であっ

た。6機製作されたが、製作期間が長く旧式になって結局利用されなかった。これが日本で唯一の、制式の4発戦略爆撃機である[43]。

航空局を通じての民間航空への影響

航空揺籃期は事故が多かったが、日本の民間機に対する航空行政は、陸軍航空が主導して開始している。1920（大正9）年8月に、民間航空の保護奨励と取締を行う機関として、陸軍省の外局としての航空局を設立し、陸軍大臣の監督の下に置いた。そして翌年4月に航空取締規則を制定し、機体に対する堪航検査と証明書を発行し、民間機としてのJ番号が振られた。また操縦上の資格試験が行われて、合格者に操縦免状が交付されている。さらに同月には陸・海軍機の払い下げを行った。これにはアンリオやサルムソン、ニューポール等のフランス機が多く、こうした機体が世間に出回って、フランス機がさらに国民に身近なものとなっている。なお航空局は1923（大正12）年に、陸軍省から逓信省の外局に移管し、翌年に逓信省の内局に完全に移管している。

フランス航空教育団の影響とその後

最後にフランス航空教育団の来日によって、日本がフランスから受けた影響について、三つのことを取り上げたい。その第一は、日本が最新式のフランス機によって整備された体制を形成して、陸軍航空が一新したことである。モ式の「ちょん髷」機が一般的であった陸軍航空に、欧州戦線で活躍した第一線機が導入されて見違えたのである。

---

41) 機体説明はK. マンソン『第1次大戦爆撃機』鶴書房、1960、瀬井勝公編著『戦略論大系⑥ドゥーエ』芙蓉書房、2002、p. 48、56-57。源田孝編著『戦略論大系⑪ミッチェル』芙蓉書房、2006、p. 18。秋山前掲：p. 99。なお草刈思朗は、在仏経験から、爆撃機の時代を予見している。篠崎前掲：p. 34-40。

42) 防衛庁前掲：p. 94。

43) 小磯前掲：p. 422-424、『日本航空辞典』p. 63。

第5章 日仏航空関係において日本が受けた影響

図 5.7 第二次世界大戦の戦略爆撃機、ボーイング B-29（ディヴィッド・A・アンダートン『戦略爆撃機 B-29』講談社、1983 より引用）

もちろん機体ばかりでなく、これを使用する要員が訓練され、また制度や機材も整備されて、日本の航空は一挙に近代化したのである。第二は井上の陸軍航空の改善案に対して、実現へ向けて示唆を与えてくれたことである。これによって航空学校が開校され、最終的に航空兵科が独立し、陸軍航空が制度として確立したのである。第三にフランス人を招いた経験が、のちに民間各社が独自に外国人設計者を招聘して、機体や発動機の設計・製作を容易にしたことである。中島はフランスのマリーとロバン、川崎はドイツのフォークト、三菱は英国のスミスやドイツのバウマン、フランスのヴェルニス、愛知時計がドイツのハインケル等であり、のちに彼らからノウハウを受け継いだ若い設計者たちが、国産機を設計することになる[44]。

忘れてならないのは、原因不明の自殺者が1人出たが、派遣されたフランス人が言語や気候風土、食事や文化の相違にも拘わらず、熱心に教育を施してくれたこと。これに対応した日本人がよく理解して、近代航空の発展に貢献したことである。

悔やまれるのは、フォールの航空思想が近接航空支援という、地上軍の補助として航空が考えられていたことで、このため第一に、空軍独立の否定に繋がったことである。爆撃機、ことに戦略爆撃機は陸軍の地上軍に左右されず、独自に敵地に進攻できるため、陸軍航空隊の中から空軍独立の考えが生まれてくる。こうして生まれたのが、第一次世界大戦末期に独立した英国空軍である。戦略爆撃機皆無のフランスでも1933（昭和8）年に独立しており、その前後、イタリアは1925（大正14）年、ドイツは1935（昭和10）年にいずれも空軍が独立している。海に囲まれた日本の地理的環境では、海軍第一、艦隊決戦第一主義の海軍の反対にあって、空軍独立は無理であった。

第二に戦略爆撃機（発動機4基以上装備）を重視しなかったことである。これについては、それだけの技術力が備わっていなかったことも原因であろう。中将時代の井上は航空10年に際して、「国民の覚悟を要する航空事業振興の急務」と題する1922（大正11）年1月の論文のなかで、次のように述べている。「我国航空史のありてより僅か10年、操縦者の技倆に於いては実に著しい進歩をとげ、列強の夫れと比較して殆んど遜色を見ない。併しながら、飛行機製作、発動機製造等の航空工業の能率をみるときは、全く寒心に堪えない。（中略）大型飛行機の如きさへ未だ到底先進国の夫れと比較すべくもない有様なのである」と。この言葉は第二次世界大戦で、一回の爆撃に100～300機のボーイング B-29 戦略爆撃機が飛来し、東京大空襲（1945〔昭和20〕年3月10日、1回の爆撃で死者約10万人）をはじめ、66の大中都市が徹底的に爆撃された、その後の日本の歴史が証明している[45]。

---

44) 三菱の零式艦上戦闘機の設計者堀越二郎はバウマン、川崎の三式戦闘機「飛燕」の設計者土井武夫はフォークト、そして中島の九七式戦闘機や四式戦闘機「疾風」の設計者小山悌はマリーとロバンから影響を受けている。
45) 『飛行』帝国飛行協会、1922（大正11）年1月号。

第Ⅲ部
教育団の影響とその後

第6章 日本企業におけるフランス人技術者

中島のアンドレ・マリーとマキシム・ロバンおよび三菱のアンリ・ヴェルニス

　フランス航空教育団のあと、国内でフランス製機体とエンジンのライセンス生産が始まり、国内の航空機産業が本格的に立ち上がる。その後、国内の各社は航空機開発のために海外から航空技術者を雇用するようになる。その中で、活躍したフランス人技術者の貢献を、防衛省技術研究本部で航空機技術研究に携わった杉田親美が記す。

第一次世界大戦後の航空の刷新

　1910年12月、徳川大尉がアンリ・ファルマン機で初飛行に成功した。まだ、空中を飛行するのがやっとの機体であった。1914年の第一次世界大戦の勃発により、飛行機は急速に発展して、戦闘機、偵察機、爆撃機などに分化して威力を発揮していった。陸海軍は、ファルマン系列の機体のままでこの大戦の間を過ごしているが、連合国の同盟国として、ドイツが占領している青島要塞地域に航空機を派遣して戦果も挙げている。

　装備する機材の更新を図るため、陸軍からは「在仏駐在武官に各種飛行機100機、材料および製造機械を購入すべし」との訓令が発せられた。これに呼応して、フランス側から、「飛行機ばかり買っても操縦者はいるのか？」「フランスから経験ある教官を招いて指導させてはどうか？」と親切な回答があった。

　陸軍大臣兼任のクレマンソー首相からも教育団の派遣が承認され、教育団の旅費および給与もフランスが負担するとの厚意が示された。フォール教育団の教育は大きな成果を挙げた。陸軍は、フランス軍を範として航空隊を創設することを決意する[1]。

　航空隊の装備機材は、フランスの現用装備機から選定をしていた。当初は機材を輸入することから開始し、逐次、国産化しようとする計画である。サルムソン2A-2（乙式一型）偵察機は、約3,000機量産された当時の好評の機体である。川崎造船所は、この製造権を取得し、陸軍工廠の支援を受けつつ生産を開始する。川崎では約300機を生産した。その後、民間にも多く払い下げられ永く使われ、国民に親しまれている。

　ニューポール29C1（甲式四型）戦闘機は、大戦後に就役したフランス軍現用の装備機であり、1922年から輸入を開始し、陸軍の意向により中島が国産化を担当している。生産機数は約600機に達している。機体構造には木製のモノコックが使用され、その製造に苦心している。本機もその後、多くが民間に払い下げられている。

　フランスの現用機材を国産化することは、材料、加工、製造等に多くの困難が伴ったが、関係者はこれらを克服して、優れた装備品として実用に供することができた。

---

1) 日本航空協会編『日本航空史　明治・大正篇』、1956。

第6章 日本企業におけるフランス人技術者

その後、フランス人技術者が直接に日本の各社における航空開発に協力する場面があった。ここでは中島の九一式戦闘機および三菱九二式偵察機の開発について述べる。

新型偵察機の開発競争——八八式偵察機への途

1925年5月、陸軍は航空分野の大拡充を前提に、従来の陸軍航空部から陸軍航空本部に改組して、従来の工兵課の傘下から独立した。それとともに、航空機の設計、試作および生産を民間に依存し、競争試作とする方針を策定した。川崎と中島で、それぞれ量産中のサルムソン偵察機とニューポール戦闘機の後継機は、国内開発の競争試作とする方針が採択された。

いきなり国内開発に移行するためには、国内のメーカーにはまだ技術力、経験などの蓄積が不十分と認められるので、各社は新鋭機の開発を取りまとめることができる人材を招聘することにした。

新偵察機の開発は、三菱、川崎および石川島に試作指示が出された。中島は、ニューポール戦闘機を量産中であることを考慮して、この競争の指名からは除外されていた。

1) 外国人技師の招聘

国内メーカーは、それぞれの希望に応じた人材を探索して招聘した。ベルサイユ条約で軍用機の製作が禁止されたドイツでは、有力な技術者がこの要請に応じた。三菱はシュツットガルト工科大学のバウマン教授を、川崎はドルニエ社が推薦するフォークト博士を指名した。石川島は、高揚力装置のスラット翼を発明したラッハマン教授が招聘に応じて、相次いで来日した。

ニューポール29C1戦闘機の後継戦闘機の開発を目指していた中島は、創業者中島知久平の3番目の弟、乙未平が長期フランスに滞在しており、ニューポール社で戦闘機を設計していたアンドレ・マリー技師を適任として選んだ。マキシム・ロバン技師はブレゲー社に在籍していた技師で、マリー技師が指名し、助手として務めることになった。マリーとロバンを帯同して、1927年4月に乙未平が帰国した。中島飛行機は、群馬県太田町の大光院の東隣の瀟洒な洋館に移転していた。太田町は、この「子育て呑龍様」として知られる名刹、大光院の門前町として知られている。

2人のためには、通訳兼アシスタントとして小山悌技師を同居させて配慮している。小山は東北大学機械工学の助手だったが、フランス語が堪能であることを知久平に見込まれ、中島に勤務することになった。その後、中島の戦闘機開発の中心人物になる。

2) 各社の試作機

石川島のT-2 (Teisatsuki: 計画番号2の意味) 試作機は、ラハマン教授の指導の下、吉原四郎技師が主務者としてまとめられた。1号機はイスパノ・スイザエンジンを装備し、2号機はBMW-6エンジンに換装し、陸軍の指示により木製構造とした。T-2は飛行試験で補助翼を破損して、この競争から脱落する。また木製構造の2号機は強度不足となった。さらに、構造をジュラルミンと鋼管羽布張りに改めたT-3試作機を製造するが、川崎の機体が良好であったため、川崎機に内定することになった。

三菱の「鳶」型試作機 (2MR1) (複座：Mitsubishi Reconnaissance-plane: 1番目の意味) は、バウマン教授の指導の下、仲田信四郎技師が主務者としてまとめた機体で、イスパノ・スイザエンジンを装備している。上翼より下翼を小さくした「一葉半」の形態を採り、上下翼の間隔を大きくして、空力干渉の減少を狙った特異な形状の機体だった。速度、上昇力および航続性能に優れていたが、飛行試験で脚の不具合により着陸時に機体を破損したため、競争から脱落した。

川崎のKDA-2 (Kawasaki Dockyard Army type: 2番目の意味) は、フォークト博士が主務者となり、土井武夫技師が助手を務めた。本機は従来の複葉の形態を採りながらも、空気抵抗の多い

張線を使用するのではなく、流線形の金属製支柱で翼を支持するとともに、主翼、胴体を金属構造としている。これにより、従来の木製や鋼管羽布張り構造より強固な機体となっている。空力特性についても、フォークト博士自らゲッチンゲンで風洞試験の立ち合いを実施した。翼型もゲッチンゲンで開発したものを適用している。これらの努力の結果、要求値を上回る良好な性能の機体となった。さらに、本機は審査期間中無事故であったこともあり、KDA-2が合格となり、八八式偵察機として制式採用され、約700機が量産された。

この国内最初の開発競争は、結果的によい成果を得ることができたといえる。

3）中島のN-35試作偵察機

ニューポール戦闘機を量産中であることを理由に、新型偵察機の競争試作からは指名されなかったことに、中島知久平は不満だった。そこで中島では、独自に試作機を開発することにして、三竹忍技師が主務者として開発を始める。

これがN-35（Nakajima計画番号35の意味）試作偵察機である。自主参加することにより、中島の積極性を示威するのが主な目的であったと思われる。N-35の設計そのものは、既存機を参考にした堅実なものだった。翼および降着装置はポテ25を、また胴体はブレゲー19B2を範としたものである。いずれも定評のある機体であった。

来日していたマリーとロバン技師は、納期の1927年10月までの間、N-35の指導を行っている。完成した本機は試験評価には参加することはできなかった（図6.1）。

新型戦闘機の国内開発競争──九一式戦闘機への途

新型偵察機の競争開発に引き続き、1927年、今度は新型戦闘機の競争試作が発注される。これに指名されたのは三菱、川崎、中島および石川島である。

軍用機は、第一次世界大戦後約10年が経過し

図6.1　N-35試作偵察機

て急激な進歩・改革の過程にあった。機体形状は複葉から単葉に、機体材料は木材・鋼管からジュラルミンへと変化している。これらの技術の変化をどう取り込むかが、新型機の開発では大きな課題となる。この試作は、興味深い道筋をたどる[2]。その経緯から話を進める。

本機の要求性能は、最大速度250 km/h以上、上昇時間12 min/5,000 m以下、エンジンは水冷の場合、イスパノ・スイザ450 HPと指定されている。

1）明野飛行学校の要求事項

この試作は、複葉から単葉への変革期の新戦闘機の開発であったため、各社はそれぞれの設計構想を作成して技術審査（構想審査）に臨んでいる。構想審査ではどのような機体をまとめるかが議論になる。この審査で、戦闘機を所掌する明野飛行学校から運用者側の強い要求が示される。

「戦闘機は、前下方視界が最重要」との主張により、各社の構想案（三菱：支柱式低翼単葉、その他の会社：一葉半）は否定され、パラソル式単葉機の形態に変更させられる。

明野は何を根拠にパラソル式単葉機に拘ったのだろうか。

ボーイング社の複葉戦闘機の視界測定例を示す（図6.2）。これを見ると複葉機の下翼がいかに前下方視界の障害になるかがわかる。このような図などを根拠として戦闘機の前下方視界の確保を主張したのであれば、理解できるように思う[3]。

---

2) 日本航空協会編『日本航空史　昭和前期編』、1975。
3) 三木鐵夫『飛行機設計　下』森北書店、1940。

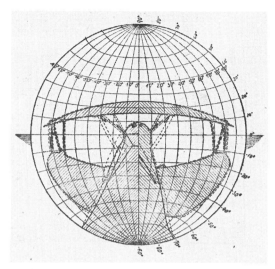

図 6.2 ボーイング視界測定例（簡易球面投影法）

図 6.3 三菱「隼」型試作戦闘機

図 6.4 川崎 KDA-3 試作戦闘機

2）各社の試作機

明野の要求により、各社はパラソル式単葉機の形態に変更して設計を進める。

三菱はバウマン教授の指導の下、堀越二郎技師も参加して「隼」型試作戦闘機（1MF2）（単座 Mitsubishi Fighter: 2番目の意味）を製作する。主翼は、外翼を先細翼として洗練された形状の機体である[4]（図6.3）。

川崎はフォークト博士指導の下、土井武夫技師も参加して KDA-3 を製作した（図6.4）。単葉化のため、外した下翼の代わりに主脚取り付け用の小翼（Stub Wing）を置き、そこから主翼への支柱を接続する合理的な形態を採っている[5],[6],[7]。

一方、石川島はラハマン教授指導の下、吉原技師を主務として設計に着手したが、図面書類審査の結果、製作しないことになった。

飛行試験は、三菱、川崎および中島の試作機で争われることになった。

3）所沢での飛行審査と強度試験

1928年5月に各社の試作機が完成すると、ただちに所沢で飛行審査が開始された。試験評価する陸軍側も初めてで、早期に急降下試験を実施する審査計画だった。この飛行審査は、現在の開発機が飛行荷重を着実に計測して安全性を確認しつつ飛行領域を拡大する方式とは、大いに異なるものだった。

飛行試験が開始されて間もなく、6月には急降下試験が実施された。この試験は、高度5,000 m から急降下して1,000 m で引き起こすことと指示されている。

最初に飛行する予定であった川崎の KDA-3 試作機にエンジントラブルが発生したため、三菱の「隼」試作機が最初に急降下試験を実施することになった。三菱の中尾純利操縦士は、深い角度で急降下を開始したが、雲中で主翼と胴体が分離して大音響とともに地上に激突した。幸い、中尾操縦士はパラシュートで脱出して生還した。このときの激突音は、遠く約11 km も離れた立川にも伝わった。

飛行審査は直ちに中止になった。そして、各社の試作2号機を使用して所沢の格納庫で強度試験を実施することになった。この強度試験では、三菱機が荷重の7.7倍、川崎機が9.3倍で破壊し、中島機のみが変形しつつも目標破壊荷重の13倍

---

[4] 野沢正編著『日本航空機総集 三菱編』出版協同社、1958。

[5] 土井武夫『飛行機設計50年の回想』酣燈社、1989。

[6] 野沢正編著『日本航空機総集 川崎編』出版協同社、1960。

[7] 航空機事業本部編集委員会『岐阜工場 50年の歩み』、1987。

に耐荷したと報告されている。

この頃、飛行機の強度規定は、確立されたものがなかったとされている。この数年後の開発では戦闘機の最大荷重は7Gとされ、安全率は1.8が適用されている。7Gは最大荷重であり、最大速度で急降下から引き起こす場合に発生する。これを設計荷重といい、機体は有害な変形および塑性変形がないことを要求される。

また、この荷重の1.8倍までは塑性変形を生じても破壊しないことが要求される。この荷重を終局荷重という。戦闘機の終局荷重は7×1.8＝12.6Gとなる。これを丸めて整数化した数値が13になる。これを目標破壊荷重と呼んだと思われる。

中島機は、この荷重に耐えて強度試験に合格している。

中島NC試作戦闘機

中島の試作機は、NC（Nakajima Chasse: 中島戦闘機の意味と推察）試作戦闘機という名称のもとで開発を進められた。ニューポール社は多くの戦闘機を開発した代表的なメーカーである。

一葉半（Sesquiplane）のニューポール17は、単葉と複葉の形状の間の最良の折衷案だといわれる。大きな上翼と幅、舷長の小さい下翼との組み合わせにより空力的には単葉に近く、構造的には複葉の強固さを併せ持つことができる機体となった。非常に俊敏な運動性を具現した機体として知られている。ただし、一葉半形式は下翼の舷長が小さいため、高速降下時に発生する上翼の捻じれモーメントに耐荷する必要がある。

マリー技師は、これらの特徴をよく理解した上で、パラソル式単葉のNC試作機をまとめたと思われる（図6.5）。

1) 空力形状

パラソル式単葉戦闘機を要求されたため、高速降下時に捻じれモーメントがほとんど発生しない

図6.5 中島九一式戦闘機

最新のNACA M-6翼型を採用する。三菱、川崎の機体は、ゲッチンゲン翼型を採用しており、捻じれモーメントが発生する。

主翼の平面形状は、縦横比の大きくない矩形にして、翼端失速を防ぐ配慮がされている。

2) 先進構造

機体構造は、最新の応力外皮式のジュラルミン製を採用している。金属構造が時期尚早といわれるなか、円形断面の流線形の胴体としている。この構造は、マリー技師の苦心の作だった。

堀越技師がNC試作機を見たときの所感が著書『零戦』にある。

> 「91式戦は、ニューポール流の胴体、構造および新味ある脚構造を持つ。当時としては時流を抜いた飛行機であった。特に本機に採用された。組み立て前に胴体外板に鋲孔を開けておき、大げさな胴体組み立て冶具の省略を狙った方式は、今日から見ても優れた着想であった。」[8]

胴体断面を円形にすることによって、製造が容易で、軽量で成立している。また搭載エンジンを空冷のジュピターとしているので装備するための適合性もよくなる。

3) 空冷エンジン

NC試作機の搭載エンジンには、ブリストル・ジュピターが選定されている。空冷エンジンを搭

---

8) 堀越二郎・奥宮正武『零戦』日本出版協同、1953。

図 6.6　中島式ブルドック試作戦闘機

載したのは NC 試作機のみである。第一次世界大戦では、まだ機体の速度が低く機速による冷却が十分ではないため、エンジンをシリンダーごとに回転させる回転式空冷エンジンが採用されていたが、100 HP 程度の出力であり、大戦後期は水冷エンジンが全盛となっていた。

中島は、ブリストルの空冷エンジンが有望との情報により、ジュピターエンジンの製造権を獲得した。空冷エンジンの将来は有望であるという経営判断を中島知久平が行っているが、これは彼の経営者としての最も優れた決断の一つであったと思われる。固定式の空冷エンジンは、まだ冷却あるいは空気抵抗の減少などの課題があったが、水冷エンジンと比較すれば、格段に軽量で信頼性も高く、有望なものだった。

4) 代替機の準備

NC 試作機は、中島で量産中のニューポール 29C1 の後継機であるから、競争試作には絶対に負けるわけにはいかないと考えたはずである。招聘したマリー技師は戦闘機の開発経験のある確かな人材を選定しているが、それでも飛行機開発にはリスクがつきものである。

中島知久平は、さらに代替する機体を準備させた。空冷エンジンで製造権を購入したブリストルに戦闘機の開発を依頼した。この開発には、英国から技師を招いて東京工場で製造を行った。これが中島式ブルドック試作戦闘機である（図 6.6）。複葉の手堅い設計だったが、NC 試作機が高性能であり、いくつかの不具合事項も解決できる見通しを持っていたため、本機は試作のみで終わる。

NC 試作機の開発では複葉からパラソル式単葉に変換したため、操縦・安定性に関連した不具合が生じている。特に、失速からフラットスピンに入りやすいのは大きな問題だった。スピンから回復するためには、失速後でも方向舵が有効に効き、胴体が旋転を有効にダンピングすることが必要だが、円形胴体断面に対して水平尾翼と垂直尾翼が同じ位置にあるため、尾翼面積を変化させるしか対策が取れず、最後まで良好な回復特性にすることが困難だった。この問題は、マリー技師と中島の技師たちと大きな議論になったようである。

このような経験を通じて、中島式の戦闘機の機体形状が確立されていった [9]、[10]、[11]。

軽偵察機の開発──九二式偵察機への途

八八式偵察機の配備が進められるなか、偵察機を所掌する下志津飛行学校から、前線の狭い飛行場からでも簡単に発着ができて、地上部隊に直接協力できる、より軽快な偵察機の開発が必要であるとの意見具申があった。何よりも、離着陸性能を優先し、少々の荒れ地からも安全に運用できる能力を持った偵察機が要望された。この要望は地上軍と密接に連携をとる直協型偵察機の嚆矢となるものだった [12]。

この開発計画が三菱に打診された。

1)　三菱、ヴェルニス技師を招聘

1930 年、三菱はフランスからアンリ・ヴェルニス技師を招聘する。同氏は、フランス軍の試作機の審査の担当者であり、そのデータをすべて所有しているとされた。そのデータを基に、ヴェル

---

9)　日本航空協会前掲。
10)　野沢正編著『日本航空機総集　中島編』出版協同社、1963。
11)　社史編纂委員会『富士重工三十年史』凸版印刷年史センター、1984。
12)　今川一策 他『回想の日本陸軍機』酣燈社、1962。

軽偵察機の開発──九二式偵察機への途

図6.7　三菱2MR7試作戦闘機

図6.8　三菱2MR8試作偵察機

ニス技師が軽偵察機の計画案を作成して陸軍に提案した。

2）服部技師の設計案（2MR7）

三菱は、陸軍の軽偵察機の要望に応え、服部技師を主務者として2MR7（複座：Mitsubishi Reconnaissance: 7番目の意味）の設計案をまとめる（図6.7）。この機体は、従来の複葉形式を踏襲した堅実なものである。服部譲次技師は、海軍の九〇式機上作業練習機を主務者として取りまとめ、さらに、この試作の数年後には、堀越次郎技師の上司として九六式艦戦、零戦の指導をしていく。

3）ヴェルニス技師の設計案（2MR8）

ヴェルニス技師は、河野文彦技師、高橋巳治郎技師および水野正吉技師を補助者として、2MR8の設計にあたる。さらに同氏の希望により、ブレゲー社に勤務していたケセット技師を呼び寄せた。

2MR8は、地上軍に協力する偵察機として前下方視界が重視されて、パラソル式単葉形式が採用された。構造は、ジュラルミンの骨格に羽布張りとした。また主翼の翼型は、リンドバーグの大西洋横断機に使用されたクラークY型の改良型を採用している。翼型の後縁付近のカンバーを反転させて捻じれモーメントの減少を狙ったものである。工作性、互換性および耐久性についても、よく考慮した設計となっている。2MR7と2MR8の設計案は両案とも陸軍側に提出され、選定を委ねた。

陸軍は両案を比較して2MR8を選定した。2MR7は選定されなかったが、三菱では、念のため自社開発を継続し試作機を完成させた（図6.8）。

4）2MR8の重量軽減

1931年5月に初飛行した2MR8試作機は、大幅に重量オーバーだった。ヴェルニス技師は、個々の部品を頑丈に、重く作ったため、重心位置が平均翼舷長の40％まで後退して、水平飛行の維持も困難なほどだった。飛行機設計で重要な、重量・重心管理が適切ではなかった。数年後の「零戦」の涙ぐましい重量軽減努力からは信じられないことである。

「隼」型戦闘機の教訓もあり、飛行試験後に試作1号機を全機強度試験に供している。これは初めてのことだった。この試験の成果を踏まえて、ただちに3号機を製作し、徹底した重量軽減を実施している。

主翼面積を32 m^{2}から20％減となる26 m^{2}に縮小、その結果、自重で約100 kgの重量軽減に成功している。重量軽減の効果は目覚ましく、軽快な運動性能で取り扱いも良好な機体に仕上がった。ただ最大速度は、まだ目標値に到達していないため、エンジンをより出力の高い三菱A5に換装して、これを満足することができた。要求性能を満足したことから、2MR8は九二式偵察機として制式採用されるに至った。

また九一式戦闘機で経験したように、単葉機は操縦性・安定性の改善に多くの努力が必要となった。本機も操縦性の改善のため、数多くの尾翼等の改修を実施する必要があった。制式化した九二式偵察機は、機体もエンジンも共に国産であった

ため、多数が国民から愛国号として献納されて親しまれた。合計230機ほど生産されている [13)、14)、15)、16)]。

5) 藤田大尉の愛機

九二式偵察機は、地上部隊にも配属され、多くの任務に使用されている。1937年に、東京大学航空研究所の開発した「航研機」の記録飛行の担当を命じられた藤田雄蔵大尉は、勤務地の立川から航研機のある羽田飛行場までの通勤（？）に本機を使用している。本機が高い実用性を具備していたことがうかがえる。

羽田で航研機の取りまとめの作業を担当していた木村秀政所員は、立川に帰還する藤田の愛機にときどき同乗させてもらったとのことである。このことが、2人の信頼関係の構築に寄与して、航研機の世界記録更新の役に立ったものと推察される [17)]。

国産開発のなかのフランス人

中島NC試作機の開発は、最初の戦闘機開発競争となったため、各社とも全力を挙げてこれに参画している。明野飛行学校のパラソル式単葉という機体の形式指定が審査に大きな影響を及ぼした。複葉、単葉の利害得失をよく理解していたのはニューポールで戦闘機の設計経験のあるマリー技師だった。捻じれモーメントの少ない翼型を適用して急降下時の荷重に耐えることができた。

三菱の堀越技師は、最初に主任設計者として試作した7試艦上戦闘機の試作では、同じM-6型を使用している。

単葉戦闘機は、操縦・安定性など解決すべき課題も多く、この対策には解決のため多くの時間を要したが、新しい空冷エンジンを装備した高性能の九一式戦闘機を制式化することができた。颯爽とした新戦闘機の登場は、国民にも大いに親しまれ、愛国号として45機献納され、約450機が量産されている。

九二式偵察機はフランス軍機の開発を経験した技師であったが、実際の設計では部品の大幅な重量オーバーを招いた。重量管理を徹底することで問題解決の見通しがあったため、改善案を続行し、実用性の高い軽偵察機を開発することができた。これ以降の三菱機は重量軽減で大きな成果を上げる。

このように航空機の国産開発を目指す各社は海外技術者の指導を受け機体の開発に臨み、その中には、フランス人の存在を見出すことができる。その影響は、日本人設計者、技術者に引き継がれていった。

---

13) 野沢前掲。
14) 松村乾一『三菱重工業社史』凸版印刷、1956。
15) 野沢正解説『日本航空機辞典』MODEL ART Co.Ltd.、1989。
16) 井田博『日本陸軍愛国号献納機』MODEL ART Co.Ltd.、2001。
17) 郡捷他編『日本の航空50年』酣燈社、1960。

子孫たち（の証言）

　フランス航空教育団に参加した隊員のうち、6名の子孫がわかっており、その子孫たちからの証言をまとめたのが本章である。パトリック・アルクェットは、通訳として参加し、その後も滞在し日本人女性と結婚した祖父アンリ・ニコラ・アルクェットとその家族を、モニック・メリックは、日本で滞在中に自殺したとされるルイ・ラゴンに関して紹介する。フィリップ・コスト、ローラン・コストは、パイロットとして参加し、漫画家の松本零士の父に操縦指導をしたとされる祖父のフランソワ・ベルタンを紹介する。そして、航空教育団の後に来日したジョルジュ・メッツらの足跡を、フィリップ・ヴァンソンが記載する。

フランス航空教育団の子孫

アンリ＝ニコラ・アルクェット（Henri-Nicolas Arcouët）

　アンリ・ニコラ・アルクェットは外国暮らしをするフランス人の両親のもとに1896年7月11日シリア（Syrie, オスマン帝国、現在レバノン）のベイルート（Beyrouth）で生まれる。父、アンリ・アルクェット（Henry Arcouët）と死別したのは2歳になる前であった。ナント（Nantes）の父方祖母に預けられた後、フランスを離れ日本に向かい、そこで母アリス・アルクェット（Alice Arcouët）と合流する。そんなわけで、彼の少年時代は日本文化にとっぷりと浸っていた。

　彼は第一次世界大戦の召集令状を駐日フランス領事館より受け取ったに違いない。1917年1月、第93歩兵連隊に召集され、同年8月、ナントの徴兵参謀事務局第11課に、そして大戦の終盤には第65歩兵連隊（ヴェルサイユ第3飛行大隊3ème Groupe d'Aviation à Versailles）に配属される。1918年度の配属、戦功に関する記載は一切見られない。戦功章（1914–1918）、戦闘員章、負傷兵勲章、大戦勲章、戦勝勲章を受章。家族の噂話が軍事航空局への橋渡しをした。今日まで公式の記録は何もない……

　1919年4月11日付陸軍省のメモに、アルクェット軍曹は遣日航空使節団に日本語通訳として参加するため名目上少尉に任命されたと記載されている。彼が次の便の客船に乗れるよう、陸軍参謀は使節団派遣の命令書を作成し、各種指示を与える。彼のためにメッサジュリーマリチム会社（Compagnie des Messageries Maritimes）蒸気船ネラ号（Néra）の二等席が予約され、おそらくマルセイユを5月10日か12日に出港した。使節団員名簿によると日本への到着は1919年6月29日である。

　通訳として、彼は使節団員と日本陸軍との会話の仲介役を務めた。デッケール（Deckert）、スレ（Seret）両中尉とともにアルクェット少尉は1922

子孫たち（の証言）

年まで日本政府のために働く。日本の陸海軍関係者に評価され、彼はフランス航空産業組合会議所（Chambre syndicale des industries aéronautiques françaises）の代表として働き続ける［1938年1月30日発行 Le Novelliste 掲載、ルイ・オール（Louis Ohl）著 Le rôle joué au Japon par la France（フランスが日本において演じた役割）参照］。日本で勲六等瑞宝章をはじめ各種受章（航空、赤十字等）。1923年の関東大震災で被災し、私物とともに軍人手帳も失ってしまう。

1930年代、アンリ・ニコラ・アルクェットはシュゾール（Société Suzor）社、ロンヴォー・エ・コンパニー（Ronvaux et Cie）の営業員、共同支配人を務めると同時に、横浜の佛國商業會議所（Chambre de Commerce Française du Japon）の名誉幹事職にもあった（The Japan Directory 1933–1934 参照）。ベルギー領事館との連絡も行い、レオポルド勲章（L'Ordre de Léopold）を受章。日本に定着した唯一の使節団団員で、1930年11月7日、アベチヨコ（Chiyoko Abe）と所帯を持ち、二子をもうける。1932年7月21日生まれの長女イヴォンヌ（Yvonne）と1933年7月1日生まれの長男ジャン・マリー（Jean-Marie）である。

1936年に渡仏し、4月30日、フランス・アエロクラブ（Aéro-Club de France）に入会を許される。ショパン（Chopin）の演奏で有名なピアニストの兄（あるいは異母兄？）、ゴントラン・アルクェット（Gontran Arcouët）との再会も果たしている。

第二次世界大戦は軽井沢に暮らす一家を恐怖に陥れる。同地には強制疎開によって集められた西洋人（特にフランス人）の村が形成されていた。母、アリス・アルクェットは1943年5月19日に死亡し、子らは栄養失調に苦しんでいた。隣人、ポール・ジャクレー（Paul Jacoulet）は旅する芸術家でフランス本国では長いこと無名であった。アンリ・ニコラ・アルクェットは彼と家族ぐるみの付き合いで、芸術と蝶への興味を共有し、彼から版画を再販目的で購入していた。終戦を迎えると、一家は横浜の山手、「ブラフ（Bluff）」の屋

敷街に居を定めるが、その後1950年代には離れ離れになる。アンリ・ニコラとチヨコ・マルト・アルクェットは日本を離れ、タイに移住する。そこで息子ジャン・マリーとその家族と合流し、1962年から64年までともに過ごす。

以下の抜粋は1959年から1964年までにバンコック（Bangkok）で3冊の帳面に書き記されたもので、アジア、なかでも特に日本に惹かれる心と謎に包まれた内なる苦しみがうかがえる。彼はパイロットだったのだろうか？

　ノート13。空の天蓋の下を翔ける孤独な戦闘機、その翼はある日砕け、忘却の只中でお前に残されたのは、まだ有り有りと見える傷と引き出しの奥にしまい込んだ色あせた勲章ばかりだ。

　ノート268。若かりし頃。朝霞垂れ込める山の頂。小糠雨降る箱根の山腹を這う葛折れの道をゆく我ら3人の若き佛蘭西人。それは遠い昔、1919年の日本、我らが軍の勝利に終わった戦争の翌日。日出ずる国に遣わされた使節団団員の

若き戦闘機パイロット3人。山の只中で2日間の休暇。我らは生きていることを歓び、歌いながら坂を駆け降りる。濡れて泥だらけになったって構うものか。もう死の憂いなく暮らせるのだから。憶い出すのは百メートル眼下に望む湖、そして我らが泊まった日本の旅籠、そこに到着すると、女中たちが道沿いに数珠繋ぎになってペコペコと頭を下げていた。笑顔でお辞儀を交わす。濡れた制服を脱ぎ捨てると、我らは着物姿になり畳に座る。客間は湖に面しており、その水面（みなも）は昔の日本の鏡の金板（かないた）に似ている。雨の1日の静けさ。嗚呼、これら何もかもが遥か彼方に行ってしまった。

　ノート516。それでもお前の武勲が知られる事はないだろう。他の大勢と同じように。何故なら、お前はそこに居ないから、歴史を自分に都合良くでっち上げる連中を黙らせるために……お前は身を捧げた。お前に敬礼するよ、忘却の渕の我が同志、A中尉よ。1918年。

　アンリ・ニコラ・アルクェットは1969年3月8日に死亡し、バンコック、サンフラン（Samphran）のカトリック墓地に眠っている。チヨコ・マルト・アルクェット（Chiyoko Marthe Arcouët）は1997年10月21日、鎌倉で死亡し、東京府中のカトリック墓地に眠っている。

続く子孫の系譜

　イヴォンヌ・アルクェットは戦後日本に派遣されていた米国空軍将校ウォルター・ステビンス（Walter Stebbins）と出会い結婚する。その後、米国、カナダのさまざまな空軍基地に次々と転任する。最終的に夫妻は1960年代、オハイオ州デイトン（Dayton, Ohio）に居を定める。イヴォンヌはフランス語を教え始め、後に英文学（Ph.D.）と日本語をシンクレア・コミュニティ・カレッジ（Sinclair Community College）で教える。彼女は同カレッジの外国語学部創設に貢献し、2005年、名誉教授の称号を得る。夫妻は7人の子（テレサ Teresa、アンソニー Anthony、スーザン Susan、ティモシー Timothy、デニース Denise、ジル Jill、ジョン John）をもうける。彼女は現在コロンバスで引退生活を送っている。

　ジャン・マリー・アルクェットはノースウェスト航空（Northwest Airlines）東京羽田空港営業代理人として航空分野のキャリアを歩み始める。インドシナでの兵役後、1954年、フランスに帰国し、エールフランス国営航空（Compagnie nationale Air France）に入社、パリ・オルリー空港（Paris-Orly）勤務となる。客室乗務員モニク・ヴィヤール（Monique Villard）と出会い、結婚する。配置転換を受け、バンコック、東京、アムステルダム（Amsterdam）、カサブランカ（Casablanca）、ハンブルグ（Hambourg）、プラハ（Prague）、そしてパリ（Paris）のフランス・ウェスト（France Ouest）とアフリカ・中近東（Afrique-Proche-Orient）ネットワークの代表を歴任。会社の首席検査官の職を勤め上げ退社、航空勲章、国家功労勲章を受章。貿易参事官。夫妻は三子（パトリック Patrick、フランス France、マルク Marc）をもうける。2003年1月22日、パリにて死亡する。

　パトリック・アルクェットはサクレー（Saclay）のサフラン・ナセル社（Safran Nacelles）に勤める技術者で、アフターセールス技術サポートという職務の範囲内で業務中事故分析と航空会社コンサルタント業務を行う。パリのスタイリスト兼デザイナーのパスカル・ペトレスコ（Pasquale Petresco）と結婚。

　パトリック・アルクェット（Patrick Arcouët）

ルイ・オーギュスト・ラゴン
(Louis Auguste Ragon)

第五等騎士勲章受勲

　投箭は語る…。記念品？　この金属棒が！では、この金属片も？

子孫たち（の証言）

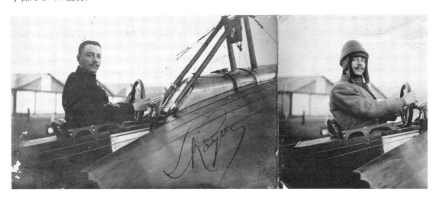

　その金属片は私の祖父、アンリ・ゴーティエが駅長を務めていたシュシ・アン・ブリ駅（Sucy-en-Brie, PLM＝パリ—リヨン—地中海線）で1918年3月8日、ドイツ軍ゴタ（Gothas）機による空襲の後に父、ポール・ルネ・ゴーティエが見つけた75 mm砲弾の破片である。

　一方、螺旋溝の刻まれた棒、「Fléchette（投箭）」は第一次世界大戦の武器で、飛行士らが敵に向けて投じる弾丸として使用した。操縦士、飛行士はもはや銃を使用しなかった（照準を合わせ、発射し、操縦桿を握り……と非常に不便）。そこでレモン・ソルニエ（Raymond Saulnier, Avions Morane Saulnier モラーヌ・ソルニエ創業者）がプロペラを通しての射撃を考案し、彼のテストパイロット、ローラン・ギャロス（Roland Garros）が完成させた。後者はそのモデル機とともにドイツ戦線上空で撃墜されることになる。当時オランダを占領していたドイツ人は彼をオランダ人フォッカー（Fokker）に託す。投箭はラゴン大尉（Capitaine Ragon）から私のもとに来たもので、彼の爆撃大隊が保有していた。おそらく当時の戦争に使用したのであろう。

　ルイ・ラゴン（Louis Ragon）は家族の皆からとても敬愛された人物で、私の祖母ベルト・デュエム（Berthe Duhem）の2番目の夫だった。だから私の母と伯父は義理の子というわけだが、己の子らと同様に育ててくれた。家族でたびたび通っていたアランクール（Hallencourt）の家族農園に彼もまたすっかり魅せられており、当地で親たちは何かにつけ、子育ての重荷から逃れていた。子らは祖父母の甘い監視の下に大はしゃぎだった。庭で遊んだり、一族の最長老で退職した元間接税監査官が手がける独特の家畜飼育を見に行ったり、屋根裏部屋で悪戯したり……。

　ソンム（Somme）県アランクールの「薔薇の家（La Maison des Roses）」も1914年から1918年までイギリス一個大隊の本部として接収された。複

数の側面が開けた好立地にあったためである。

　私の知りえたルイ・ラゴンの生涯と軍歴を以下に語る。

　ルイ・オーギュスト・ラゴン（Louis Auguste Ragon）は1878年1月13日、セーヌ県ノワジー・ル・セック（Noisy-le-sec, Seine）に生まれる。

　1898年3月1日、徴兵年齢前の20歳で4年間兵の役に志願する（パリ第17徴募支局）。第22砲兵連隊に配属される。

　1904年4月6日、士官候補生として陸軍砲工学校（École Militaire de l'Artillerie et du Génie）に入学。

　1905年4月1日、第29砲兵連隊少尉に任官される。当連隊はラオン（Laon）を本拠地としていた。

　1906年8月13日、少尉は私の母方祖母、ベルト・エミール・レオニー・デュエム（Berthe Émile Léonie Duhem）とラオンで結婚する。第29砲兵連隊はエーヌ県ラオン・ラ・フェール（Laon-Lafère, Aisne）を本拠地としていたからである（ラ・フェールには王政時代から既に砲兵学校があった）。

　1912年6月12日、（陸軍）空軍局（Service Aéronautique）に出向となる。

　1913年3月、「飛行士・操縦士」試験に合格（軍人第314番、市民第1226番）。彼はいわゆる「ヴィエイユ・ティージュ（Vieilles tiges：有資格飛行士）」の先駆けの1人となる。

　1914年8月1日付動員令により第3廠（ヴェルダン Verdun軍）配属。1914年11月1日、大尉に昇進し、1915年2月11日、ヴィラクーブレーの航空総予備（Réserve Générale Aérienne de Villacoublay）に派遣される。この飛行場では後年、アヴィヨン・モラーヌ・ソルニエ社の技術部長ポール・ルネ・ゴーティエ（Paul René Gauthier）が自ら設計した「マシン」を飛ばし、同社テストパイロット、アルフレッド・フロンヴァル（Alfred Fronval）が死亡する事故が発生する。また、

ルイ・オーギュスト・ラゴン（Louis Auguste Ragon）

Aérodrome de la Champagne.- Un Groupe d'Aviateurs

1940年にはドイツのヘルマン・ゲーリング（Hermann Göring）元帥が飛行場と格納庫とを訪問している。

　1915年2月22日、第103廠（Parc 103）の第3爆撃・司令大隊に配属される。筆者が発見したのは、おそらくそこで撮影された航空写真であろう（本ページ右上）。

　1915年7月30日、第3爆撃大隊（G.B.3）司令官補佐。戦功章を受勲。

　1916年9月30日、省令により航空軍出向将校となる。

　1916年12月25日、陸軍省通達にてレジオン・ドヌール騎士勲章を受勲（1917年1月1日付官報）。同官報掲載の表彰文：

「ラゴン・ルイ・オーギュスト砲兵大尉は、爆撃飛行大隊にて果敢な働きをした。熱意と気力溢

子孫たち（の証言）

れるパイロット。作戦の開始時より前線に在り、航空基地倉庫の管理および司令において、その熱意と気力で注目を浴びる。既に過去に表彰あり。」

この頃、私の母はリセ・ド・ヴェルサイユ（Lycée de Versailles）の寮生だった。彼女は（自分の継父に関して）良い思い出を抱いていた。

1919年、フランス遣日航空教育団（Mission Militaire Française d'Aéronautique au Japon）団長フォール（Faure）航空大佐の助手に任命される。勲四等旭日章を受勲。

1919年8月1日、東京にて「死亡」したとされる（フランス側の説）。

横浜に埋葬され、墓所は1923年の関東大震災で倒壊する。何ら知らせもなく放っておかれた妻は、ついに省と役所に真相の解明を強く求めることになる。日本の側からは、やはり説明もないままに「自殺したらしい」という情報が流れてくる。

家族は衝撃を受け、「介錯人付きの自殺」説まで口にするようになる。雑誌「ルヴュ・イストリック・デ・ザルメ Revue historique des Armées」第236号に掲載されたレミー・ポルト（Rémy Porte）の記事「Mission Aéronautique Française au Japon, 1918-1920（遣日フランス航空使節団、1918-1920年）」等、フランスの報道機関が納得のゆく要約ができなかったため無理もない。

文献

家族所蔵古文書
P.R. Gauthier 所蔵古文書
Patrick Arcouët 所蔵古文書
Encyclopédie de l'Aviation（航空百科事典）1910年刊
雑誌「L'Aérophile」1917年3月1/15日号、1918年3月1/15日号、1920年3月1/15日号、1921年4月号。
行政資料、自治体役所、フランス国立公文書館（Archives nationales）、Caran（Centre d'accueil et de recherche des Archives nationales フランス国立公文書館受付検索センター）、Base Leonor Internet（フランス政府が管理するレジオン・ドヌールのデータベース）、Journal officiel（フランス官報）
Sous secrétariat d'État de l'Aéronautique（航空次官執務室）
Bernard Marck ベルナール・マルク著 «Passionnés de l'Air»
Bernard Marck 著、序文 Pierre Clostermann ピエール・クロステルマン «Dictionnaire universel de l'Aviation（世界航空辞典）»、Thallandier 2005
Service Historique de la Défense（フランス国防省史料館）
Céline セリーヌ «Tokyo incognito»
Jean-Marie Thiébaud ジャン・マリー・ティエボー著 «La présence française au Japon du XVIème à nos jours（日本におけるフランスの影響、16世紀より現代まで）» 2012年11月

モニク・ゴーティエ・メリック（Monique Gauthier-Méric）

フランソワ・ベルタン（François Bertin）

1891年10月生 1964年4月没
飛行機操縦中尉　教官
第一次世界大戦戦功章

フランソワ・ベルタン（François Bertin）

レジオンドヌール騎士勲章
旭日章（日本）

祖父フランソワ・ベルタンはフランス東部出身、ドゥナン（Denain）市に金物店を所有する家族のもとに生まれた。

彼の両親は1871年、ベルタン兄弟商会（Maison BERTIN Frères）を設立。「オー・デパール Au Départ」の看板を掲げ、猟銃、トランク、鞄、スーツケース、ハンドバッグを専門に商った。高級鞄に特化した支店が1874年、パリ、オペラ座通りに開店される。ベルタン商会は勤勉と研究を重ね多数の特許を出願し、ヴィトン（Vuitton）、ゴヤール（Goyard）、モワナ（Moynat）とともにフランス四大高級トランク店の一つに数えられるまでの地位に上りつめる。

こうした質の高い物作りの環境の中で若きフランソワ・ベルタンは精密機械への情熱と真の才能を自分の中に見出す。このときから、彼の歩む道が決まったのである。

1912年から兵役に就き、1914年8月に戦争が布告されたときは23歳で、フランス東部のベルフォール（Belfort）歩兵連隊に配属される。

1914年8月に撮られたこの写真（本ページ右下）では、愛用の原動機付自転車（おそらくプジョー Peugeot）とともにポーズを取っている。いつも機械に夢中のメカマニアであった。発動機

子孫たち（の証言）

上：アヴォール（シェル県 Cher）航空軍事施設、
　　将校棟と作業所
下：アヴォール基地概観

から一時たりとも離れないよう、しばらくの間、参謀本部付運転手の座に収まってしまうほどであった。

彼が機械いじりに始終手を汚し、しかも大層効率的に行う様を見て、上司は1914年末より、発足間もない黎明期の飛行隊（開戦時は飛行機150機、終戦時3,600機）に機関士として加われるよう彼を選出する。彼はシャルトル（Chartres）基地の機関士となり、次に第一次世界大戦当時世界最大の航空基地であったアヴォール（Avord）に移り、次のディジョン（Dijon）基地で1916年、操縦士に昇進する。1917年3月、飛行機操縦免許を取得し、ほどなく教官となる。

次ページ左上の写真は1917年、アヴォール基地で彼が撮影したもので、アメリカ人パイロットがいるのが興味深い。彼らは「バーデン・パウエル（Baden-Powell）」式のフェルト帽を被っているので容易に識別できる。

彼らはおそらく、かの有名なラファイエット（Lafayette）飛行隊員で、トレーニングに参加しているのであろう。歴史には語られない一場面である。

彼の軍人としての叙事詩は、この風変わりで胸熱くする冒険の真っ只中を突き進んでゆく。なかでも1919年から1921年までのフォール（Faure）遣日使節団の記憶を彼は生涯大切にしていた。

「遣日航空教育団」は外交的、技術的、軍事的、商業的理由からジョルジュ・クレマンソー（Georges Clemenceau）によって決定されたもので、クリスチャン・ポラック（Christian Polak）をはじめとする他者によって大々的に、素晴らしく語られている。そして教官パイロットとしての任務を果たすべくフォール大佐によって選ばれたフランソワ・ベルタンにとって、日本赴任は彼の人生の中でも一番とは言わずとも、最も鮮明な印象をしるした時期の一つであった。

フランソワ・ベルタン（François Bertin）

　この有名な写真で（次ページ左中）、彼は2列目の左端から7番目に起立している。当地で彼は仲間と同様、非常に熱烈な歓迎を受け、自分の任務に熱中し、真の日本の友を作った。

　フランスに帰ると一種の引き裂かれた感覚を抱く。孫たちはパリで数多くの胸打つ日本滞在の思い出に囲まれている彼を目撃している。4年の戦争を含む8年間の軍隊生活（有名な「1912年組」）の後、ようやく動員を解かれ、彼は自らの企業のトップとして活動を順調に再開する。

　しかし、飛行機の悪魔が彼に取り憑いて離れない。自家用機1機を所有し、その見事な「空飛ぶ機械」に乗って田舎の友人を訪ねるのである。幾度かの飛行事故の後、1930年、ついに愛用の複葉機と別れる決心をし、その情熱を直ちに自動車に振り向ける。強出力で唸り声を上げる折りたたみ式幌車である。彼は南フランスの曲がりくねった狭い道でこれの限界を試すのが大好きだった。

　孫たちにとって、彼は冒険家のイメージを帯び、大いなる気品を湛えた祖父であり、真の（空の）騎士であった。

　この短い拙稿が彼への忠義、憧憬、親しみを込めた賛辞（オマージュ）たらんことを。

孫たちより

子孫たち（の証言）

フィリップ・コスト（Philippe Coste）
ローラン・コスト（Laurent Coste）

航空教育団に続いた人たちの子孫

ジョルジュ・メッツ（Georges Metz）

私はパリ国立高等工芸学校出身技師（École Nationale Supérieure d'Arts et Métiers—Ensam, 1917年入学）、ジョルジュ・メッツ（Georges Metz、1899年8月17日パリ市2区—Paris 75002 生まれ、1975年1月5日クルブヴォワ—Courbevoie 92400 没）の最年長の孫である。ジョルジュ・メッツは母ジャニヌ・ヴァンソン（旧姓メッツ—Jeannine Metz, épouse Vançon）の父にあたる。

第一次世界大戦中、ジョルジュ・メッツは満18歳になり、未成年（当時の成人年齢は21歳）ながらもドイツ軍のパリ最終攻撃に対抗するため1918年5月から同年11月まで連合軍砲兵部隊に急遽入隊させられる。

1921年、3年間の軍役を終え、動員解除となったとき、同期の3分の1は戦死、別の3分の1は傷病者となり、残りの3分の1は身体に損傷はないものの、心に深く傷を負い、戦争の恐怖を忘れようとしていた。その1つの方法が異郷の地で暮らすことであった。

航空教育

1）往路

工業用洗浄機械製造業者のもとで短い初期経験を積んだ後、工芸学校の同輩ポール・イアン（Paul Iung）とともにフランスの航空技術を日本に普及させる任を帯びた国の公式使節団の一員と

なり、ヨーロッパ、そして自身の悪夢と別れを告げようと決意する（p. 144、145「在パリ日本大使館との雇用契約書」参照）。

2人は他の6人の団員とともに1922年5月、マルセイユ港で客船アマゾン（Amazone）号に乗り込む（p. 140 右段の写真）。

横浜への旅は35日かかり、途中、以下の寄港地に1日か2日停泊していく。ポートサイド（Port-Saïd、エジプト、当時英国委任統治領）、ジブチ（Djibouti 当時フランス植民地）、ボンベイ（Bombay 英連邦インド）、コロンボ（Colombo 当時英植民地）、香港（Hong Kong 当時英租借地）サイゴン（Saïgon 当時仏領インドシナ）、上海（Shanghai 中国）。

各寄港地で乗客は下船し、街とその周辺を見物する。なぜなら、客船は蒸気式で、燃料の石炭を現地で補給するからである。掲載写真（図7.3）はサイゴンの様子で、人夫が石炭を背負って船に積み込んでいる。

横浜に到着すると、団員たちは日本に自動車も列車もちゃんと走っていることを知る。飛行機も然り……でも、そこではまだ人力車が利用されていたのだ。

2）使節団

使節団は所沢の陸軍航空飛行学校に配属となるが、その目的はフランスの航空機器の販売にあったため、ポール・クローデル（Paul Claudel）駐日仏大使の監督下に置かれたまま、同大使館のメール（Maire）商務官が連絡役を務めた。日本は1890年よりフランスから係留気球および飛行船を、第一次世界大戦後はニューポール（Nieuport）、スパッド（Spad）、サルムソン（Salmson）、ファルマン（Farman）といった飛行機を購入していた。

アントワーヌ・ド・ボワソン（Antoine de Boysson）使節団団長は1922年に日本の航空技術に関する報告書を作成しており（ブルジェ航空博物館（Musée de l'Air du Bourget）で閲覧可能）、

「ド・ボワソン R3（de Boysson R3）」式飛行機（上）とイスパノ・スイザ（Hispano-Suiza）300 馬力エンジン搭載双発機（下）
所沢陸軍製作所にて製作。ジョルジュ・メッツ、ポール・イアンおよびフランス人技師3名が所沢にて研究。

ジョルジュ・メッツと日本人設計士たち
業務中の言語は英語とフランス語、日本語は禁止！

所沢飛行機製作所の空撮写真（1923年）
①研究室、②③設計室。

子孫たち(の証言)

それによれば日本は主に英国、フランスからエンジン、プロペラ等のライセンス譲渡を受けてきたため、もはや西洋諸国から学ぶことは多くないものの、完全に独り立ちできるよう知識を極めたいと願っていた。

事実、すでに風洞実験場をはじめとする各種実験施設は所沢、千葉、明野、東京(大学)に装えられていた。

1922年5月、アントワーヌ・ド・ボワソンは日本政府の招請を受けファルマン小使節団の団長として日本に派遣され、同地で爆撃・輸送機「ゴリアット(Goliath)」数機の納入に立ち会い、双発式偵察機1機の開発にあたる。その詳細は不明であるが、1924年に所沢の軍用製作所で製作されている。

ジョルジュ・メッツとポール・イアンはこの飛行機の担当班に所属していた。

3) 復路

1923年9月29日、団員は日本での任を終え、同国客船シベリア丸に乗り旅立つ。同年10月8日、ホノルルに寄港の後、同月15日、サンフランシスコに上陸する。そしてアメリカ合衆国を鉄路6日間で横断し、10月24日「パリ号(Paris)」に乗船しル・アーヴル(Le Havre)に帰着する。こうして彼らは世界を1周したことになる。

その後

1) ジョルジュ・メッツ(Georges Metz)

1925年に結婚し、私の母を含め五子をもうける(うち1人は幼くして死亡)。1924年から1952年までピュトー(Puteaux)のUNIC社トラック

爆撃機ファルマン60「ゴリアット」(上)とT式2型?(下)

フランス飛行大隊応接
写真矢印がポール・クローデル。所沢陸軍飛行学校にて(1923年3月)。

使節団の任務が終盤を迎えた1923年9月1日、東京は震災により瓦解する。郊外の木造の家に暮らしていた団員から犠牲者は出なかったものの、用心のため3日間路上で夜営することとなる。

震災による東京大学風洞実験室の残骸

技術部長、次いで1952年から1967年までABG Semca社（現Liebherr Toulouse）技術部長。

1975年1月5日、肺癌で死亡。

2）ポール・イアン（Paul Iung）

結婚し、二子をもうけるもののいずれも継嗣なし。

1930年、顧問技師としてブラジルに渡るものの、契約は現地法に準拠し、報酬は現地通貨で支払われた。これは円と違い為替価値がさほど高くなく、現地で使ってしまうしかなかった。

2年後、何ら収益を手にすることなく帰仏、その後、Nord Aviation社にて航空機用鋼材技術の権威となり、トランザール（Transall）初飛行までその座に留まる。

1963年8月、休暇中に心臓発作にて死亡。定年退職まであと2年であった。

3）アントワーヌ・ド・ボワソン（Antoine de Boysson）

1935年から1946年までSAMM社技術部長、飛行機用電動油圧式砲塔の「父」。1936年、「デフィアン（Defiant）」機用砲塔のためにBoulton Paul社（1961年よりDowty Wolverhampton）、その他複数のアングロサクソン系飛行機用にライセンス譲渡。

1946年、原動付自転車事故の後遺症により死亡。

フィリップ・ヴァンソン（Philippe Vançon）

子孫たち（の証言）

1922年3月21日付、在パリ日本大使館との雇用契約書

この書類の原本は96年前に紙に青色でタイプされたもので、現在ではにじんでほとんど判読不可能であるため、当書類には形式的に添付するものとし、タイプし直したものを後に掲載する。

原本のコピー

在パリ大使館との雇用契約書

仮契約書

下記署名人の間にて

在パリ日本大使館駐在武官、渋谷中佐を一方の当事者とし、

イアン、メッツ両氏をもう一方の当事者とし

以下の通り同意された。

第一条
技師兼設計士の両氏は、陸軍省の命令に応じ製造すべき各種軍用飛行機の技師兼設計士として同省のために働くことを約束する。

第二条
本契約書の存続期間は1923年3月31日に終了する。しかしながら、陸軍省は当該契約書失効の少なくとも一箇月前にこれを更新でき、更新、非更新の意志を知らせるものとする。

第三条
東京への到着日より、陸軍省は各人の月給を支払うものとする。
給与額は以下の通り：設計士 800（八百）円。

第四条
陸軍省は一人一回当たり、1,500（一千五百）円の旅行手当を支払うものとする。

第五条
フランス出立前に、陸軍省は二ヶ月分の月給と往路の旅行手当（第四条参照）を技師兼設計士に支払うものとする。

日本出立前も同様に、両氏は二ヶ月分の月給と復路の

その後

```
Recopie de l'original
CONTRAT PROVISOIRE

Entre les soussignés :
M. le Lt –Colonel SHIBOUYA , Attaché Militaire à l'ambassade du Japon à PARIS
                                                                D'une part
Et Messieurs IUNG , METZ , et
                                                                D'autre part
Il a été convenu ce qui suit :
                            ARTICLE I
Messieurs les Ingénieurs et Dessinateurs prennent l'engagement de se mettre à la disposition du Ministère
de la Guerre comme Ingénieurs et Dessinateurs de divers types d'avions militaires à construire selon les ordres de ce Ministère
                            ARTICLE II
La durée du présent contrat expirera au 31 Mars 1923 . Mais le Ministère de la Guerre pourra le renouveler au moins un mois
avant l'expiration dudit contrat , il fera connaître son intention de renouveler ou de ne pas renouveler .
                            ARTICLE III
A partir du jour d'arrivée à TOKYO , le Ministère de la Guerre versera comme traitement mensuel individuel
les appointements suivants : DESSINATEURS :  800 (HUIT CENTS) Yens .

Ces appointements seront payés en monnaie japonaise.
                            ARTICLE IV
Le Ministère de la Guerre versera une indemnité de voyage qui s'élèvera individuellement à la somme de 1.500 Yens
( MILLE CINQ CENTS ) Yens .
                            ARTICLE V
Avant leur départ de France , le Ministère de la Guerre versera à Messieurs les Ingénieurs et Dessinateurs
une somme égale à deux mois de traitement plus l'indemnité des frais de voyage à l'aller ( Voir article IV ) .

Avant leur départ du Japon , ils recevront également deux mois de traitement plus une indemnité des frais de voyage de retour
( Voir article IV ) .
                            ARTICLE VI
A partir du jour où ils commenceront à travailler , le Ministère de la Guerre s'engage à loger gratuitement
tous les membres du personnel .
                            ARTICLE VII
En  cas de maladie ou de décès qui nécessiterait la cessation du travail , le Ministère de la Guerre versera au malade
ou à sa succession deux mois de traitement et une indemnité des frais de voyage de retour ( Voir article V ) .
                            ARTICLE VIII
Le Ministère de la Guerre prend à sa charge tous les frais de déplacement dû au travail dans l'intérieur du Japon .

                                              Paris, le 21 mars 1922.
                                              Lt Cel Shibouya
```

旅行手当（第四条参照）を受け取るものとする。

第六条

両氏が働き始める日より、陸軍省は全人員に無償にて住居を提供することを約束する。

第七条

病気あるいは死亡により仕事の停止を余儀なくされた場合、陸軍省は病人、あるいは相続人に二ヶ月の月給と復路の旅行手当（第五条参照）を支払う。

第八条

陸軍省は仕事による日本国内の移動費の全てを負担するものとする。

パリにて、1922年3月21日
渋谷中佐
G. M.
P. I.

[座談会] 日仏の航空の現状と将来

出席者

鈴木真二（司会）
実行委員会会長
東京大学未来ビジョン研究センター特任教授

荒山彰久
航空ジャーナリスト協会常任理事
航空史研究家

臼井　実
実行委員会事務局長

クリスチャン・ポラック
株式会社セリク代表取締役社長

杉田親美
元防衛省技術研究本部

鈴木一義
国立科学博物館
産業技術史資料情報センター長

ジャン＝ポール・パラン
サフラン社エンジニア

[座談会] 日仏の航空の現状と将来

司会：東大の鈴木です。フランス航空教育団来日100周年記念実行委員会の会長という立場もあり、今日は、関係者の方々による座談会の司会を務めさせていただきます。この記念事業を始めるのは、臼井さんがパリでこのフランス航空教育団のことを知ったというところがそもそもの発端になっていますので、最初に臼井さんからそのあたりの事情をお話しいただけますでしょうか。

臼井：記念事業の日本側の事務局長を担当している臼井です。ことの発端は、私がパリにいたときの、ちょうど2006年に、サントス＝デュモンがブローニュの森でヨーロッパでの初飛行をしたということを記念した会合が開かれたことです。日仏の文化交流を進めている服部祐子さんのパリ文化センターという場所で、アエロ・クラブ・フランスのアビエーション・ヒストリックのスペシャリスト、ジェラード・ハートマンさんによる「1900年から1930年、そのエンジン」という講演がありました。

その席上でフォール・ミッションのお話が出て、それでフランス航空教育団のことを知りました。今、フランスの事務局長をしているパトリック・アルケットさんとも知り合いになりました。この方は、おじいさんがメンバーとして通訳として来日し、日本人の女性と結婚して、日本にしばらく滞在していました。そのご子孫の方は現在パリに住まわれていることがわかりました。さらにその後、私がアルケットさんとフランスにある歴史資料博物館に行って、彼のおじいさんの資料を調べ始めたというのが発端になります。

日本に帰ってからも、100周年に近づくことが気になり、別のプロジェクトで鈴木先生と知り合いになっていたので、2年前に鈴木先生とパランさんたちにお集まりいただいて、この記念事業が立ち上がりました。

司会：臼井さんから、実行委員会の設立経緯をお話しいただきました。次に、フランス航空教育団の前の日仏の関係から話を進めたいと思います。

鈴木（一義、以下同様）：はい。日本は江戸時代、ヨーロッパでは、唯一オランダとだけ交易を行っていました。幕末の国防の問題もあり、幕府は『解体新書』をはじめ、多くの本をオランダ経由で翻訳しました。

今年（2018年）、実は伊能忠敬が亡くなって200年ということで話題になっていますが、伊能忠敬が地図を作った理由に、緯度1度の大きさを測りたかったということがあります。ちょうど1800年当時は、フランスでメートル法が制定されました。メートル法は、地球を正確に測って、地球周長4,000万分の1を1メートルと定めました。当時のオランダの単位もメートルです。幕末に日本で大砲を造るんですけれども、それは全部メートル法で尺貫法と換算しているんですよ。そういう意味でも、幕府とその後の明治政府がイギリスではなくて、フランスと関係が深いのは、メートル法を採用したこととも関係しています。イギリスとかアメリカはフィート・ヤードを使っていますので単位系が合わないわけですね。

後に海軍は、実は当時、最も優秀な船をイギリスから買うのでフィート・ヤードを使うのですが、陸軍は、江戸時代からの幕府の陸軍を引き継ぎますので、メートル法を使用することになります。陸軍は他にも翻訳本をたくさん出します。ここにあるのは、『化学教程』という陸軍の教科書ですが、フランスのクレットンの翻訳書です。こうした、フランスとのつながりが、同じメートル法のドイツ式に替わっていくのは、当時の日本にとっては、ヨーロッパの中で最も科学と技術を合体させて覇権を握ろうとしたドイツというのが日本に最も近い国で、科学を技術に応用しているというところが理解できていたという面もあります。

司会：わかりました。そういう意味では、フランスとは、古く徳川幕府の幕府軍のころから、つ

きあいがあったということですね。オランダ経由でフランスの情報が日本に入ってきていたということですが、モンゴルフィエの気球のお話をこの間お伺いしました。

ポラック：モンゴルフィエの子孫、エミール・モンゴルフィエが、横須賀造船所に勤めていたとき、明治5年の元日に、明治天皇が公に姿を見せました。そのときに、エミールが、世界で初めて気球による有人飛行に成功したモンゴルフィエの子孫であるということで、明治天皇を驚かせるために気球を揚げ、その気球を日本の和紙で造ったのが、日本での本格的な気球揚げの始まりではないかと思います。

司会：フランスと日本、そういう意味では、非常に深いつながりがあったわけですけれども、徳川大尉・日野大尉をフランスに派遣して、それからフランスの飛行機を買ってくるというような方針が立てられたところは、荒山先生に書いていただいたのですが、なぜフランスだったのでしょうか。そういう方針が当時あったんでしょうか。

荒山：当時、陸軍の中で、「これから飛行機や飛行船の研究が必要であろう」ということで、臨時軍用気球研究会が明治42（1909）年に作られます。日野大尉が、私的に飛行機を造っていましたが、これが失敗したこともあり、外国の飛行機を購入し、操縦法も習うために徳川と日野の2人をフランスとドイツに行かせます。徳川さんはフランスの飛行機、日野さんはドイツの飛行機と、ドイツでライセンス生産されたライト兄弟の機体等の4機を買ってくるわけですね。

司会：荒山さんの章では、明治42年にフランスに6年間滞在した陸軍歩兵少佐の高塚彊の『空中之経営』において、当時の世界の航空機開発の状況が記載されており、それが購入した機体に影響しているとされていますね。

臨時軍用気球研究会のメンバーであった東京帝国大学教授の田中舘愛橘も、1907年に開催されたパリ度量衡会議に出席しており、欧州の航空機開発には明るかったようですね。

荒山：陸軍が日本の航空のために、「この飛行機を買ってこい」と名前を挙げている機体があるのですが。『空中之経営』の中で、すでにブレリオだとか、ファルマンだとか、そういったような名前が載っているのです。ですから、陸軍は多分、この『空中之経営』という本を参考にして、そういった飛行機が重要であろうと考えたのではないかと、私は思っています。当時、飛行船といえばドイツでしたが、飛行機はフランスが最も発達していました。なお田中舘はフランスから、日本の最初の飛行場である所沢飛行場の設計に関する案を、臨時軍用気球研究会宛に送っています。

司会：ライト兄弟が初めて飛行機を飛ばしたのは、もちろんアメリカなわけですね。当時のライト兄弟が1908年にフランスでも飛行機を飛ばすわけですけれども、その飛行を見て、フランス人は驚いた。技術的に言うと、エルロン（補助翼）で旋回する方式を採用して、フランスの飛行機の技術レベルは上がりました。それ以後は、確かにフランスがアメリカを追い越して航空技術の先端にいました。

杉田：ライト兄弟機は「たわみ翼」ですね。

司会：そうです。ライト兄弟はたわみ翼ですね。それまでのフランスの機体は、ラダーだけで旋回していましたので、たわみ翼の代わりにエルロンを取り入れたわけです。

鈴木：やっぱりあの時代に一番、飛行機に興味を持っていたのは、そうしたことに興味を持つ貴族がいたフランスとか、ヨーロッパの方ですね。

司会：日本とアメリカよりも、日本とヨーロッパの方が近かったのですかね、そのころは。

杉田：日野大尉がドイツに行った理由は、ライト兄弟の機体ですね。ドイツでしか手に入らなかったために、行かざるをえなかったという事情があったと、私は理解しています。

パラン：徳川大尉と日野大尉、2人とも、まずフランスのアンリ・ファルマン航空学校に入りま

[座談会] 日仏の航空の現状と将来

した。そのあとで、日野大尉はドイツに行きました。

司会：そういう意味で、フランス革命の後に科学が発達して、エコール・ポリテクニークのような技術大学もいち早く作られて、科学技術の中心はフランスにあったというのは間違いないですね。そういうものが、オランダを通じて、徳川幕府に伝わり、明治になっても影響しているようですね。

それで、フランス航空教育団というのが始まるわけですけれども、そのあたりのきっかけのところに話を進めたいと思います。第一次世界大戦が始まって、飛行機が使われるというところで、フランスでもイギリスでもドイツでも盛んになるわけですけれども。そこでなぜフランスの機体を、ということになっていくのでしょうか。欧州の各国は非常に航空技術が発達していて、そのなかでなぜフランスの飛行機を導入するということになっていったんでしょうか。第一次世界大戦のさなかといったあたりですね。

鈴木：やっぱり単位系が違うという点が一番です。私の考えでは、この時代、実は一番問題になったのが、量産できるかできないかです。ちょうど日本は、このときに日本の機械学会がJIS（日本工業）規格を作るんです。日本標準の規格のようなものを作らないと、これから先、大量生産ができないということに気づいてはいるんだけど、海軍がフィート・ヤードで、陸軍がメートル法なのです。飛行機だけは、メートル法で造ろう、ということで飛行機だけは陸海軍ともメートル法に移行するんです。

司会：ドイツもメートル法ですが、第一次世界大戦では敵国だったので、フランスですか。

日本から見たフランスの話を伺ったのですが。フランスの当時の日本に対する理解というのはどうだったのでしょうか。日本はフランスからいろいろ教えてもらっていたわけですけれども、ジャポニズムというのが、ちょうどそのころフランスで起きていたという側面もあります。フランスから見て日本というのは、どういうふうに見えていたのでしょうか。

ポラック：根本的には、フランスと日本の間の相互依存関係があります。幕末時代には、フランスで、または全ヨーロッパで絹の産業が大変な打撃を受けました。微粒子病と軟化病という病気が蚕に発生したからです。幕末時代、日本の生糸は素晴らしい品質であったため、フランスの公使であったレオン・ロッシュは徳川家茂と交渉して、フランスのために日本の生糸の安定供給を頼みました。先ほどの軟化病と微粒子病に対抗できる蚕の輸出も依頼しました。その代わりに、徳川家茂は、陸軍、海軍それぞれの最新の技術と教育の提供をしてもらうことを提案しました。これにより、幕末に第一次軍事顧問団が来日したのです。それで、幕府に近代の陸軍が設置され、鉄砲・大砲の技術や生産法が伝わりました。

この相互依存関係は、明治政府以降、第一次世界大戦まで続きました。フランスの当時の輸出の第一品目は加工された絹の製品であったので、フランスにとって日本の生糸は大事だったのです。明治政府も徳川幕府と同様に、フランスに技術指導を依頼し、第二次フランス陸軍顧問団が来日し、10年間滞在しました。海軍に関しては、フランスの海軍技術者エミール・ベルタンが来日し大きな影響を与えました。

司会：エミール・ベルタンは大艦巨砲主義に対抗して、高速の小型艦を主力とするジューヌ・エコールの推進者でしたね。

ポラック：そうです。彼は、速力のある小さい軍艦で日本の海軍の近代化を進め、日清戦争での勝利に貢献し、日露戦争の対馬海戦でも活躍しました。

黄海海戦の勝利の翌日に艦隊司令長官伊東祐亨はエミール・ベルタンにこう書いている：「艦船はあらゆる期待に応えてくれました。わが艦隊を見事に構成し、設計してくれた構造

おかげで勝利をおさめることができました」（「*Revue maritime et coloniale, 1895*」より）。エミール・ベルタンは、海軍の方に「これから大変重要なことがあります。飛行機が必ず必要である。そして、海軍の方では、水上機をぜひフランスから買っていただきたい」と。それで、最初の日本の海軍の飛行機がフランスから導入されたのです。

鈴木：フランスは日本の状況を知っていて、江戸時代、1803年に書かれた『養蚕秘録』という本を、シーボルトが持って帰っているんですよ。これが、実はフランス語版になっているんです。

ポラック：はい。ホフマンさんが翻訳したということで。当初、日本に住んでいたフランス人がいろんなものをフランスに送るわけですね。そして、浮世絵を発見するのです。

司会：それがジャポニズムになっていくわけですか。

ポラック：そして、ナポレオン三世が幕府を1867年のパリ万国博覧会に参加をうながしました。日本にとっては初めての国際舞台で、国を世界に見せるということで、徳川家茂がそれに賛成しました。そのパリの万国博覧会に、日本館が二つあって、一つが薩摩藩でした。これが大変人気になって、ジャポニズムはここから始まり、第一次世界大戦までずっと続きました。

だから、フランスから見ると、日本という国は、まず絹の国、そして美術の国であるということです。その代わりに、フランスが科学技術を教えたというようなことが言えるのではないかと思います。

司会：日仏の相互依存関係というのは、非常に興味深いですね。交易というのは、相互にやり取りしてこそですからね。

鈴木：1875年にメートル法会議が最初に開かれたときも、当時ナポレオンは退位した直後だったのだけれども、メートル法を採用するためにリットル升などが日本に渡されています。計量研究所から、今は国立博物館にあります。そういう意味では、フランスとのつきあいは長いですね。

ポラック：横須賀造船所でも、メートル法を使用し、建築の分野でもメートル法になりました。

司会：ただ日本は、フランスだけではなくて、イギリス、ドイツ、アメリカとも交流はあるわけですよね。

ポラック：はい、あります。

司会：東大はイギリスからダイアーという先生を招いて、工学部を作ったということもあります。

鈴木：さっき言ったように、陸軍がフランスの系統。幕府が、フランスを中心に、いろんな体系を作っていたので。それをそのまま明治政府が引き継いでいくとすると、いきなり変えられないんですね。特に単位系は変えられないので、そういう形になっていくんでしょうね。

司会：ちょっと話は飛びますけど、海軍はなぜフランスからイギリスの方になっていくんですか。それは、どうしてでしょうか。

荒山：薩英戦争あたりの問題というのはありませんかね。薩英戦争の結果、薩摩がイギリスと手を組みますよね。

司会：そうすると、幕府はフランス派でしたが、明治政府の中には、イギリス派がいたわけですね。

ポラック：いや、そうではないと思います。というのは、明治政府は陸軍は全部フランス、そして海軍もずっとフランスでした。エミール・ベルタンは、当時の最大の技術者ということで、勅任官として日本に来たわけです。教育の方面では、海軍はイギリスということは言えます。

荒山：ただ、薩英戦争がもとになって、結局、鹿児島がイギリス側につきますよね。そのイギリスの支援で海軍が日清戦争・日露戦争でも勝つわけです。そういったような形で、海軍はイギリスということになったと思います。

ポラック：いやいや、海軍では、先ほどの話のように、伊藤はベルタンが設計した軍艦、または戦略によって勝ったということで、フランスに

[座談会] 日仏の航空の現状と将来

感謝しています。

司会：そうすると、第一次世界大戦が終わって、もっと後になってから？

ポラック：そう思いますよ。

鈴木：日本で最初に造船学科を作ったのは、ウェストという方なんですけれど、その弟子の三好晋太郎らが、日本の造船学教育を行い技術者を養成します。

司会：ウェストはイギリス人ですか。

鈴木：イギリス人です。ダイアーの代わりに来た人ですね。ダイアーが帰ったあと、機械科の二代目の教授になって、亡くなるまで日本にいた方で、胸像が東大構内にあります。この人がイギリス人で、元々造船所で働いていた方なんです。

　当時のイギリスの造船技術は確かに素晴らしく教育が行われたということです。横須賀も長崎も、基本的にはメートル法単位で最初行われていたのですけど、やっぱり当時の海洋国としてのイギリスの力というのを認めざるをえなかった。それで、その後に海軍は、船の発注先としてイギリスを選ぶ。

　ただ、戦略的な意味とかで言ったら、やっぱりエコール・ポリテクニークといったところでやっているフランスのレベルは高いので、両国の技術が混ざり合っていったのでしょう。ただ、陸軍はもうずっとフランスで、そのあとにドイツの流れも入ってきます。

司会：そうすると、東大工学部がイギリス式で教えていたのが影響しているんでしょうか。

鈴木：それは間違いなくありますね。ただし、医学部とか理学分野はメートル法です。工学はやはり実学的要素が大きかったと思います。

司会：フランス航空教育団に戻りますが、第一次世界大戦の末期に日本もフランスの飛行機を購入したいという話になっていって、フランスと日本との密接な関係の中で、飛行機の購入だけでなく、「教育団を送りましょう」という話になったんでしょうか？

ポラック：そうですね。第一次世界大戦で、日本の陸軍は「ぜひフランスの飛行機を買いたい」ということでした。ただ、クレマンソーが「ぜひ日本も西側の戦線に、参戦していただきたい」と依頼したのですが、日本はそれを断った。「じゃあ、東側で参戦を」と、シベリア出兵を依頼します。それも初めは日本は断ったわけですが、1918年の7月に日本はシベリアに出兵が決まりました。それをクレマンソーが大変喜んで、フランスの飛行機の販売を認め、そして、同時に教育顧問団も必要ということで、「では、フランスが国費で、日本まで教育団を送ります」ということを、クレマンソー自ら決定しました。これが8月の末です。

　そして、クレマンソーが自分で選んだフォール大佐が、初めに50人の教育団の編成をしました。まだ戦争が終わっていないときにです。そのメンバーの中には、エースパイロットもいました。フランスでは「アス」と言います。

　出発したのは停戦の前ですね。フランスにとっては驚くべきことです。それで、飛行機を用意し、いろんな機材も用意して、来日しました。このような背景ですね。もし日本がシベリア出兵に賛成しなかった場合は、教育団派遣は多分なかったでしょう。

司会：それは第一次世界大戦のヨーロッパでの飛行機の活躍を見て、日本も飛行機を導入しなきゃいけないと思ったということですか？

杉田：そうですね。自分たちが持っていたのが、モーリス・ファルマンらの古い機体でしたから。

司会：非常に古い機体だった。

杉田：ええ。行燈みたいな飛行機しかなかった。それが、欧州ではものすごく強力な威力を持つ機体を使っていた。特にロンドン空襲をツェッペリンとゴータという戦略爆撃機を使っていたので、日本の首都も空からの攻撃がある可能性が高くなったというふうに危機意識を持っていたとされていますね。

司会：その中に、日本から第一次世界大戦にパイ

ロットとして参戦していた、バロン滋野とか、ほかの日本人もいたわけですね。そういう日本人からの情報というのもあったのでしょうかね？

杉田：そうだと思います。滋野さんは男爵で、だからバロンなんですけれども、フランスには音楽を極めるつもりで行ったら、戦争が起こった。「じゃあ、こんなことをしている場合じゃない」ということで、飛行機学校に入ってパイロットになった。その後いったん日本に帰ってくるんですけれども、またもう一度フランスへ行って、それでコウノトリ部隊という有名な外人部隊に入って、エースの条件である5機を超えて、6機を撃墜したとされています。

ポラック：あとは、これも詳しく調べなければいけないけれども、フランス側資料によると、日本の陸軍はオブザーバーとして前線のところで観察していたので、どういうふうにフランスの飛行機技術が進んでいたかを知っていました。報告書があるはずです。

鈴木：手に入りました。飛行機は、当初の用途は通信偵察部隊なんですよ。ですから、電信機とかと同じ扱いで飛行機のことが書かれています。第一次世界大戦以前は、ヨーロッパでも、飛行機の目的は偵察なんですよね。それが第一次世界大戦で、偵察以外にも使用され、その情報が伝わっていました。その体系をどこから学ぶのかといったときには、やはりフランスから学ぶのが一番体系化されていた。戦後には飛行機も余るから、多分それを安く譲ってもらえるということも含めて、フランスが考えられたのではないでしょうか。

司会：そういう経緯で、フランスから飛行機を購入することになって、教育団も来日します。数に関してはいろいろ議論があるようですけれども、荒山さんの調査では、63名ではないかという説明もありました。

鈴木：出たり入ったりもあるんですよね。

ポラック：そう。でも、いろいろ調べて、合わせて63名です。

パラン：数週間だけの人もいるんじゃないかと。

ポラック：1人が3ヵ月間滞在わけですね。その方が、今までのリストの中に出ていないんです。だから、63名になる。

パラン：いろんなリストがあることで混乱はあります。

司会：日本は、最初は大歓迎だったわけですよね。岐阜で凱旋門まで造られたという写真には、びっくりしました。

ポラック：確かに長崎に着いて、長崎でも大歓迎になりました。そして神戸まで行きますが、ここでも大歓迎で、その後、列車に乗ります。

司会：神戸からは、陸で動いたんですね。

ポラック：そうです。そして各駅で、ラ・マルセイエーズ（国歌）を演奏し、お花とお土産をあげる。東京に着いたら、大正天皇と会見するということでした。派遣されると、それぞれのところで、たとえば岐阜では凱旋門を造るということで、大変ヒーローとして歓迎されたということです。

臼井：この前、6月にフランスに行って、教育団の子孫の方2名とお会いしました。そうしたら、「おじいさんからよく聞いていた。『日本はいいところだ、いいところだ』って言ってた」って言うんですね。いろいろ苦労はあったんでしょうけれどもね。

司会：大歓迎を受けて、日本の各地で実際に教育が開始されたわけですけれども。当時の陸軍がほとんどだったんでしょうか。横須賀も後で入ってるようですけれども。日本とフランス、フォール大佐一行との間で、どこで何をやるかみたいな計画自体は綿密に立てられていたんでしょうかね。そのあたりは、荒山さんどうでしょうか？

荒山：その前に日本側の状況をもう少しお話しします。大正6（1917）年に、日本のモーリス・ファルマンのモ式六型という飛行機14機が所沢から出発して、近江平野に演習に行くわけで

す。しかし、14機のうちの11機が着かなかったんですね。墜落したり、途中であきらめたり。そういった問題から、飛行機に対する大きな課題が認識されました。

　陸軍の運輸部総本部長であった井上幾太郎、この当時は少将だったかと思いますが、この人が出てきます。井上は実はかつて臨時軍用気球研究会の幹事をやっていた人ですけれども、その人が日本の陸軍の飛行機の中心になる人物だということから、陸軍大臣が井上に、問題を解決してほしいと依頼するわけです。そして井上は、問題は発動機とその運用方法にあると考えて、見事解決します。そうしたなかで、彼は七つの案を出しました。たとえば航空学校が必要であるとか、大隊という実戦部隊は友敵兵団から独立すべきだとか。そういった要請の中で、航空についても、航空兵科の独立という考え方を打ち出します。

　そのなかで、国産機として会式機のあとの制式機などの飛行機を造るのですが、これがみんな失敗してしまいます。外国からは、フランス以外からもアメリカやイギリスの飛行機を購入しました。

　ところが、やはりフランス機が一番いいんですね。ニューポールやスパッド。実験用に輸入しましたが、素晴らしい成績を収めているためこの2種に注目します。実際に試験もやるんですけれども、ニューポールは空戦性能がいい。スパッドは速力があるんですね。どっちがいいかということから、「ニューポールの方が日本のパイロットにはいいのではないか」ということでニューポールが決まり、日本がその後空戦性のよい軽戦闘機を重視する傾向が、ここから始まります。なおスパッドは、のちに改良された機体が採用されます。

　こういうことからフランスの飛行機をもっと買った方がいいという案が出てきます。フランス側からも自分たちの飛行機を買ってほしいとの案が出て井上幾太郎の決断があって、この話がうまくいくようになったと思います。

司会：そういう意味では、非常にいいタイミングで、フランス航空教育団が実現しましたね。

荒山：はい。タイミングも、本当によかったと思いますね。

司会：その教育に対して、日本に導入されて非常に成果があったという、そういう評価だったんでしょうか。それで半年延長されたのでしょうか？

鈴木：ここに、当時の記録があります。これも陸軍の航空の原さんという方が訳しているんですけど、歩兵隊がフランスのマニュアルを翻訳したと書いてあります。こういうのを見ても、細かいところの運用まで含めた整備の体制とかはそれまではないので、全部マニュアルで残して、各部隊ごとに作られていきました。

司会：これは、教育団の？

鈴木：大正ですから、教育団のものがそのまま翻訳されています。

ポラック：あと、もう一つの理由が、日本人の生徒たちの勉強態度に問題があったことのようです。日本人パイロットが危険な飛び方をするので、よくフランス人の指導者・指導教官が怒っているんですよ。生徒に対して責任があるので、「じゃあ、もう少し残りましょう」という理由もあった。

司会：そういう理由もあったわけですか。当時、第一次世界大戦の実戦を経験された方々が来て、教えておられるんですけど、日本はそこまで深刻でなかったのでしょうね。

鈴木：軍隊としての規律がなかった。これは横須賀造船所も同じで、時間にルーズだと書かれています。当時はどちらかというと、江戸時代の武士のようなイメージで勇を競うような部分があった。特にパイロットになるような人は、命知らずですからね。教官が「1回転しろ」って言ったら、10回転するぐらいのことをやって、「俺は教官の言ったことを、もっとやった」と誇るみたいな、そういうことだったようですが。

近代的な軍隊ではそれは許されません。

ポラック：これは最近、防衛省の資料をインターネットで発見したものですけれども、ご存じでしょうか。素晴らしい資料です（第2章 p.52参照）。初めて見ました。それから、どんな練習があったか、飛行機を何台使用したかなどが書かれています。

司会：日本の班長と練習員とか、すべて載っていますね。

ポラック：そう。そして、どんな方が練習員かということも、全部、名前が出ています。初めて見ました。

司会：素晴らしいですね。

ポラック：ところが、日本人の研究者が、これをまだ見ていないということで、びっくりしています。これは、インターネットで公開されています。

鈴木：実は最近まで見られなかったんですよ。

ポラック：だから素晴らしいですね。それぞれの場所に派遣された生徒について、フランス側のものすごく厳しい指摘があります。生徒たちが、指導教官の言うことを聞かないし、昔のやり方に戻って危ないと指摘しています。それで延期して訓練を続ける必要があったのです。「もっと厳しく教育しましょう」と。

司会：それから、整備とか製造とか、そういう専門家も日本に送り込んでいるわけですね。ただ、飛行機を操縦するだけじゃなくて、飛行機を製造する／整備する、エンジンを製造する／整備する。そういうところから日本の航空機産業も始まっていくというところがあるんですけれども。そのあたり、エンジンの製造技術まで日本に来て教えたのでしょうか、パランさん。

パラン：ええ、そうですね。63名の中には、パイロットと整備だけのチームじゃなくて、新しい機体とエンジンを造るための専門家もいました。最初、陸軍は自分たちで製作も行っており、民間に委託する時代は数年後にスタートしました。陸軍は、所沢では機体を製造して、エンジンは名古屋の方で製造していたかと思います。熱田ですね。

機体はだいたい木材だったので、簡単かもしれないですけれど、エンジンの製造のためには、材料についてゼロから全部勉強しなくてはなりません。ですから、いろいろなことを教えたわけですね。

司会：その製造まで教えるということは、「フランスのエンジンを日本でライセンス生産させよう」という、そういう意図があったのですか。

パラン：そうですが、ライセンスは資料を全部渡して、図面を起こして、となりますので、説明がたくさん必要で時間がかかりました。最初の民間の川崎の場合、サルムソン機用の仕事が始まったときは、数年間フランスのサルムソン社の工場に行って勉強して初めて可能になりました。

司会：ライセンス生産と言っても、実際は大変なのですね。

パラン：そうですね。たとえば、三菱の場合はイスパノ・スイザのエンジンのライセンスを買いました。フォール大佐の教育団とは直接の関係はないですが、そのエンジンは後でさまざまな機体に採用されたので、いいタイミングで仕事が始まりました。三菱、川崎、数年後に中島、あと瓦斯電と、全部、フランスのエンジンのライセンスを買って製作が始まりました。フランスは、自分の飛行機のためのエンジンはもちろんですけれども、ほかの国のためにも、いろいろなエンジンを出荷しました。たとえばイギリスは、フランスからエンジンを買っていました。

杉田：イギリスのS.E.5がそうですね。

司会：機体そのもの、エンジンそのものを輸出するというよりは、ライセンス生産という形で、現地で生産させるという方が多かったわけですか。

パラン：最初は多分、サルムソン2A-2の機体はライセンスまで考えていませんでした。後で、

［座談会］日仏の航空の現状と将来

ライセンス生産になりました。

杉田：サルムソンは確か訴訟問題が起きて、川崎が仲裁に入って、何とか収まったと聞いています。だから、最初はコピーに近い状態から始まったと。

パラン：そうですね。三菱のイスパノ・スイザは最初からライセンスがあったと思います。

杉田：最初にサルムソンを日本で造ろうとしたのは、あれが星型の水冷エンジンだからですか。高級エンジンは、イスパノ・スイザみたいに、直列のV型の8気筒とか、6気筒とかいうエンジンが多く、クランクシャフトが長いので、鍛造がかなり大変で、技術的に難しかったんじゃないかと思うんですけれども。

パラン：うーん、まあ、その時代のエンジンの製造は全部難しかったんだと思いますね。イスパノ・スイザは、最初は自動車のメーカーだったのです。

杉田：高級車のメーカーですよね。

パラン：そうです。戦争が始まって、主なビジネスを航空機エンジンに転換しました。

杉田：フランスの戦闘機がなぜドイツに勝てたかといったら、イスパノ・スイザが優秀なエンジンだったというのが、私の理解なんです。
　スパッドに使ってるエンジンがそうでして。それに対して、ドイツはメルセデス。馬力が少し小さいんですね。だから、厚翼の新しい翼型を使ったフォッカーあたりなんか、よかったんですけれども、結局は、スパッドのパワーが勝っているというのが利いたみたいです。

パラン：そうですね。それから、軽い材料を使って、いいバランスになりました。

杉田：やはりイスパノ・スイザは高級エンジンですから、よかったんですね。

鈴木：多分、当時の日本の技術力で直列やV型は造れないですよね。シャフトやベアリングなどの精度が低く、大馬力で空気抵抗の小さい直列エンジンの製造が難しかった。

司会：川崎は、最後まで水冷直列エンジンで苦労しましたね。

鈴木：あとは、やっぱり教育団が来た、ちょうどこの時期ぐらいに、帝国大学ができたばかりで、まだ設計をできる人がいない。そこで、フランスからいわゆる技術者を呼んで、日本で設計してもらって、やっとライセンスとかで覚えてきた日本のメーカーが国産化を始めた。
　日本にとっては大変ありがたかったと思います。だけど、もう遠く離れた国へ来て滞在するというのは、大変だったのではないかと思います。当時のフランスの方々が苦労されたという話は？　お一方、自殺された方がいたという話もありますけどね。

パラン：フォール大佐も、「じゃあ、とりあえず現場の工具が足りないから、そこから教えなきゃ」とか、「気球の専門家をさらに数人、送ってほしい」とフランスにリポートを出しましたけど、ほとんどは返事がなかったですね。戦争が終わってから、雰囲気が変わりました。

ポラック：フランス人が一番苦労したのは、やはり教育ですね。日本人の生徒たちはあまり言うことを聞かない。これが一番問題でした。それで、飛行機の製造も非常に苦労したそうです。エンジンの部品を造れないのです。フォールの最後の報告書では、「やはり一番問題になるのはエンジンではないか、その教育を続けなければならない、または、それぞれの民間会社に技師を派遣しなければならない」ということを書いています。

鈴木：戦時中まで、現物合わせが続いていますからね。互換性のある部品を造れないんです。

ポラック：だから飛行機の事故があったのは、エンジン故障です。ラー軍曹もわれわれのエンジンの教育が足りないのではないかと責任を感じて自殺をした、という説があります。

司会：あと、ポラックさんの本の中に書いてあったのですけれども、「日本人は自ら新しいものを造るという能力に問題があるので、わが国の飛行機をずっと買ってくれるだろう」みたいな、

そんなことが書いてあります。

ポラック：そう。というのは、いわゆる分析力がない。そして理論的なことを、まだよく理解できないので、開発または新しいものを考えるのは、まだまだ時間がかかるのではないかと思われたのです。だから、教育をずっと続けた方がいいのではないかと。または、フランスに生徒たちを送ってもらえれば、その教育をすると。特にロジックですね。日本人は理論が弱いとよく書いてあります。

司会：田中舘教授が、そういうことが必要だと主張していました。

鈴木：そういう意味では、田中舘愛橘は、大正4（1915）年に貴族院の有志に対して、航空機の発達および研究状況を講演し、11月には『航空機講話』を発行して、「単なるブームだけではなく、ちゃんと大学を作って、理論的に世界に伍していかなきゃいけない」と言っています。帝国大学では山川健次郎がすごく理解もありましたし、陸軍では長岡外史がいますから。帝国大学航空研究所という、彼らの後押しを受けて航空専門の大学を大正7（1918）年4月に東京市深川区越中島の埋立地に設置しました。「フランス・ドイツと同じような、いわゆる一大航空拠点を作らなければ、これからはだめだ」ということです。

ポラック：では、一致していますね。ただ、日本人がこれから非常に細かいところまで、ものづくりができるようになるのは間違いないと書いてあります。でも、時間がかかる。

司会：まあ、その辺の分析は、的を射てるわけですね。

臼井：あれを読むと、一部は今の現代の日本人の気質が表現されているなという感じがしますよね。

司会：そういう教育の現場では、通訳の人がずっとついていたんでしょうか？

臼井：いたんですね。多分アルクェットさんのおじいさん。

パラン：何人かの人がいたはずです。1人では絶対足りないです。でも、その時代は、陸軍の人も多分、数人はフランス語ができたんじゃないでしょうか。

ポラック：あとは、パイロットの教育を続けなければいけないということで、各務原に学校を設立したわけです。ドゥケアさん、ルージーさんとか、そういう方々がこの学校で教えていました。

鈴木：それで今につながっているわけですね。試験飛行をやるときだって、所沢や各務原、下志津ですね。

ポラック：それぞれのところに学校を作っていたのです。学校の名前は、フランス語で、エコール・ダビアシオン・ミリテル・カガミガハラ、各務原航空軍事学校ですね。

臼井：教育団の方は、いろいろ苦労をされています。われわれは今、展示会や航空祭でパネル展をやっていますけど、光を当てたいことの一つが、彼らが日本各地に行って、日本の文化に接したことです。

司会：フランス教育団が帰った後、日本とフランスの関係がどのように続いていったかというところも少し話をしたいと思います。

ポラック：民間の中島に来たのが、マリーとロマーですね。

司会：三菱のアンリ・ベルニスさんもフランス人です。それは、杉田さんに書いていただいたんですけど、日本人と一緒になって開発を進めたという。

杉田：ええ。中島知久平の命によって、中島知久平の弟さんの乙未平という方が選びました。6年ぐらいフランスにおられて、「選べ」とお兄さんから言われたわけですよね。そうして、ソッピースにいて、いろいろ失敗もあり、成功もありというなかをちゃんと苦労してやってきた人を選んでいるんだと思います。それ以外の三菱はバウマンさんで、川崎がフォークトさん、石川島がラハマンさん。ドイツ系の方は、

だいたいが大学の先生だったのです。
　そこへいくと、マリーさんは、ちゃんと開発を経験しているんです。それがよかったのだと、私は思うのですけど。

司会：三菱のベルニスさんのことは、あまりよくわかってないんでしょうかね？

杉田：ベルニスさんはフランスでは、官側にいた人で、各機、統計的なデータは全部知っているという触れ込みで来られたんだと思うんですが、知っているということと、実際に設計するということでは、レベルが違うんだと思うんです。それで、九二式偵察機の試作機は造ったら２割以上、重くなっちゃいまして。しかも重心位置が、後方に行っているということで、やり直しになり、その後、何とかいい機体になったわけです。出来上がると非常に便利な機体だということで、航研機の藤田大尉が航研機を造るときに、立川から羽田まで毎日のように通勤に使ったんです。

司会：フランスから大変いろいろ教えていただいて、日本も飛行機を造れるようになって、エンジンも造るようになりますが、第二次世界大戦の後では、フランスと日本の航空のつながりは薄くなってしまうわけです。しかし、最近になって、エアバス機をまた導入するとかというい話も出てきています。

パラン：ヘリコプターでの関係はその前にもありましたね。

司会：そうですね。エアバスのヘリコプター、昔はアエロスパシアルでしたが、日本に導入されていました。

パラン：日本に導入されて50年になります。

司会：サフランのヘリコプターにはやはりフランスのスネクマのエンジンが使われていますね。

パラン：ヘリコプター以外にも、F-1とT-2のエンジンは、ロールス・ロイスとターボメカ（現在はサフラン・ヘリコプター・エンジンズ）の共同ですから、半分はフランスの影響がありました。このエンジンは、IHIでライセンス生産されました。

ポラック：ホンダジェットの開発にもフランスの影響があります。本田宗一郎が、フランスのダッソー社の訪問を希望し、紹介しました。本田さんの目的は、「ジェットビジネス飛行機を造りたい。手伝っていただきたい」ということでした。

　本田さんとダッソーさんは、気が合い、「じゃあ、お手伝いしましょう」となりました。本田さんは、「いや、でもね、じゃあ造りますが、一切ダッソーさんと競争しません。いわゆる６人乗りまでの飛行機、造ります」。というのは、ダッソーの飛行機が７人乗りからということだったからです。

司会：そんな話があったのですね。ホンダジェットはホンダのアメリカ法人で開発されましたが、2018年に日本にも導入されました。

　最後に、今後の日仏の関係というようなところで、皆様から、一言ずついただきたいです。

臼井：発端はそういうことで、皆様に今、こうやって幅広く活動してもらっています。やはりエアバスの大型機が来年（2019年）、日本航空、全日空にも入るということで、2019年がちょうど新しい時代に突入するのかなっていうことを強く感じています。航空機だけじゃなくて、日仏修交160周年で今（2018年）、式典もいろいろやっていますけれども、今後一層、日仏の交流が深まればいいなと感じています。

司会：ありがとうございます。

ポラック：最後に、二つのことで。一つは、これからの研究課題がいくつか出てきたことで、大変楽しみにしておりますし、私も一生懸命その研究を続けるつもりです。二つめは、日仏航空関係がますます緊密になるのを希望しています。３年前に、スーパーソニックの飛行機の開発の企画がありました。この研究をぜひ続けていただきたい。緊密な関係を願っております。

パラン：スネクマの東京事務所は1989年からで、来年（2019年）は30年になり、今はサフラン

になりました。スタートしたのは、そのとき経済産業省の超音速輸送機用推進システムプロジェクト（HYPR）があって、海外のエンジンのメーカーも参加することになったことによります。10年間のプログラムの中で、スネクマは、ロールス・ロイスとGEとUTCとIHI、MHI、KHIと協力しました。そのあと、ESPRというプログラムが5年間続きました。その後、サフラングループの仕事として、日本のいろいろな企業と研究開発の面だけでなく、ビジネスサプライヤーとしての関係も生まれてきました。たとえば、エアバス350の着陸装置の鍛造部や、LEAPエンジンのパーツの量産です。30年前に比べると全然違います。

　ですから、フォール大佐の来日から100年の年になりますが、これからはフランスだけじゃなく、ヨーロッパと日本の企業の関係が航空機分野では増えるのだと思います。

荒山：先だって藤田嗣治展を見てきました。実はバロン滋野の伝記を何冊か読んでいまして、面白く思ったのは、2人が何か似ているのではないかという気がしたことです。バロン滋野という人は、どうも日本が合わなくて、それで3回渡仏をして、最後は42歳で亡くなります。1924年にフランスのペルティエ・ドアジーが、パリから飛行機で日本に来たとき、昔のフランスの軍服を着て出迎えたというように、本当にフランスびいきなわけです。なぜかというと、やはりフランスの自由というものを経験したからじゃないか、という気がするんですね。

　それで、滋野は先ほど申し上げた臨時軍用気球研究会に約1年くらい、御用係として入って、徳川好敏とも話をしているんですけど、どうもあんまりうまくいかない。結局、フランスで技術を得ながら、そういった技術がほとんど日本の軍人の中に伝わっていないんです。やはり日本人の中で、規律だとか何か、そういったものが厳しすぎて、フランスの自由なものに対して理解できなかったような気がします。それは、藤田嗣治に対しても言えるのではないか。フランスと日本というのは、たとえば、自由主義や個人主義に対する集団主義など、ちょっと違った感じがするのですけれども。そういった他と異なることを、もう少し日本人は大切にしなければいけないのではないか。そういう意味でも、日仏関係をこれからも重視していかなければいけないのではないかと思っています。

杉田：この会に参加させていただいて、クレマンソー首相のことなども、調べてみました。第一次世界大戦終了時、ベルサイユ条約を締結したときの非常に強い首相だという印象を持っておりましたけれども、実はクロード・モネの「睡蓮」とか、印象派が大好きで、日本の茶道具を愛でていたなど、いろんな面があったようです。さっきお話にあった、「シベリアの問題があったから、日本に対して気持ちよく教育団を出してくれたんだよ」という解説、そのとおりだと思うんですけど、人っていうのはいろいろな面を持っていて、印象派が好きで、茶道具が好きで、そしてドイツに対しては厳しい決定をした。まあ、非常に面白いなと思いました。

　私が調べたフランスのマリーが設計した九一式戦、中島の飛行機ですけれども、これに堀越二郎さんが非常に感激しました。胴体断面が円形なんですね。円だから、胴体ジグの前段階のところに、もう一つ造っておいて、そこにリベットの穴を加工して、ぱっと持っていって、さっと造ることができるということに、非常に感銘を受けたんです。これは、『零戦』（堀越二郎著）に出ているんですけれども、見落としていて気がつかなったんです。堀越さんも、マリーさんの合理的なやり方に影響を受けて、その後、九六艦戦、零戦も完全な円ではありませんが、ほとんどピンポイントのテールを持った胴体断面です。九一式に非常に影響を受けたということがわかりました。フランスの技師のやられたことが堀越さんに継承されたことに気がついて、非常に全体として気持ちよい話でし

[座談会] 日仏の航空の現状と将来

ANAが成田＝ホノルル線に就航させるA380型機

JALが国内線に就航させるA350型機

た。

司会：フランスというか、ヨーロッパと日本との間で、共同研究プログラムがいくつか動き出していて、私たち研究者もフランスの人も含めて、ヨーロッパの人たちと研究ができる環境になってきています。日本とフランスの関係もまたこれから変わっていくんじゃないかなと思っています。

それから、フランスの学生さん、非常に日本びいきの方が多くて「日本で勉強したい」という方がたくさん出てきていまして。日本からも、フランスへもっと行ってもらうといいんじゃないかなと思います。そういう意味で、若い人たちが今後、日本とフランス、日本とヨーロッパというところでも、もっと行き来ができてくると変わっていくのではないでしょうか。そういう意味で、この100周年記念も、若い人たちにも伝えたいなというふうに思います。

ちょうどフランス航空教育団来日100年にあたる2019年に、ANAとJALがエアバスのA380、A350型機の就航を予定しているのも、日仏の新たな交流の節目に相応しいと思います。

一同：どうもありがとうございました。

おわりに

　小生の飛行機熱は幼年期に発し、大学生、さらに職業人となっても一向に冷めやることはなかった。一橋大学法学部で学んでいた頃、1980 年 3 月に発表する博士論文のテーマとして 1914 年から 1925 年までの日仏外交史を研究する過程で、1919 年に来日し翌 20 年まで滞在したフォール大佐（colonel Faure）率いる航空教育団を知るに至った。当使節団の詳細はパリ東郊外ヴァンセンヌ（Vincennes）に所在するフランス国防省史料館（Service Historique de la Défense）空軍部所蔵文書を紐解くことにより明らかとなった。以来何年もかけて日仏両国で数多くの第一次資料を収集していった。これをもとに書き上げた当教育団に関する拙稿を 2005 年、在日フランス商工会議所（Chambre de commerce et d'industrie française du Japon）より上梓した『筆と刀（Sabre et Pinceau）』の中に収録できたのである。ここには当時未公開のものを含む図版が満載されている。この本が導く縁で 2006 年 4 月 17 日、フォール航空教育団の団員、アンリ・ニコラ・アルクェット（Henri-Nicolas Arcouët）軍曹（1896–1969）のご子孫、パトリック・アルクェット氏（Patrick Arcouët）より E メールを頂戴した。資料収集と何点かの情報確認をご所望とのことである。そこで小生のフランス出張の折に会合を重ね、数々の情報や互いに持っていない写真を交換し、双方の知識を深めていった。

　2014 年 1 月、パトリック・アルクェット氏より、2019 年にフォール航空教育団の記念事業をフランスと日本で開催したらどうかと持ちかけられた。両国間のイベント構想の青写真が出来上がったのは翌年のことである。2016 年 6 月には春秋航空日本株式会社の臼井実氏より当計画への参加をご快諾頂き、サフランヘリコプターエンジンズ・ジャパン（Safran Helicopter Engines Japan）の開発部長にして日仏航空技術協力史の権威であるジャン＝ポール・パラン氏（Jean-Paul Parent）とともに日本側でご尽力頂くこととなった。臼井氏の説く事業趣旨を意気に感じた鈴木真二教授はフランス航空教育団来日 100 周年記念事業実行委員会会長の重責を二つ返事でお引き受けになり、臼井氏ご当人は事務局長に就任された。委員会メンバーが初めて一堂に会したのが 2016 年 9 月 16 日のことである。これと並行して、小生は駐日フランス大使館付国防武官ピポロ海軍大佐（commandant Christophe Pipolo）並びに所沢市を代表する方々と緊密な関係を築いていた。後者はフォール大佐の胸像の下に取り付けられていた全団員の氏名を刻した銘板を探し出すか、もしくは新たに鋳造し直したいとの意志を表明された。そこで小生は団員の人数と氏名の確認作業を仰せつかったのである。

　2017 年 6 月 21 日、パリでパトリック・アルクェット氏より臼井氏をご紹介いただき、同氏より実行委員会に加わり 2019 年に刊行される出版物の編集をしないかと持ちかけられた小生は、これを大変有り難くお引き受けしたものの、同時に自分にこのような大役が務まるだろうかと不安を覚えた。2017 年 8 月 17 日、第一回全体会議に出席し、そこで鈴木真二教授と知遇を得た。小生は実行委員会創立メンバーの一員として認められ、フォール航空教育団記念出版物の編集委員長役を正

おわりに

式に拝命したのである。さらにピポロ海軍大佐と会との取り持ち役も仰せつかった。実行委員会は1年半にわたり数々のイベントを開催した。このうち代表的なものを以下に三つ挙げる：

1) 2019年4月7日、所沢市にてローラン・ピック駐日フランス大使（Ambassadeur de France, Laurent Pic）臨席のもと、フォール航空教育団員63人の名を刻した銘板の除幕式（写真参照）。銘板はフランス航空宇宙工業会（GIFAS）日本代表ギー・ボノー氏（Guy Bonaud）の格別なるお取り計らいにより、同社のご支援を得て日本で鋳造された。

2) フォール使節団員のご子孫、パトリック・アルクェット氏、フランソワ・ベルタン（François Bertin）の孫、ローラン・コスト氏（Laurent Coste）を実行委員会の手でご家族共々フランスより招き、教育団員から指導を受けた日本人伝習生のご子孫（著名な漫画家、松本零士氏を含む）との対面を実現させた（写真参照）。

3) やはり4月7日、航空自衛隊が所沢航空記念公園上空で展示飛行を特別に実施し、日本の防衛省がこの記念事業をいかに重視しているかを印象付けた。仲介の労を取られたのは、いずれも実行委員で元テストパイロットの利渉弘章氏、ならびに元空将、下平幸二氏、平田英俊氏の3人である。

完璧な本作りに徹し、献身的な働きをされた東京大学出版会の岸純青氏、そして鈴木真二教授の

おわりに

御高文「はじめに」に紹介された本書全寄稿者の皆様に心より御礼申し上げる。編集長の役目を演じるなかで、寄稿者の皆様から実に多くのことを学び、日仏航空技術交流に関する研究が今後益々発展してゆくよう、永続的な関係を共に築くことができた。これは新たなる共同計画へとつながる第一歩である。

　最後に鈴木真二会長、臼井実事務局長をはじめ、小生を実行委員会に迎え入れて下さった皆様の厚い友情と全幅の信頼に対し深い感謝の念を是非とも表したい。

本書が近い将来、フランス語と英語に翻訳されることを願いつつ、ここに筆を擱く。

　2019年4月

クリスチャン・ポラック（Christian POLAK）

索 引

[あ行]

愛知時計電機　9
相原四郎　4, 30, 107
アヴィオンIII　106
アエラ（Aera）　71
青森県　11
明野ヶ原　60
明野飛行学校　117, 125
浅田礼三　61
アストラ（Astra）飛行学校　35
アストラ・トレース2号　64
熱田兵器製造所の発動機製作班　65
アデール、クレマン（Ader, Clément Agnès）　106
アナスティグマート（Anastygnat）　60
アノネー（Annonay）　28
アームストロング・シドレー社　12
新居町　56
アルクェト、アンリ・ニコラ（Arcouët, Henri-Nicolas）　91, 103, 131
アルクェト、チヨコ・マルト（Arcouët, Chiyoko Marthe）　133
アルクェト、パトリック（Arcouët, Patrick）　91
アルヌ（Arne）　71
アルバトロス飛行艇　21
アンザニ（Anzani）　32
アントワネット単葉機　106, 107
アンリ（Henry）校長　49
アンリオ（Hanriot）14　40
アンリオ 19　64
アンリオ飛行機工場　79
アンリオ HD14E2（己式一型）初級練習機　73
アンリオ偵察機（己式一型）　117
アンリ・ファルマン1910　31, 34
アンリ・ファルマン機　31, 107, 123
アンリ・ファルマン飛行学校　31, 117
イアン、ポール（Iung, Paul）　143
井口省吾　49
石川島飛行機　9
石橋勝浪　111
イーストル（Istres）　40
イスパノ・スイザ（Hispano-Suiza）　8, 37, 85–87, 111, 124
　──社　84
　──製「HS-8F」　9
伊豆凡夫　49

磯部鉄吉　111
一葉半（Sesquiplane）　124, 127
伊藤音次郎　7, 8
伊藤工兵　32
稲毛海岸　7
井上幾太郎　48, 49, 76, 112
井上二三雄　35, 109
伊能忠敬　148
今野修　109
岩本周平　32
ヴィッカース（Vickers）　60
ウィボー（Wibault）飛行機工場　79
ウィルム、レッド　12
上野敬三　79
上野不忍池　4, 107
上原勇作　34
ヴェルニー、レオンス（Verny, Léonce）　29
ヴェルニス、アンリ（Vernisse Henri）　79, 123, 128
ヴォアザン飛行学校　110
ヴォアザン飛行機製作所　108
ヴォワザン兄弟（Voisin, Gabriel et Charles）　30
内田康哉　49
馬越喜七　109
ウラジオストック　38
浦塩派兵　38
エアバス　11, 23
　──A350XWB　25
　──A380　25
英仏海峡　107
エオル号　106
エース（As）パイロット　41, 85, 110
エタンプ（Étampes）の飛行場　31, 112
エッフェル　7
愛媛県　5
エルロン（補助翼）　149
演習期間　114
演習地　114
演習内容　114
エンジン DB601　12
エンジン熱田工廠　102
エンジン作業所　59
エンブラエル社　24
大崎　6
大島健一　37, 113
太田稔　16
大西滝治郎　109

大山彌助　106
奥保鞏　60
乙式　→　サルムソン
追浜　34
おデート　75
オハイン　13
オーブリー自動写真機　62

[か行]

海軍　6
　　──航空基地　34
会式一号機　7, 32
会式二号機　32
海上自衛隊　21
『化学教程』　148
各務原　36, 56, 96, 98, 109
　　──飛行場　59
かがみがはら航空宇宙科学博物館　73
カコ（Caquot）　41
　　──式 M　65
ガスタービンエンジン　16
火星　12
カゾウ（Cazaux）　40
ガソリン・エンジン　8
カーチス XP-6　11
滑空機　4
加藤友三郎　49
金子養三　35, 109
ガブリエル・ヨーン社　106
カプローニ（Caproni）　94
ガリレオ、ガリレイ（Galilei, Galileo）　10
川崎航空機　16
川崎重工　8
川崎造船所　8, 72
川崎正藏　8
川田明治　106
川西清兵衛　8
川西飛行機製作所　8
河野三吉　109
河野文彦　129
カントン・ウネ（Canton-Unné）　88
キ94II　15
気球（製作）班（Section de l'aérostation）　51, 65, 100, 115
菊原静男　16
機材輸入とライセンス生産　69–71
木更津飛行場　13
己式　→　アンリオ
機体製作班（Section de la construction des appareils）　51, 63, 100, 115
橘花　13, 103
ギヌメール、ジョルジュ（Guynemer, Georges）　85
木村鈴四郎　35

木村秀政　11, 16, 130
ギャレット・エアリサーチ TPE331 エンジン　18
ギャロス、ローラン（Garros, Roland）　134
九一式戦闘機　127
九二式偵察機　128
暁星学校　49
京都御所　4
金星　12
空中射撃班（Section du tir aérien）　97, 115
『空中之経営』　107, 149
草刈思朗　114
工藤富治　11
熊本高校　4
グライダー　4
グラーデ（Grade）機　31
グラーデ単葉機　5, 107
グラマン HU-16（UF-1）　21
グラメゾン、ピエール・クール（Grandmaison, Pierre le Cour）　46
グラール（Gourard）　101
クルーゼンシュテルン、アダム・ヨハン（von Kruzenshtern, Adam Johann）　28
クルゾ（Creusot）　65
クレットン　148
クレティエン（Chrétien）　60
クレマンソー、ジョルジュ（Clemenceau, George Benjamin）　36, 39, 91, 105, 123
クレルジェ（Clerget）　58
グロ・アンドロー（Gros Andraud）爆弾投下装置　60
クロシャ（Crochat）　71
グロスター E. 28/29　13
クローデル、ポール（Claudel, Paul）　74, 78, 141
クローデル揮化器（Carburateur Claudel）　79
群馬県　8
　　──太田町　124
軽飛行機　3
ケイリー、ジョージ（Cayley, George）　4
ケセット　129
ゲッチンゲン　127
研究プロジェクト H2020　24
検査班（Section du contrôle）　51, 101, 114
小磯國昭　119
航空宇宙技術研究所（NAL）　23
航空技術部学校　40
航空機製造事業法　15
航空機製造法　15
航空教育使節団　38
航空禁止令　13
航空研究所　10
航空術練習予定表（大正 8 年 2 月作成）　51
航空中央試験所　40
航空武官のポスト　74
航研機　130

合資会社日本飛行機製作所　8
甲式　→　ニューポール
神戸　47
児島八二郎　49
コスト、ローラン（Coste, Laurent）　140
固定翼機　4
コードロン（Caudron）　117
　　──飛行機工場　79
　　──G4（戊式一型）双発練習機　72
　　──飛行学校　112
小林祝之助　112
小牧空港　17
駒場　11
小山悌　124
ゴリアット（Goliath）　142
コリメータ　60
コンケラー、カーチス（Conqueror, Curtis）　80
コンコルド　25

［さ行］

西園寺公望　34
財団法人輸送機設計研究協会　16
栄　13
笹本菊太郎　65
サフラン・ナセル（Safran Nacelles）社　133
サルムソン、エミール（Salmson, Émile）　88
サルムソン（Salmson）　8, 38, 118
　　──2A-2（乙式一型）　9, 59, 62, 68, 73, 88, 101, 123
　　──Z9（エンジン）　65, 89, 94
　　──エンジン社（Société des Moteurs Salmson）　88
沢田秀　34, 108
三式戦闘機　12
山東半島　8
自衛隊機　16
ジェットエンジン　16
ジェット戦闘機　13
支援戦闘機 F-1　20
志賀直哉　6
次期国産機計画 YX　21
次期支援戦闘機 FS-X　20
滋野清武　109, 110
滋野和香子　110
シコルスキー S-55　19
使節団員リスト　41
支柱式低翼単葉　125
自動車業界　14
自動車式繋留気球　40
ジファール、アンリ　3, 106
渋沢栄一　49
シベリア　11
　　──出兵　38
島津源蔵　4
島村速雄　35

ジャクレー、ポール（Jacoulet, Paul）　132
射撃班　50, 60
上海　47
襲撃戦車　73
重飛行機　3
シュゾール（Société Suzor）社　132
シュトゥットガルト工科大学　9
ジュピシー飛行学校　110
ジュピター　12
ジュラルミン　12, 124, 127
シュレック F.B.A.17HT2 水陸両用飛行艇　72
シュレック（Schreck）飛行艇工場　79
ジョージ五世（George V）　35
ジョッセー（Josset, Daniel）、ダニエル　90, 101
ジョッフル、ジョゼフ・ジャック・セゼール（Joffre, Joseph Jacques Césire）　74
ジョノー、マルセル（Jauneaud, Marcel Prosper Jean）　75, 118
ジョノー（Jauneaud）使節団　74, 103
白戸栄之助　7
新エネルギー・産業技術総合開発機構（NEDO）　22
シンガポール　13
新幹線　14
信号気球飛揚　64
新宿区戸山　6
新設下志津　61
新立川飛行機　16
新明和工業　16
水上（飛行）機　8, 34
瑞星　12
水素気球　4, 106
スキアー　106
ステビンス、ウォルター（Stebbins, Walter）　133
スパッド　58, 118
　　──7　71
　　──13（丙式一型）　63, 65, 68, 71, 87
　　──17　71
　　──A2　65
　　──S11　65
　　──S13C1（丙式一型）戦闘機　72
　　──S7　65
スミス、ハーバート（Smith, Herbert）　9
住友金属工業株式会社　12
スレ（Seret）　131
西南戦争　106
ゼニット（Zénith）　71
　　──・クロノグラフ　60
零式艦上戦闘機（零戦）　11, 129
先進技術実証機（ATD-X）　20
操縦班（Section du pilotage）　50, 57, 96, 115
ソッピース（Sopwith）　58
　　──社　9
　　──1　59

索 引

──・キャメル　9
──（ソ式 2 型）偵察機　59
ソルニエ、レモン（Saulnier, Raymond）　134

[た行]

第一次軍事顧問団　27
第二次軍事顧問団　27
第三次軍事顧問団　27
第二次世界大戦　13, 105
第二次フランス軍事顧問団　63
大正天皇　35
ダイムラー・ベンツ DB601　12
タイユフェール（Taillefer）　60
高塚彊　107, 149
高橋巳治郎　129
武市正俊　112
竹内正虎　30
田尻稲次郎　49
田尻福男　79
田中義一　48, 93
田中舘愛橘　4, 30, 107, 149
ダヌンツィオ（d'Annunzio）　94
ダレス・アビオニクス社　25
短距離離着陸実験機「飛鳥」　23
炭素繊維強化複合材料 CFRP　22
単発練習機　16
チェルボメカ　20
中国　7
超音速ビジネスジェット　25
長距離飛行機 D33　11
朝鮮戦争　15
ちょんまげ（ちょん髷）　34, 108, 120
青島攻略戦　108
珍田捨巳　37
ツェッペリン（Zeppelin）　9, 57
築地精養軒　49
偵察（観測）班（Section de l'observation）　51, 61, 99, 114
偵察機 S.M.1（Salmson-Moineau 1）　88
丁式　→　ファルマン
──二型（F60 型）　62, 69, 72
ディーゼル・エンジン　8
デッケール（Deckert）　131
鉄道技術研究所　15
デフィアン（Défiant）　143
デュモン、サントス　106
寺田寅彦　10
テリエ（Tellier）　46
──飛行艇　115
土井武夫　11, 16, 124
ドヴォワティーヌ、エミール（Dewoitine, Émile）　11
東京瓦斯電気工業　9, 11
東京小石川陸軍砲兵工廠　90

東京芝浦　6
東京帝国大学　4
東京砲兵工廠の検査班　65
東郷平八郎　60
ドゥペルデュッサン（Deperdussin）単葉機　35, 96, 109
トゥールーズ　11
投箭（Fléchette）　134
徳川家茂　27, 150
徳川御三卿　108
徳川好敏　5, 31, 36, 107, 108, 123
所沢　7, 56
ドーバー海峡　4, 12
「鳶」型試作機（2MR1: Mitsubishi Reconnaissance-plane）　124
ド・ボアソン、アントワーヌ（de Boysson, Joseph Bernanrl Antoine）　78, 143
ド・ボアソン使節団　74, 78, 103
戸山ヶ原演習場　32
トヨタ自動車工業　15
トラップ（Trappes）　3
ド・ラポマレード（de Lapomaréde）　49
トランザール（Transall）　143
ドルニエ　9
──Do. N　118
──社　124
トレ・デュニオン号　11

[な行]

永井来　37
中尾純利　126
長岡外史　31, 56, 68, 107
長崎　47
長澤賢二郎　34, 108
中島 N35　79
中島 NC 試作戦闘機　127
中島乙未平　124
中島九一式戦闘機　10, 79, 127
中島式五型　9, 117
中島式ブルドッグ試作戦闘機　128
中島ジュピター 7 型　10
中島知久平　8, 117, 124
中島飛行機製作所　8, 117
仲田信四郎　124
中橋徳五郎　49
中村佑眞　47
名古屋造兵廠千種製造所　90
夏目漱石　4
七試艦上戦闘機　11
ナポレオン三世　27
奈良原三次　6, 32
奈良原式四号機「鳳号」　7
日英同盟　77
日仏協約　33

索　引

日仏軍事同盟　77
日仏航空術練習委員　50
日佛修好通商条約　27
日露戦争　6, 109
日清戦争　5
二宮忠八　5
日本アエロクラブ（Aéro-Club du Japon）　93
日本航空宇宙工業会（SJAC）　24
日本航空機エンジン協会（JAEC）　24
日本航空機開発協会（JADC）　22
日本航空機製造（NAMC）　21
日本航空発始之地　32
日本ジェットエンジン株式会社（NJE）　16
日本式系留気球　6
日本ヘリコプター　19
ニュートン、アイザック（Newton, Isaac）　10
ニューポール（Nieuport）　8
　　——23M2　37
　　——24　59, 68
　　——24C1（甲式三型）　64, 65, 72
　　——29　40, 68
　　——29C1（甲式四型）　117, 123
　　——80　65
　　——81E2（甲式一型練習機）　58, 62, 65, 118
　　——82　57
　　——83　59
　　——83E2（甲式二型）練習機　64, 72
　　——83E3　65
　　——IV　108
　　——IV-G 型　34
　　——IV-M 型　34
　　——・ドラージュ（甲式四型）戦闘機　73
ネ 20　13
熱気球　3
ネラ号（Néra）　131
ノーム（Gnome）　32, 34
　　——・オメガ（Gnome Oméga）　34
　　——・ローン社　84
ノルマン・サイト（Norman Sight）　60

[は行]

ハウス（House, Edward Mandell）　37
バウマン、アレクサンダー　124
爆撃（射撃）班（Section de bombardement）　50, 99, 115
長谷川龍雄　14
八八（式）偵察機　9, 124, 128
発動機製作班（Section de la fabrication des moteurs）　51, 100, 115
服部譲次　129
服部祐子　148
初飛行　7
バートル V-107　19
パプスト、エドモン（Bapst, Edmond）　41

ハミルトン　6
「隼」型試作戦闘機（1MF2：単座 Mitsubishi Fighter）　126
パラソル式単葉機　125
バラット、ジャック　131
パリ度量衡会議　149
バルフォア（Balfour, Arthur）　37
ハンドリー・ペイジ（Handley Page）　94
ビイー、ド（Billy, De）　68
飛燕　12
飛行機研究所　8
飛行シミュレーター　59
ヒ式三〇〇馬力発動機　9
ピション、ステファン（Pichon, Stephen）　36
ビーチ・クラフト社（レイセオンエアクラフト社）　18
ビーチジェット 400　18
一〇式艦上戦闘機　9
日野熊蔵　5, 31, 107, 108
ヒューズ 369HS　19
ビュック（Buc）　35
ビルキグ、マルク（Birkigt, Marc）　85
ファルマン、アンリ（Farman, Henri）　35
ファルマン、モーリス（Farman, Maurice）　35
ファルマン　118
　　——F-50 CU Z9　94
　　——F-60 ゴリアット　117
ファルマン複葉機　5, 7
フォークト、リヒャルト（Vogt, Richard）　9, 124
フォッカー（Fokker）　134
フォッカー F27　17
フォッケウルフ Fw61　19
フォッシュ、フェルディナン（Foch, Ferdinand Jean-Marie）　36
フォーブス＝センピル　8
フォール、ジャック（Faure, Jacques Anne-Marie Vincent Paul）　39, 49, 51, 56, 65-68, 91, 116, 120
　　——の胸像　96
フォン・ラングスドルフ、ゲオルク・ハインリッヒ・（von Langsdorff, Georg Heinrich）　28
複操縦式ニューポール 82　57
富士重工（SUBARU）　16
藤田嗣治　75, 111
藤田雄蔵　130
佛國商業會議所（Chambre de Commerce Française du Japon）　132
フランス・アエロ・クラブ　31
フランス機（使用した主な——）　115
フランス遣日航空教育軍事使節団団長　39
フランス航空宇宙工業会（GIFAS）　24
フランス航空産業組合会議所（Chambre syndicale des industries aéronautiques françaises）　132
フランスの航空エンジン生産台数　84
ブリストル社　12

ブルジェ航空博物館（Musée de l'Air du Bourget）　141
ブレゲー（Breguet）　40
　——14B2　62
　——199B2　125
　——飛行機工場　79
　——社　10, 124
ブレリオ、ルイ　4
ブレリオ 12 型（Blériot-12）複座式単葉機　31
ブレリオ単葉機　107
米国　11
　——連邦航空局 FAA　17
丙式　→　スパッド
幣原喜重郎　41
ベジオー、ジャン（Béziaud, Jean）　80
ペノー　5
ヘリコプター MH2000　19
ベル 47D-1　19
ベル XP-59A エアロコメット　13
ベル社　19
ベルタン、エミール（Bertin, Émile）　27, 66
ベルタン、フランソワ（Bertin, François）　131, 136
ベルタン兄弟商会（Maison BERTIN Frères）　137
ベルリエ（Berliet）社　73
ベルリエ（Berliet）1916 年型　62
ベンツ（Benz）　60
ポアダッツ、ロジェ（Poidatz, Roger Alfred Emmanuel）　75, 103
ポアンカレ、レイモン（Poincaré, Raymond）　74
ホイットル　13
ボーイング社　21
ホーカーシドレー HS. 748　17
戊式　→　コードロン
ポテズ（Potez）39 型　80
誉　13
堀越二郎　11, 126, 129
ホルナー、ヨハン・カスパール（Horner, Johann Caspar）　28
ホンダ・エアクラフトカンパニー　18
ホンダジェット（HondaJet）　18

［ま行］

マーキュリー、ブリストル（Mercury, Bristol）　80
益田済　63
松井　37
松方幸次郎　8
松平精　14
マリー、アンドレ（Mary André）　10, 79, 123, 124
丸岡桂　19
マルセイユ　47
三方原　56, 99
ミシュラン（製）（Michelin）照明弾（bombes éclairantes Michelin）　60, 95
水野正吉　129

三竹忍　125
ミッチェル、ウィリアム　119
三菱航空機株式会社　8
三菱重工株式会社　8
三菱造船株式会社　8
三菱内燃機株式会社　8
三菱ロールバッハ株式会社　10
明星　12
無線電信　62
ムーニー社　18
明治天皇睦仁　29
メッサジュリーマリチム会社（Compagnie des Messageries Maritimes）　47, 131
メッツ、ジョルジュ（Metz, Georges）　140
メートル法　148
メトロノーム信号弾用ピストル　60
メリック、モニック　131
モーグラ（Maugras）　48
モ式四型機　109
モ式六型機　109
本野一郎　36
モラーヌ（Morane）　57
モラーヌ・ソルニエ A 型練習機　58
モラーヌ・ソルニエ（Morane-Saulnier）飛行機工場及び附属飛行機学校　79
森鷗外　5
モーリス・ファルマン 1912（Maurice Farman）　34, 108
モーリス・ファルマン 1914　64
モーリス・ファルマン複葉水上機　8
茂呂五六　112
モンゴルフィエ、エティエンヌ（Montgolfier, Étienne）　3, 28
モンゴルフィエ、ジョセフ（Montgolfier, Joseph）　3, 28
モンゴルフィエ、ルイ・エミール（Montgolfier, Louis Émile de）　30
モンゴルフィエ兄弟　3, 28, 106
モンゴルフィエール（Montgolfière）　28

［や行］

矢木亮太郎　49
山城丸　47
山田猪三郎　6, 30
山田式第一号　6
山田隆一　49
山中忠雄　112
山本英輔　106
有人水素気球　4
有人飛行　3
輸送機 C-2　21
ユナイテッド　22
ユンカース社　12
横河電機　25
横須賀海軍航空隊　109

索 引

横須賀海軍工廠造兵部　8
横須賀造船所建設　27
横浜のグランド・ホテル　66
与謝野鉄幹　111
吉原四郎　124
四街道軍事学校　61
代々木練兵場　5, 7
四ツ街道　56

［ら・わ行］

ライト兄弟　5, 106
ライト複葉機　107
ラゴン、ルイ・オーギュスト（Ragon, Louis Auguste）　41, 66, 96, 131, 133
ラッハマン、グスタフ　124
ラファイエット（Lafayette）　138
ラ・マルセイエーズ　49
ランブレン（Lamblin）　71
陸軍　6
　　──発動機学校　40
理工科学校（École polytechnique）　27
リシャール（Richard）　71
リバティー式　60
リリエンタール兄弟　4
臨時軍用気球研究会　4, 31, 34, 107, 116
臨時航空術練習委員　49
臨時航空術練習概況一覧表　52
リンドバーグ、チャールズ（Lindbergh, Charles）　11
ルイス（Lewis）　60
ルニョー、ウジューヌ・ルイ・ジョルジュ（Regneau, Eugène Louis Georges）　38
ルノー（Renault）　34
　　──発動機工場　79
ルバッサー（Levasseur）飛行機工場　79
ル・プリウール、イヴ・ポール・ガストン（Le Prieur, Yves Paul Gaston）　4, 30, 107
ルボン（Lebon）　63
ル・ローヌ（Le Rhône）　37
ルンプラー・タウベ単葉機　8
レイユ・スー（Reille Soult）　60
レザーノフ、ニコライ（Rezanov, Nicolai）　28
ロカ、トマ（Raucat, Thomas）　75
ロシア　11, 33, 36, 40, 59
ロッキード P2V-7　20
ロッキード P-3C　20
ロッキード社　20
ロックウェル・インターナショナル社　17
ロッシュ、レオン　150
ロバン、マキシム（Robin, Maxime）　79, 123
ロベール、ロジェ（Robert, Roger）　80
ロベール兄弟　4
ローマ─東京間長距離飛行（Raid Rome-Tokyo）　94
ロールス・ロイス　20
ロールバッハ　10
　　──Ro II　10
ロレーヌ（Lorraine）発動機工場　79
ロレーヌ社　12
ロンヴォー・エ・コンパニー（Ronvaux et Cie）　132

「わか鳥」号　110
渡辺錠太郎　76

［欧文］

ABG Semca 社　142
AH–1S　19
ASME　11

B（ボーイング）　21
　　──737NG　22
　　──767　22
　　──777　22
　　──787　22
BK117　19
BMW　9
BMW003 型　13
BMWV1　12
Boulton Paul 社　143

C–2　21
CF34 エンジン　24

EFFICOMP プロジェクト　24
ESPER　24

F–1　20
F–2　20
F–16　20
F–50　117
F60（丁式二型）　62, 72
F7　21
FA–200　17
FA–300　17
Farman F50 CU Z9　94
FJR710　23
FP7　24
FUCAM プロジェクト　24

GE　13
GE・ホンダ・エアロ・エンジン　18

He178　13
HIKARI（将来航空機のための高速主要技術）プロジェクト　24
HYPER　24

J3　16

JEDI-ACE プロジェクト　24
JR100　23
JR100/220　23
JT8D　21

KAL-1　16
KDA-2（Kawasaki Dockyard Armytype）　124
KDA-3 試作戦闘機　126
KV-107　19
K.V.Y. および S-マリン（S-Marine）型無線電信交流発電機　62

MBB　19
MG5-110　19
MH2000　19
MRJ　22
MU-2　19
MU-300 ダイアモンドⅡ　18

N-35 試作偵察機　123, 125
NACA M-6　127
NAL（航空宇宙技術研究所）　23
NEDO（新エネルギー・産業技術総合開発機構）　22
NJE　16
Nord Aviation 社　143

OH-6J　19

P-1　21
PS-1　21
P&W R-1690 ホーネット　12
P&W 社　22

R-2 号機　10
R-3 号機　10

R-52　16
RP1　19

S-61　19
Semca 社　143
SHEFAE プロジェクト　24
S.T.A.E. 照準器　60

T-1B　16, 23
T-2（Teisatsuki）　124
T-34A 練習機　17
T400　18
TH 翼　15
TH 翼型　15

UF-XS 実験機　21
UH-1B　19
US-1　21
US-2　21
USB（Upper Surface Blowing）　23

V2500　23
VISION プロジェクト　25

XF3-30　23
XF-7-10　23

YS-11　17
YS-33　21
YXX　22, 22

2MR8　79, 129
7J7　22, 22
7X7　22

執筆者一覧

編者

クリスチャン・ポラック（Christian Polak：第2章、座談会）
昭和46年、日本国費留学生として来日。一橋大学で日仏外交史を研究。一橋大学国際・公共政策教育部客員教授、明治大学政治経済学部客員教授などを歴任。フランス国家功労勲章受章。著書：『筆と刀』など。

鈴木真二（すずき・しんじ：はじめに、第1章、座談会）
実行委員会会長。東京大学大学院工学系研究科教授の後、東京大学未来ビジョン研究センター特任教授。日本航空宇宙学会元会長、国際航空宇宙連盟（ICAS）会長。あいち航空ミュージアム館長（非常勤）など。著書：『飛行機物語』（筑摩書房）など多数

著者（執筆順）

パラン・ジャン＝ポール（Jean-Paul Parent：第3章、座談会）
仏航空エンジンメーカー サフラン（旧、スネクマ）社エンジニア、平成9年に来日。

パトリック・アルクェット（Patrick Arcouët：第4章、子孫たちの証言）
仏航空エンジンメーカー サフラン（旧、スネクマ）本社エンジニア

荒山彰久（あらやま・あきひさ：第5章、座談会）
航空史研究家、航空ジャーナリスト協会常任理事、戦略研究学会会員、早稲田大学大学院政治学研究科（西洋政治史）修士課程修了。著書：『日本の空のパイオニアたち』（早稲田大学出版部、2013）、雑誌『航空情報』に「航空史を歩く」不定期連載中。

杉田親美（すぎた・ちかよし：第6章、座談会）
防衛省技術研究本部で空力研究、開発プロジェクトを担当。航空史は恩師の木村秀政教授から指導を受ける。

モニク・ゴーティエ・メリック（Monique Gauthier-Méric：子孫たちの証言）

フィリップ・コスト（Philippe Coste：子孫たちの証言）
企業コンサルタント、トレーナー、フランス、ニーム（Nimes）市にて宿泊施設オーナー兼経営者。

ローラン・コスト（Laurent Coste：子孫たちの証言）
フランス、パリ市にて買付、ロジスティックス、設備責任者

フィリップ・ヴァンソン（Philippe Vançon：子孫たちの証言）
仏航空エンジンメーカー サフラン（旧、スネクマ）本社元エンジニア

臼井　実（うすい・みのる：座談会）
実行委員会事務局長。日本航空株式会社技術部門。マレーシアのエンジン工場長、中国の航空機整備会社部長、ジャパンタービンテクノロジー社、パリのJALエアロパーツ社長などを歴任。

鈴木一義（すずき・かずよし：座談会）
国立科学博物館産業技術史資料情報センター長、博物館で航空分野担当、日本航空協会評議員、かがみはら航空宇宙博物館理事

翻訳者

石井朱美（いしい・あけみ：第2章、第4章、子孫たちの（証言）、おわりに）
フリーランス翻訳家。訳書：『筆と刀』、『百合と巨筒』、季刊雑誌「France Japon Éco」（以上、在日フランス商工会議所）、『維新とフランス――日仏学術交流の黎明』（東京大学総合研究博物館）、『東京断想』（鹿島出版会）。

フランス航空教育団来日100周年記念事業　実行委員会

臼井　実	事務局長、元 JAL Aeroparts SAS 社長
ギー・ボノー（Guy Bonaud）	サフランジャパン社長
岸　純青	一般財団法人 東京大学出版会 編集部
クリスチャン・ポラック (Christian Polak)	株式会社セリク代表取締役社長
下平幸二	元空将・元防衛省情報本部長
ジャン＝ポール・パラン (Jean-Paul Parent)	サフラン社エンジニア
杉田親美	元防衛省技術研究本部副技術開発官
鈴木真二	会長、東京大学特任教授、元東京大学大学院教授
鈴木一義	国立科学博物館産業技術史資料情報センター長
竹内かおり	東京大学事務補佐員
谷本嗣英	所沢航空発祥記念館副館長
戸田拓夫	（株）キャステム社長、折り紙ヒコーキ協会会長
中村裕子	東京大学特任准教授
パトリック・アルクェット (Patrick Arcouët)	フランス側事務局長、サフランナセル
羽中田実	日本航空宇宙工業会国際部長
日向　貴一	所沢市観光協会 会長
平田英俊	元航空自衛隊航空教育集団司令官 空将
藤野　満	航空ジャーナリスト協会、航空史家、元川崎重工業
堀　雅文	一般財団法人 総合研究奨励会 理事
山下洋司	元丸紅エアロスペース（株）特別顧問
利渉弘章	元空将・元航空自衛隊幹部学校長

フランス航空教育団来日100周年記念事業　発起人

磯村尚徳	名誉会長、外交評論家、元パリ日本文化会館館長、元 NHK ヨーロッパ総局長
臼井　実	事務局長、元 JAL Aeroparts SAS 社長
クリスチャン・ポラック	株式会社セリク代表取締役社長
ジャン＝ポール・パラン	サフラン社エンジニア
杉田親美	元防衛省技術研究本部副技術開発官
鈴木真二	会長、東京大学特任教授、元東京大学大学院教授
戸田拓夫	（株）キャステム社長、折り紙ヒコーキ協会会長
パトリック・アルクェット	フランス側事務局長、サフランナセル
松尾芳郎	元 JAMCO 社長、元日本航空（株）取締役整備本部長
村松由朗	所沢市 産業経済部 部長
森　繁弘	元自衛隊 統合幕僚会議議長、航空幕僚長、空将
山下洋司	元丸紅エアロスペース（株）特別顧問

日仏航空関係史
フォール大佐の航空教育団来日百年

2019年5月27日　初　版

[検印廃止]

編　者　クリスチャン・ポラック／鈴木真二

発行所　一般財団法人　東京大学出版会
　　　　代表者　吉見俊哉
　　　　153-0041 東京都目黒区駒場 4-5-29
　　　　http://www.utp.or.jp
　　　　電話 03-6407-1069　Fax 03-6407-1991
　　　　振替 00160-6-59964

印刷所　株式会社理想社
製本所　牧製本印刷株式会社

© 2019 Christian Polak and Shinji Suzuki *et al.*
ISBN 978-4-13-061163-3　Printed in Japan

JCOPY〈出版者著作権管理機構　委託出版物〉
本書の無断複写は著作権法上での例外を除き禁じられています．複写される場合は，そのつど事前に，出版者著作権管理機構（電話 03-5244-5088, FAX 03-5244-5089, e-mail: info@jcopy.or.jp）の許諾を得てください．

東京大学航空イノベーション研究会・鈴木真二・岡野まさ子 編
現代航空論　技術から産業・政策まで　　　　　　　　　　A5 判/242 頁/3,000 円

加藤寛一郎
空の黄金時代　音の壁への挑戦　　　　　　　　　　　　四六判/340 頁/2,800 円

加藤寛一郎
飛ぶ力学　　　　　　　　　　　　　　　　　　　　　　四六判/248 頁/2,500 円

加藤寛一郎・大屋昭男・柄沢研治
航空機力学入門　　　　　　　　　　　　　　　　　　　A5 判/280 頁/3,800 円

高野　忠・パトリック コリンズ・日本宇宙旅行協会 編
宇宙旅行入門　　　　　　　　　　　　　　　　　　　　A5 判/288 頁/4,900 円

塩谷　義
航空宇宙材料学　　　　　　　　　　　　　　　　　　　A5 判/216 頁/3,500 円

狼　嘉彰・冨田信之・中須賀真一・松永三郎
宇宙ステーション入門　第 2 版補訂版　　　　　　　　　A5 判/344 頁/5,600 円

栗木恭一・荒川義博 編
電気推進ロケット入門　　　　　　　　　　　　　　　　A5 判/274 頁/4,600 円

冨田信之
ロシア宇宙開発史　気球からヴォストークまで　　　　　A5 判/520 頁/5,400 円

ここに表示された価格は本体価格です。ご購入の
際には消費税が加算されますのでご了承ください。